湿地生态系统健康评估、模拟与保障

杨　薇　赵彦伟　李志明　付显婷　等　著

科学出版社

北京

内 容 简 介

本书以湿地生态系统健康评估、模拟与保障机制为主线，阐释湿地生态系统健康的内涵和特征，梳理湿地生态系统健康评估、模拟与保障的研究进展；从水生植被、浮游生物及底栖生物等角度系统总结湿地生态调查方法，从湿地生态系统结构、生态系统服务功能的角度阐释湿地生态系统演变趋势；分别构建了浮游生物、底栖生物、系统能质的湿地生态系统健康评估方法体系，应用白洋淀和汉石桥湿地等典型案例，开展湿地生态系统健康静态及动态模拟，并进行情景分析，最后从水量保障、水质保障以及水生态保障三个方面提出湿地生态系统健康的保障机制。

本书可供环境科学、生态学、水文学及水资源学等学科领域科研工作者参考，并为环保、水利及林业等部门的管理者提供决策支持。

图书在版编目 (CIP) 数据

湿地生态系统健康评估、模拟与保障 / 杨薇等著 . —北京：科学出版社，2023.9

ISBN 978-7-03-075486-8

Ⅰ. ①湿… Ⅱ. ①杨… Ⅲ. ①沼泽化地－生态系－系统评价－研究－中国 Ⅳ. ①P941.78

中国国家版本馆 CIP 数据核字（2023）第 076991 号

责任编辑：李晓娟 王勤勤 / 责任校对：任云峰
责任印制：徐晓晨 / 封面设计：无极书装

科学出版社 出版

北京东黄城根北街 16 号
邮政编码：100717
http://www.sciencep.com

北京九州迅驰传媒文化有限公司 印刷

科学出版社发行 各地新华书店经销

*

2023 年 9 月第 一 版 开本：787×1092 1/16
2024 年 1 月第二次印刷 印张：19 1/2
字数：400 000

定价：198.00 元

（如有印装质量问题，我社负责调换）

从水量保障、水质保障以及水生态保障三个方面提出湿地生态系统健康的保障机制。

本书内容的具体分工如下：第一章由杨薇、李志明撰写；第二章由杨薇、赵彦伟、李志明撰写；第三章由杨薇、赵彦伟撰写；第四章由付显婷、杨薇撰写；第五章由杨薇、付显婷撰写；第六章由赵彦伟、徐菲撰写；第七章由李志明、武士蓉、赵彦伟撰写；第八章由赵彦伟、徐梦佳撰写；第九章由赵彦伟、田凯、白洁撰写。杨薇和赵彦伟共同提出了本书研究工作的总体思路，并负责全书的总体框架设计、撰稿、统稿和定稿。参加研究和书稿整理工作的还有田艺苑、张兆衡、李晓晓、张子玥、麻晓梅、浦早红等。

本书得到国家自然科学基金项目"白洋淀湿地水系网络连通的环境效应及系统优化研究"（NO.52070020）和"生态补水对白洋淀浅水湖泊食物网稳定性的影响机制及流量调控"（NO.52079006），"十三五"水体污染控制与治理国家科技重大专项课题"白洋淀流域生态需水保障及水生态系统综合调控技术与集成示范"（NO.2008ZX07209-009）等的资助。

由于研究时间和认识水平有限，内容涉及面广，不妥之处在所难免，敬请读者批评指正。

作　者

2023 年 4 月

前　言

湿地生态健康概念早在 20 世纪 80 年代被提出，一经提出就受到生态学、社会学专家学者的广泛关注，并得到迅速发展，研究主要集中在河流生态健康的概念内涵、评价方法等方面。20 世纪 90 年代后期，湿地生态健康的概念正式在中国出现，进一步促进了生态学、水文学的融合与发展，并成为相关领域科研工作者和管理者讨论与追逐的热点。在此期间，本书作者及团队率先开展了河流生态健康研究，提出了“五位一体”的河流生态健康指标体系及其评价标准，并将其应用于黄河干支流、典型城市河流等的生态健康评价，为河流生态保护、维育与修复提供了决策依据。

近年来，随着对各类水生态系统以及生态健康认识的增强，生态健康研究从河流生态系统逐渐扩展到湖泊、沼泽、河口、滨海等湿地系统，并强调了水质要素、典型生物群落对湿地生态健康评估的基础理论支撑及指示作用。与此同时，伴随着全球化进程的加快，湿地不断遭受破坏，如何有效保护和维护湿地生态健康成为国际热点与前沿。历年的湿地日主题和定期召开的国际湿地会议表明，湿地与水、生命、健康的关系逐渐成为利益冲突的焦点，其中生态健康也数次成为重要的主题之一。然而湿地生态健康研究目前集中在概念内涵探讨、评价方法构建等方面，存在湿地生态健康系统性指标缺乏、对外界干扰敏感性不明确、健康等级标准不统一等问题。湿地生态系统的各个组成要素及系统整体如何对水文、水质因子进行响应和反馈，如何维护湿地生态的结构、功能健康状况，其生态系统过程的变化规律是什么，成为这一阶段研究工作中面临的关键问题。在此背景下，近几年作者所在研究团队的工作进一步聚焦湿地生态健康的水生植被、浮游生物、底栖生物等多要素评估方法，从系统结构、功能、过程等层面阐释湿地生态系统演变规律及对生态健康模拟与动态变化特征进行分析，探索水量、水质以及系统性修复的保障机制，上述研究的开展可以在一定程度上弥补学术界和管理者对湿地生态健康的科学认识不足的缺陷，为科学评估湿地生态健康、生态修复成果提供重要支撑。本书的出版体现了湿地生态健康研究历史发展的必然性和现实需求性。

本书在阐释湿地生态系统健康的内涵和特征的基础上，系统梳理湿地生态系统健康评估、模拟与保障的研究进展；总结湿地水生植被、浮游生物及底栖生物等的监测调查方法、生态系统演变趋势分析、生态水文响应关系分析方法；构建基于浮游生物、底栖生物、生态系统结构和功能等的多尺度湿地生态系统健康评估方法体系，建立湿地生态系统健康模拟模型，并应用于白洋淀湿地和汉石桥湿地，进行生态系统健康多情景模拟，最后

目　录

第一章 | 绪 论

湿地生态系统健康属于生态功能范畴，在生态学的框架下，结合人类健康观点对生态系统特征进行描述，诊断由自然因素和人为活动引起的湿地生态系统疾病，成为湿地生态系统优化、保护和持续发展的基础。本章基于湿地生态系统健康理论分析，归纳了湿地生态系统健康的多尺度、多层次特征，从湿地生态系统的调查评估、模型模拟和健康保障等方面总结国内外湿地生态系统健康研究进展。在当前的研究基础上，湿地生态系统健康应进一步考虑大尺度的整体性评估的开展、完整的湿地生态系统模拟模型和系统性的健康保障措施，在湿地生态系统健康保护上强调系统整体性的思想。

第一节 研究背景及意义

湿地是自然界重要的自然资源和生态系统，在调节气候、涵养水源、分散洪水、净化环境、保护生物多样性等方面均有着非常重要的作用。我国湿地资源丰富、分布广泛、类型齐全，国际《关于特别是作为水禽栖息地的国际重要湿地公约》（简称《湿地公约》）划分的 40 种湿地类型在我国均有分布（刘红玉等，1999）。第二次全国湿地资源调查（2009~2013 年）结果显示，我国现有湿地面积为 $5.36 \times 10^7 \mathrm{hm}^2$，约占陆地国土面积的 5.58%；湿地植物 4220 种，脊椎动物 2312 种，其中湿地鸟类 231 种，湿地生物资源十分丰富。

然而，随着人口的快速增长和社会经济的高速发展，特别是在湿地利用中存在着只注重短期效益而忽视长期的不可持续性的现象，湿地水生态系统承受着越来越大的压力，水体污染、水资源短缺、水生态环境恶化等水危机已经严重影响居民生活并制约着社会经济的发展。从 20 世纪 90 年代开始，湿地生态系统健康成为国际生态学界的研究热点问题之一。湿地生态系统健康问题，引起各国政府与学术界的重视，健康的湿地生态系统，逐步成为重要的管理目标。

对湿地生态系统进行现状评估和过程模拟，进而开展湿地生态系统健康评估已成为湿地研究、保护、恢复和管理的热点问题。作为分析生态系统结构、功能特征的新方法，生态系统健康评估已逐渐成为全球生态系统管理的新目标，并成为被学术界广泛重视的一个前沿领域。湿地生态系统健康评估经历了由物理化学过程向生态系统过程转变、局域尺度向全球尺度转变的态势，即水质监测—指示物种—生态质量评估—自然-社会-经济复合系统综合评估的发展过程，评估原理由最初的生物学原理（生物群落及生态系统理论）发展到系统综合评估理论（吴涛等，2010）。从生态系统的结构和功能入手，将整个系统视为一个相互结合、相互作用的复合系统，探讨复合系统内不同组成子系统之间的物质和能量流动，同时研究复合系统内各组成系统的结构与功能，以及子系统本身的物质和能量流动、健康状况及对整个复合系统健康的影响，可以为协调人与自然生态系统的紧张关系、保证生态系统持续稳定发展、制定合理的湿地保护对策和提高湿地生态环境管理水平提供重要的依据与指导，成为湿地生态系统优化、建设和保护的基础。

第二节　湿地生态系统健康概念与特征

一、湿地生态系统健康概念的发展

湿地生态系统是一个复杂的非线性动态系统，在将健康的内涵应用到具体的湿地生态系统中时，难以给出一个较精确的定义。国内外学者对此进行了大量研究，但目前尚未取得共识。生态系统健康的思想可追溯至 18 世纪 80 年代，苏格兰生态学家 James Hutton 在关于地球是一个大的能够自身维持有机体的论文中首次提出"自然健康"（natural health）一词（肖风劲和欧阳华，2002）。20 世纪 40 年代，美国著名生态学家、土地学家 Aldo Leopold 首次提出"土地健康"（land health）的概念，并使用"土地疾病"（land disease）描述土地功能紊乱，认为研究土地健康需要正常状态的基础数据并且了解健康状态的土地如何保持自身的有机体（Leopold，1941）。20 世纪 60 ~ 70 年代，全球生态系统日趋恶化，生态学得到迅速发展。1982 年，加拿大多伦多大学地理系暨环境研究所 Lee 的论文中出现"生态系统健康"（ecosystem health）一词，把生态系统健康与恢复力、持久力相联系。生态系统健康研究开始进入学科方向的形成阶段，以厘清概念、扩展内涵为主，建立方法为辅。1988 年，Schaeffer 等首次探讨了有关生态系统健康度量的问题，认为生态系统健康就是生态系统没有病痛反应，稳定且可持续发展，而生态系统疾病是指生态系统的组织受到损害或削弱。生态系统疾病，正如人生病一样，有短期和长期以及主要和次要之分。如果生态系统的自动平衡修复机制不完善以至于病态发展到疾病，那么这种疾病就要受到关注。随后，Rapport（1989）发展了这种观点，使之更进一步成为生态系统水平上的危难和综合病症，认为生态系统健康是指一个生态系统所具有的稳定性和可持续性，其将生态系统健康与系统功能联系起来。国际生态系统健康学会将其定义为生态系统没有病痛反应，稳定且可持续发展，即生态系统随着时间的进程有活力且能维持其组织及自主性，在外界胁迫下容易恢复。1992 年，Costanza 等研究认为，生态系统健康应包含新陈代谢、多样性、平衡力和恢复力，此外，Costanza 等提出用活力（vigor，V）、组织力（organization，O）

和恢复力（resilience，R）组装生态系统健康指数，开创了生态系统健康评估指标综合化的先河。Cairns 等（1993）开始在时间尺度上划分生态系统健康水平，将其分为预警、适宜度和诊断三类。

然而，以上针对生态系统健康提出的定义倾向于强调湿地生态系统的生态学方面，更为综合的考虑是将湿地看作一个自然-社会-经济复合生态系统，考虑人类健康和社会经济等因素。Rapport 等（1998，1999）论述了人类活动和生态系统健康的关系，认为生态系统健康是能够满足适宜标准的生态系统状态。Norris 和 Thoms（1999）认为生态系统健康依赖于社会系统的判断，应考虑人类福利要求。我国学者崔保山和杨志峰（2001）在总结生态系统健康概念各种表述的基础上进一步提出了考虑人类需求和人类健康发展的生态系统健康定义，认为湿地生态系统健康或湿地健康，是指系统内的关键生态组分和有机组织保存完整，且很少生病，在一定的时空尺度内对各种扰动能保持弹性和稳定性，整体表现出多样性、复杂性、活力和相应的生产率；既可以自我持续发展，从各种不良环境扰动中自行恢复，又具有提供特殊功能的能力，即健康的湿地生态系统应表现出功能整合性。总体而言，由于生态系统是一个复杂的动态系统，其健康是一个综合的多尺度概念，是多因素的整合，生态系统健康的概念仍未统一。

二、湿地生态系统健康多尺度特征

尺度问题是当代生态学研究的核心问题之一，生态系统的格局、功能与过程研究都必须考虑尺度效应（张娜，2006）。生态系统健康属于宏观生态功能范畴，其实现与维持同样存在尺度依赖性。从维数来说，尺度包括时间尺度、空间尺度和组织尺度。时间尺度和空间尺度是指在观察或研究某一物体或过程时所采用的时间或空间单位，同时又可指某一现象或过程在时间和空间上所涉及的范围。组织尺度是生态学组织层次（如个体、种群、群落、生态系统、景观、区域和全球等）在自然等级系统中所处的位置和所完成的功能。

湿地生态系统健康的概念具有模糊性，没有确定的时空尺度，湿地生态系统健康的核心载体为湿地生态系统的不同组织尺度的生态过程。不同组织尺度的生态过程又具有不同的时间尺度和空间尺度，在短时间尺度和局域空间尺度上，湿地生态系统常表现出非平衡特征或"瞬变态特征"，但在更长的时间尺度和宏观尺度上则可能表现为极强的稳定性与可持续性（崔保山和杨志峰，2001）。结合水域生态系统的尺度划分，综合时间尺度和空间尺度，湿地生态系统的时空尺度可划分为微小尺度、小尺度、中尺度和大尺度 4 种（Habersack et al.，2000）。微小尺度的时间尺度量级为<1 年，空间尺度量级为 0.1~10m，多为浮游植物、浮游动物的繁殖、生长、产卵过程，以及底栖微藻的聚集过程等。小尺度的时间尺度量级为 1~10 年，空间尺度量级为 $10 \sim 10^3 m$，小尺度的生态过程主要包括植物、底栖动物等的生长发育、性状适应、竞争捕食等过程。中尺度的时间尺度量级为 10~

10^4年，空间尺度量级为$10^3 \sim 10^5 \mathrm{m}$，其空间尺度多定义在河流河段、湖泊、海洋、河口等区域的范围上，其生态过程多为生态系统中次级消费者的生命周期内的生长发育栖息过程、群落及环境演替过程等。大尺度的时间尺度量级为10^5年，空间尺度量级为$10^5 \sim 10^7 \mathrm{m}$，如整个河流流域、湖泊以及与湖泊相连的水体范围、某一海域范围等，所对应的生态过程包括生态系统进化等（李煜和夏自强，2007）。

崔保山和杨志峰（2003）针对湿地生态系统健康的时空尺度特征的研究提出湿地生态系统健康既具有时空统一性，也具有时空差异性。时空统一性是指某一时间（"点"或"段"）内某一空间区域或局域湿地的健康状况，即时空的综合反应特征，强调了生态系统过去或现在对各种压力的反应及其适应结果，具有相对的静态特征，而不是"瞬变态特征"。时空差异性是指同一时间（"点"或"段"）不同空间（"区域"或"局域"）湿地健康的表现差异，或者指同一空间（"区域"或"局域"）不同时间（"点"或"段"）湿地健康的动态表现。湿地生态学研究中尺度的一大特性是它的不可推绎性，尽管不同尺度之间的空间镶嵌包容性决定了不同尺度下生态系统健康的相互关联性，但特定尺度上的生态系统健康并不能线性地还原到更小的尺度上去，反之，大尺度上的生态系统健康也不是单个小尺度上生态系统健康的简单累加。因此，选取合适的时空尺度正确反映生态系统健康的状态至关重要。

三、湿地生态系统健康多层次特征

生态系统是一个复杂的动态系统，其健康也是一个综合的、多层次的整合。由于国内外不同学者的出发点及手段不同，对湿地生态系统健康的研究侧重点也不尽相同，主要包括湿地生态系统的多样性、稳定性和完整性。

（一）湿地生态系统的多样性

Barnosky等（2011）认为，在人类活动加剧以及极端气候频繁发生的影响下，地球已经进入第六次大灭绝时代，大量物种灭绝，生物多样性急剧降低，因此在湿地生态系统健康管理中生物多样性的保护尤为重要。《生物多样性公约》（*Convention on Biological Diversity*）中指出，生物多样性是指所有来自陆地、海洋或其他水生态系统的活的生物体的变异性，以及它们所构成的物种内、物种间以及生态系统的复杂性。生物多样性影响及控制着生态系统功能，尽管目前关于生物多样性和生态系统功能的关系仍然不清晰，但科学界对于生物多样性的保护已经达成共识。

在以往关注湿地生态系统物种多样性的基础上，越来越多的研究关注其他层次的生物多样性，包括遗传多样性、发育多样性、功能多样性等，并且相关研究发现不同层次的生物多样性存在不一致性（Naeem et al.，2016），因此，仅依靠物种多样性来评估湿地生态系统健康状态，忽略其他层次的生物多样性，可能会产生片面的见解。Nakamura 等（2017）在评估巴西伊维涅马（Ivinheima）河流的鱼类生物多样性时发现功能和系统发育多样性比物种多样性更重要。此外，生物多样性的各个层次对外界环境变化的反应速度不同（Lyashevska and Farnsworth，2012），因此，不同层次的生物多样性在相同的环境压力下可能具有不同程度的生物多样性大小，并且即使在同一区域内，不同层次的生物多样性也可能有不同的响应趋势。Li 等（2019）在评估黄河三角洲生态补水恢复措施下湿地大型底栖动物的生物多样性时发现，生态补水的作用改善了原有的栖息环境，促进了物种多样性和遗传多样性，生态补水又使得栖息环境均质化，由于生物的生态位，该湿地的功能多样性并没有得到改善，大型底栖动物的功能性状趋向均一化。

（二）湿地生态系统的稳定性

稳定性是生态系统中生物群落功能中的一种，生态系统的稳定性就是系统对干扰的响应，是生态系统适应外界条件的能力的具体表现。1955 年，MacArthur 首次定义了基于群落的稳定性，认为稳定性是指一个群落内种类组成和种群大小保持恒定不变。近年来，Donohue 等（2013）提出应将生态系统稳定性看作一个多维度的概念，具有不同的层次，主要包含变异性（variation）、抵抗力（resistance）、弹性（resilience）、持久性（persistence）和鲁棒性（robustness），而基于生态数学模型的稳定性则包含局部稳定性、全局稳定性、李雅普诺夫（Liapanov）稳定性和结构稳定性。

生态系统是一个自组织的复杂系统，在外界环境干扰下生态系统的结构会发生一定的改变，而当这种改变超过一定程度后会导致生态系统功能改变，致使生态系统偏离起始状态（Landi et al.，2018）。不同生态系统针对不同环境干扰具有不同的承受干扰水平，因此具有不同的生态阈值。例如，加利福尼亚的红木森林生态系统中红木具有厚实的树皮，因此对林火不敏感，但是一旦林火超过其承受能力而使其灼烧以后就很难恢复，甚至失去恢复原状的能力；而灌木生态系统对林火非常敏感，但是在遭受林火以后能很快恢复。因此红木森林生态系统对林火敏感性低，恢复力低；而灌木生态系统对林火敏感性高，恢复力也高（柳新伟等，2004）。识别不同环境干扰条件下的生态系统响应阈值，对于生态系统健康的管理和保护具有重要作用，可为决策者提供更好的决策科学依据。

（三）湿地生态系统的完整性

生态系统完整性即生态系统结构和功能的完整性，包括物理完整性、化学完整性及生物完整性三个方面，其中，物理完整性可用物理生境指数（physical habitat index，PHI）进行评估；化学完整性常用水质指数（water quality index，WQI）进行评估；1981 年美国生物学家 Karr 首次提出的生物完整性指数（index of biological integrity，IBI）广泛应用于生态各个领域。生态系统完整性是指与某一原始的状态相比，生态环境质量和状态没有遭受破坏的一种状态。一个生态系统在受到自身因素或外界因素干扰后，只要能够保持其复杂性和自组织的能力以及结构和功能的多样性，并且随着时间的推移，能维持并可持续发展生态系统的自组织的复杂性，那么它就具有完整性（张明阳等，2005）。

2000 年，欧盟颁布《水框架指令（2000/60/EC）》（WFD），给出了生态系统完整性的划分等级，根据河流现状偏离未受干扰状态的程度来划分生态系统完整性的高、好和适度三个等级。适度干扰假说认为适度的环境干扰可使湿地生态系统的完整性处于较好的状态（陈利顶和傅伯杰，2000），这也是湿地生态系统健康管理的目标，然而若环境干扰的强度过大，则生态系统完整性程度显著降低，有必要采取措施恢复湿地生态系统健康。后来有研究在利用河流的特有种评估生态系统完整性时，通过 5 个生物组织层次（区系、群落、共位群、种群、个体）和 5 个标准（河流特有属种、具有自维持种群的物种、共位群组成、种群大小、种群年龄结构）将生态系统完整性也分为 5 个等级（Schmutz et al.，2000）。2006 年，国际环保组织公益自然（NatureServe）确定了评估湿地生态系统完整性的指标，建立了一个有效的生态系统完整性评估手册。近年来，相关研究（Faber-Langendoen et al.，2006；Rempel et al.，2017；Mora，2017；Ruaro et al.，2018）在不同区域对生态系统完整性评估方法的实用性进行了考证。

第三节　湿地生态系统健康研究进展

一、湿地生态系统调查与评估

由于人类活动影响加剧，湿地生态系统健康正面临着巨大的威胁，定期进行湿地资源与环境的调查、监测及评估是科学、合理、有效保护和利用湿地资源的基础与前提，对保护和管理湿地生态系统具有重要意义。中国自 1992 年加入《湿地公约》后，在湿地保护管理工作中严格按照《湿地公约》的要求，高度重视湿地资源调查等基础工作。1995～2003 年，国家林业局组织完成了首次大规模全国湿地资源调查，填补了我国在湿地基础数据上的空白，为我国湿地资源的保护、管理和可持续利用提供了科学依据；2008 年，国家林业局颁布了《全国湿地资源调查技术规程（试行）》，并于 2010 年进行了修订和完善；2009～2013 年，我国完成了历时 5 年的第二次全国湿地资源调查，为掌握全国湿地资源动态变化及有针对性地强化湿地保护政策提供了科学支撑。湿地评估主要包括湿地生态系统健康评估、湿地功能评估、湿地生态安全评估和湿地环境影响评估等。在国家自然科学基金委员会重大研究计划"中国西部环境和生态科学"2001 年项目指南中，"生态系统健康评估的理论和方法"被列为能够优先进行研究的 15 个科学问题之一（赵臻彦等，2005）。湿地生态系统健康评估的目的是诊断由自然因素和人类活动引起的湿地系统的破坏或退化程度，以及生态因子变化趋势，以此发出预警，为管理者、决策者提供目标依据，更好地利用、保护和管理流域湿地（崔保山和杨志峰，2002）。

（一）湿地生态系统调查

湿地调查内容包括一般调查和重点调查，一般调查是指对所有符合最小调查面积要求的湿地斑块及符合最低长度与宽度要求的河流湿地，进行面积、湿地型、分布、植被类型、主要优势植物和保护管理要素等内容的调查。重点调查是在一般调查指标的基础上，对重要湿地进行湿地生态环境、生物多样性等方面的详细调查，包括自然环境要素、水环境要素、野生动物、野生植物群落和植被、保护和利用状况、社会经济状况、受威胁状况等指标（唐小平等，2013）。以往对湿地进行调查过多依赖于地面调查，一般调查湿地以收集资料为主，重点调查湿地以开展野外调查为主。湿地调查的主要内容（如野生动物、野生植物和湿地周边社区社会经济情况等）基本依赖于其他专项调查的结果；对位于偏远地区的湿地，往往直接引用历史数据。过去由于技术条件的限制，传统的湿地资源和环境监测方法存在成本高、效率低及易受人为干扰等问题，近年来遥感（remote sensing，RS）技术不断发展尤其是无人机遥感的兴起，其具有实时性、动态性、高效性等特点，对开展湿地资源和环境的动态监测、可持续利用与保护提供了强大的支持。

目前的湿地调查方法采用以遥感为主、地理信息系统（geographic information system，GIS）和全球定位系统（global positioning system，GPS）为辅的"3S"技术，即通过遥感解译获取湿地类型、面积、分布等信息。通过野外调查、现场访问和收集最新资料相结合获取水源补给状况、主要优势植物种、土地所有权、保护管理状况等基础资料（冯国锋，2012）。对于湿地遥感监测，国际上发展了高光谱、多光谱遥感技术（Adam et al.，2010）和合成孔径雷达技术（Zomer et al.，2009）。我国于1995~2003年首次将"3S"技术应用于湿地调查，初步掌握了单块面积100hm^{2}以上湿地的基本情况。2009~2013年，国家林业局采用"3S"技术与现地核查相结合的方法组织完成了第二次全国湿地资源调查，结果表明，我国湿地总面积5.36×10^{7}hm^2，湿地率5.58%，受保护湿地面积2324.32万hm^2，湿地保护率由2003年的30.49%提高到2012年底的43.51%（唐小平等，2013）。在第二次全国湿地资源调查结果的基础上，方爱玲等（2019）发展了"天空地"协同动态遥感监测和"互联网+"移动平台的调查更新技术，对我国西北古浪县湿地资源调查数据库进行了全面更新。

（二）湿地生态系统评估

湿地生态系统健康评估是实现湿地可持续管理的工具。国际上关于湿地生态系统健康评估的研究经历了三个阶段：第一阶段是20世纪初期到70年代中期，以评估栖息地生境为主要研究内容，研究重点从保护动物栖息地扩展为湿地动植物；第二阶段是20世纪70

年代中期到 80 年代中期，各国普遍受《湿地公约》的影响，形成了"湿地国际"意识，集中于湿地功能的评估；第三阶段是 20 世纪 80 年代中期至今，以评估湿地效益价值为主要内容，继马萨诸塞大学的 Larson 提出湿地效益价值的快速评估基础模型后，各国学者从资源经济学、生态系统学等方面对湿地生态系统健康评估进行了不断的探索与研究。近年来，我国关于生态系统健康的研究主要侧重于对生态系统健康评估方法的具体研究和将具体的景观类型作为具体对象以评估其生态系统健康状况。

湿地生态系统健康评估方法主要包括指示物种法和指标体系法（何建波等，2018）。指示物种法主要是依据生态系统的关键物种、特有物种、指示物种、濒危物种、长寿命物种和环境敏感物种等的数量、生物量、生产力、结构指标、功能指标及生理生态指标来描述生态系统的健康状况。水生态系统中常用的指示物种有浮游生物、底栖无脊椎动物和鱼类等。这些物种对水生环境的变化非常敏感，且进行健康评估的成本低、方法简单。例如，Mccain 和 Mustafa（2013）提出能够采用银大马哈鱼作为指示物种来评估北美大湖区的生态系统健康程度。虽然采用生物类群指示生态系统健康的研究取得很大进展，成为生态系统健康研究的基本方法，但其具有指示物种筛选标准不明确、未纳入社会经济和人类活动影响等局限性。同时，由于不同的湿地生态系统所处的自然、社会、经济状态一般不同，同一湿地生态系统发展的不同阶段所具有的特点也不同，建立统一的湿地生态系统健康评估指标十分困难，将湿地类型所具有的共性提取出来进行评估十分必要。我国生态系统健康评估领域常用指标体系法，该方法以生态系统特征为基础建立指标体系，通过在指标体系的基础上叠加不同的方法，实现对生态系统健康状况的评估（何建波等，2018）。针对湿地生态系统健康已提出了许多评估指标，早期多选用生态指标，如净生产力指标、生态系统压力指标、生物完整性指数、热力学指标（生态能质和结构能质），评估指标的选择侧重于从生物、物理、化学机制等方面进行评估；后期阶段又充分考虑了人为因素，如包含湿地生态结构、生态功能和生态系统方面的综合生态指标体系，以及包含生物、生态、社会经济和人口健康等方面的综合指标体系等。其中，生态特征指标的确定必须能准确地反映生态系统管理和评估目标，主要包括结构特性、功能特性、变化特性、扰动特性（崔保山和杨志峰，2002）。

根据不同湿地研究区域的实际特点及数据的可获得性，国际上提出了许多有代表性和应用意义的湿地健康评估模型与方法。20 世纪 90 年代，美国国家环境保护局（United States Environmental Protection Agency，USEPA）基于投入强度、评估尺度、资源类型和评估精度等方面建立了一套三级（Level Ⅰ、Level Ⅱ、Level Ⅲ）湿地生态系统健康评估体系；Jørgensen（1995）提出了一套初步评估程序，构建了目标函数——生态能质、结构能质和生态缓冲容量，并进行了这些函数在湿地生态系统结构演变和健康评估中的应用研究；1999 年，基于 Costanza 健康指数的活力–组织力–恢复力（VOR）模型也被国际生态系统健康学会认可。国内学者从定性和定量两个方面进行了湿地生态系统健康的评估研究。崔保山和杨志峰（2002）从生态特征、功能整合性、社会政治环境三方面详细地阐述了湿地生态系统健康评估指标体系，介绍了其理论基础和构建方法；刘永等（2005）以生态系统健康、生态系统完整性和物质循环为基础，提出了评估湖泊湿地生态系统健康的方法体系、指标和综合健康指数，评估指标包含外部指标、环境要素状态指标和生态指标；赵臻彦等（2005）提出的生态系统健康指数法可用于同一湖泊不同时空以及不同湖泊之间健康状态的定量评估与比较；胡志新等（2005）提出了系统能量健康指数并进行了健康状况分级。在应用案例方面，张祖陆等（2008）选用湿地自身组织结构、湿地功能、社会环境等21个指标组成生态系统健康评估指标体系，以模糊综合评判模型作为研究方法，对中国南四湖湿地生态系统健康状况等级进行评估。吴金鸿等（2014）以额尔齐斯河流域湿地为研究区域，基于集对分析与三角模糊数耦合理论建立了湿地生态系统健康评估模型，该模型在海兴湿地生态系统的健康评估中具有良好适用性。周林飞等（2015）从生态特征、功能整合性、扰动特征三个方面出发建立了人工湿地生态系统健康评估指标体系。徐浩田等（2017）运用压力–状态–响应（pressure-state-response，PSR）数学模型，从压力、状态、响应3个方面选取10个评估指数，构建了我国辽河流域凌河口湿地生态系统健康评估指标体系。总体而言，随着对湿地生态系统结构和功能认识的不断深入，湿地生态系统健康评估的研究内容也更加丰富，评估方法更加多样化，评估体系更加完善。

二、湿地生态系统模型模拟

湿地生态系统模型是以湿地生态系统作为研究对象反映湿地生态系统各种过程和各组分之间关系的定性或定量化工具，是对湿地生态系统结构和功能的简化、类比与抽象化处理（王建华等，2009）。湿地生态系统模型主要包括实体模型（形象模型）和抽象模型（概念模型、模拟模型和数学模型）。其中，概念模型是最基本的抽象模型，简单而定性地描述了湿地生态系统组成和相互关系；模拟模型基于容易控制的一组条件代表真实的生态系统特征，通过模仿性试验来了解生态系统规律；数学模型就是通过数学语言对生态系统模型进行定量描述（崔保山和杨志峰，2001）。由于湿地生态系统的复杂性，其内部各组分间相互作用机理尚不够明确，开发生态系统模型旨在揭示湿地生态系统的复杂性。湿地生态系统模型模拟在管理、预测评估和湿地设计恢复重建等方面发挥着重要作用。

（一）实验模型模拟

实验模拟是科学实验的一种基本类型，通过人为控制模拟外界条件变化下研究对象结构或功能的变化，从中总结出现实生态系统的基本规律。实验模拟主要包括室内实验模拟和野外实验模拟。室内实验通过人为地设置环境梯度进行实验分析，得到影响研究对象的关键因子及相应的环境条件，为实际生态系统健康的恢复及保护提供理论支撑。1943年，著名生态学家 G. F. Cause 进行的草履虫实验是典型的室内实验模拟，其将大草履虫和双小核草履虫放在实验室中混养，探究了生物种群之间的竞争关系，揭示了完全的竞争者（具相同的生态位）不能共存。近年来我国科学家也相继进行了湿地生态系统的室内模拟实验。李丹等（2015）通过在沙培微宇宙中对植物多样性和系统抵抗力进行人工湿地实验模拟，探究了物种生物量对丰富度及铵添加的响应。由于室内实验的局限性，往往并不能科学地收集、观察与研究生态系统的变化规律，野外现场实验也是实验模拟的重要部分，往往包括野外观测实验、围隔实验和野外培养实验等。围隔是生态工程学中常用的一种人工设计组成的复杂实验模型，不但能模拟自然条件下的生态系统，而且能提高研究的精确度。围隔生态实验自 20 世纪 60 年代得到发展。Strickland 和 Terhune（1961）用 6m 的围隔研究了生态系统沿海水域在浮游植物水华期间发生的化学和生物学变化。我国自 20 世纪 80 年代也相继开展了围隔实验的研究，着重探究生态系统中存在的问题。例如，沈亮夫等（1986）利用三个海上围隔实验模拟生态系统，模拟海上溢油事故，探究渤海原油对黄渤海浮游植物群落结构的影响。Wang 等（2009）利用"垂向流动"，在湿地系统条件下，模拟生态实验研究治理下水道淤泥的污染情况，研究结果表明，植物在不同种植区域所表现的治理效果明显不同。南楠等（2011）通过建立围隔实验区对洪泽湖湿地生态系统中主要植物群落（芦苇、莲、菱、凤眼莲、苦草、金鱼藻）的水质净化能力进行了探究。朱红雨（2019）通过野外自然原位模拟对上海市东滩湿地原生优势植物芦苇和入侵植物互花米草进行年尺度的模拟增温，分别测定其增温条件下整个生长阶段的光合特性、生长指标和生物量积累分配等基础数据。

（二）数学模型模拟

数学模型在湿地生态系统研究中的价值自 20 世纪 70 年代起就被科学界广泛关注，其可用作湿地生态系统的管理工具、预测评估工具及实验工具（崔保山和杨志峰，2002），通常包括经验模型和理论模型两类。经验模型，也称为面向数据模型或数据驱动模型，主要建立预测变量和响应变量之间的统计关系。回归模型是开发的第一个经验模型，其假设变量之间存在线性关系，如 Dillon 和 Rigler（1974）提出的营养元素和叶绿素关系模型。经验模型不需要多少关于生态系统过程和数据本身的先验知识，且模型是通用的，能对一组湖泊等湿地进行良好预测。随着计算能力的快速发展及基于现场传感器的高频测量系统日益增多，科学家们持续对经验模型进行改进，如 Freeman 等（2009）使用贝叶斯方法分析营养元素和叶绿素浓度关系，Xu 等（2015）使用分位数回归替代普通最小二乘回归。然而，这些模型提供的结果存在很大程度的不确定性，且时间尺度过长，无法研究湿地生态系统的短期响应，即缺乏湿地生态系统管理者所要求的精确性。近十余年来，由于湿地监测系统的完善，统计模型朝着数据驱动模型的方向显著发展，如人工神经网络（artificial neural network，ANN）由于在预测高度非线性和复杂关系方面的公认能力，是目前研究湖泊等湿地富营养化的常用方法（Ieong et al.，2015）；其他使用机器学习技术的数据驱动模型（如基于树的模型、支持向量机或随机森林模型），对于短期（从天到周）的预测能给出很好的结果，但由于缺少驱动过程方面的内容，其很难应用于长期预测场景的模拟。理论模型，也称为面向过程模型或基于过程的模型，其基于对生态系统驱动过程的先验知识，往往由一系列详细描述生态系统生物地球化学过程的微分或差分方程组成，通过数值方法求解。20 世纪 80 年代，理论模型通常称为输入-输出模型或黑箱模型，其基于稳态假设，结果直接由生物地球化学过程的动态方程推导得到，在评估湖泊等湿地营养状态方面广泛应用，但不能准确预测入流量变化条件下的湿地富营养化动态演变趋势（Afshar et al.，2012）；此外，这些模型没有描述生物变量，以及未考虑生物过程对模型参数的影响，忽略了生物之间的相互作用。近年来，理论模型往往是动态的，Mooij 等（2010）将其分为最小动态模型、复杂动态模型和结构动态模型。其中，复杂动态模型（如 CAEDYM、PCLake、DELWAQ 等）包含大量变量和生态过程，用来模拟整个生态系统的虚拟现实。结构动态模型增加了模型结构的灵活性，即模型参数基于专家知识或通过优化选定的目标函数随时间变化。理论模型对湿地生态系统时空动力学研究方面的贡献十分显著（Takkouk and Casamitjana，2016），尤其是水动力过程方面能精确地表示出来，而生物过程由于其过程相互作用的复杂性和机理知识的缺乏，仍在不断改进和完善中。不同的湿地类型健康状态不同，其系统内部亦存在不同的水文、水动力、空间维度、污染物潜移转化、泥沙输移过程及物种相互作用等生态过程，因此，所应用的湿地生态系统模型特征差异显著。

近几十年来，国际上对利用数学模型模拟水环境给予了普遍重视，认为具有相当的真实性，可为环境规划管理和水环境质量预测提供依据。目前普遍使用的水环境模型包括一级动力学模型、Monod 模型、S-P 模型、MIKE、WASP（water quality analysis simulation program）、环境流体动力学代码（environmental fluid dynamics code，EFDC）模型、Delft 3D 等。法国生物学家 Monod（1947）通过进行单一底物的细菌培养试验，提出与米-门关系类似的表示微生物比增殖速率关系与底物浓度的动力学关系式，即 Monod 方程式。Ditoro 等（1983）建立了 WASP 模型，可应用于一维、二维和三维水体，模型包括线性和非线性动力学，能模拟多种水体的稳态和非稳态的水质过程。Verma 等（2008）利用 MIKE21 的水动力和溢油模块对波斯湾潜在的漏油风险进行了模拟，提出了相应的应急方案来减少漏油对海洋环境所产生的负面影响。焦璀玲等（2008）采用 MIKE21 对初始状态下的某人工湿地示范区进行了二维流场模拟，分析了湿地示范区存在的问题，提出了有利于污水净化的最优方案。崔丽娟等（2011）基于一级动力学模型，根据在人工湿地连续监测获得的运行参数和水质数据，对进水质量负荷与面积速率常数、进水质量负荷和不同污染物背景浓度进行了相关分析。陈德坤等（2018）对 WASP 模型进行了优化改进以模拟预测表流人工湿地的水质变化。

随着对湿地生态系统复杂性以及内在机理研究的深入，关于生态系统自组织性及其稳态机制转换的研究揭示了生态系统演化机制，定量模拟分析的方法突破了经典生态学中关于生态系统内部竞争捕食关系定性分析的理论（Scheffer et al.，2003），而基于湿地物理、化学、生物过程构建的生态模型具有模拟值与实测值的对比验证过程，能够弥补"抽象化"稳态机制转换模型的不足，因而得到了发展和完善。目前用于模拟生态过程变化的模型软件有 CE-QUAL-ICM、AQUATOX、PAMOLARE、CAEDYM、LakeWeb、LEEDS、Ecopath、PCLake 等，主要用来对物质流动和生态系统结构变化进行模拟。例如，Christensen 和 Pauly（1992）提出的 Ecopath 模型是一个用于创建食物网静态快照的生态系统质量平衡模型，其中功能群以生物量表示，通过营养相互作用联系在一起，该模型通过求解描述每个群体的生产和消费的一系列线性方程来建立质量平衡。CAEDYM 模型（Robson and Hamilton，2004）是一个基于过程的水质、生物和地球化学子模型库，由一长串质量守恒耦合微分方程表示，DYRSEM 模型或 ELCOM 模型作为驱动；改进的 CAEDYM 模型能模拟悬浮物、氧气与有机物质、无机物质（C、N、P、Si）、多个生物功能群（如浮游植物、浮游动物、底栖动物和鱼类等）、病原体和营养通量等。PCLake 模型（Janse et al.，2010）是一个完整的浅层非分层湖泊生态模型，在封闭的营养循环框架内描述浮游植物、大型植物和简化的食物网，包括自下而上、自上而下和间接影响，其由若干耦合的常微分方程组成，每个状态变量对应一个，该模型已用于估算浅水湖泊清澈和浑浊状态之间正向与反向转换的临界营养盐负荷水平，以确定决定转换的关键过程以及临界负荷水平取决于湖泊特征和管理因素的方式。2019 年，Janssen 等对原始 PCLake 模型的三方面（包括光在水柱中的照射、蒸发过程和大型植物物候学的计算）进行了调整，扩展为 PCLake$^+$ 模型，其涵盖了具有不同分层状态和气候相关过程的淡水湖泊湿地，可通过强制函数或简单的内置经验关系来调用和配置，从而对湖泊生态系统强制分层。湿地碳循环过程十分复杂，不仅包括生物物理学、生物地球化学等过程，还包括植被动态过程、大气植被相互作用等。湿地碳模型主要可归为三类，即基于植被条件及分解动态开发的长期泥炭积累模型（peat accumulation model，PAM）、甲烷排放通量经验模型以及基于过程的甲烷排放模型。

由于湿地所处地理环境、受人为活动影响及主导生物的不同而具有各自的生态特点，利用这些固有模型并不能全面反映湿地特征，模型应用有一定局限性。此时，一些编程语言、科学计算工具和模拟语言等编程工具因能根据特定湿地特点构建有针对性的生态模型而得到广泛应用，如 STELLA（Wang and Mitsch，2000）、Powersim、iThink、Vensim 或 Matlab 等软件平台。结合湿地现场实验得出的规律，拟合公式用于模型构建，考虑特定实验因素的影响，基于编程软件平台开发湿地生态模拟模型，可揭示各生态指标的动态变化规律。

三、湿地生态系统健康保障

通过湿地生态系统健康评估，将湿地生态学领域的研究成果更多地应用于湿地生态系统管理之中，需增强生态规律、生态技术在湿地生态系统健康保障实践中的应用。为有效地保障湿地生态系统健康，需关注人类活动、环境变化对湿地生态系统健康的影响，进一步促进退化生态系统的恢复与重建，维护生态系统的健康及可持续发展（曾德慧等，1999）。水作为一种特殊的生态资源，是生命体得以生存、繁衍的基础，水生态系统不仅可提供人类生活生产所需的基础产品，还具有维持自然生态系统结构、生态过程和生态环境的功能。新时代赋予水资源水生态保护工作新的使命，人民日益增长的美好生活需要对水资源水生态保护提出了更高要求。本节从水量保障、水质保障、水生态修复及生态管理机制四个方面探究湿地生态系统的健康保障。

（一）湿地水量保障

广义上生态需水指湿地为维持自身存在和发展以及发挥湿地应有的生态环境效益所需要的水量，可理解为存量、蓄水量，狭义上一般认为是补充湿地生态系统每年消耗的水量，可以理解为通量、补水量。湿地生态水量是湿地水文条件的重要组成部分，是水资源开发利用中的重要约束性指标，保障湿地生态水量是实现水资源可持续利用的前提和基础。以河流湿地为例，其生态需水重点在于保障适宜生态流量。众多研究提出了枯水流量、最小河流需水量、最小可接受流量、生态可接受流量范围和生态基流等术语（徐宗学等，2016），这些术语的共同含义为河流生态系统健康维持需要一定的最小流量；近年来，天然水文情势的节律变化及其在维护生态系统健康方面的意义受到重视，河流生态需水还需保障低流量、流量脉冲、小洪水和大洪水等流量组分。《中华人民共和国水法》《中华人民共和国水污染防治法》《水污染防治行动计划》等都提出了开发、利用、调节、调度水资源时，统筹兼顾，维持江河的合理流量和湖泊、水库以及地下水体的合理水位，强化水资源管理和生态用水保障，维护河湖生态健康的战略指导。Larson 等（2020）研究表明，保障水位有利于恢复湖泊湿地栖息地、增加沉水水生植被及迁徙水鸟丰富度。因此，对湿地水量进行长期跟踪监测十分必要，监测项目要齐全，以便能及时、全面地掌握湿地生态系统中需水量的动态变化。湿地生态水量存在临界阈值，根据湿地来水量的差异，丰水年、平水年和枯水年会导致湿地不同的生态特征，特别是湿地边界的明显变化（崔保山和杨志峰，2002）。崔保山和杨志峰（2003）首次提出了湿地生态需水等级概念和内核，其中最大生态需水量是湿地生态系统可能承受的最大水量，超过该水量生态系统可能发生突变；适宜生态需水量是湿地生态系统存在所需的最佳水量，此时生态系统处于最理想状态；最小生态需水量是湿地生态系统维持自身发展所需的最低水量，低于该水量生态系统可能发生萎缩、退化甚至消失。因此，深入研究湿地水量阈值对维持湿地生态系统健康具有重大意义，建立湿地生态需水预警机制（包括洪水预报和干旱评价预警两方面）及制定相应的应急方案十分必要。

水源涵养是湿地水量保障的根本性措施，其关键是对天然降水进行最大限度截留，需加强水系源头的水土保持工作（如退耕还林、植树种草等）。近年来，随着全球气候变化、经济社会发展，工农业及生活用水量增加，进入湿地的水量更少，枯水年份湿地水资源量明显不足。节水是保障湿地生态需水的重要措施之一，如改进农业灌溉方式和工业用水模式，适当调整农作物种植结构和工业结构等。此外，生态补水措施对缓解区域水资源危机、湿地萎缩、生态环境恶化等具有重要意义。建立流域性水工程调度机制及科学合理的长效补水机制是保障湿地生态需水量的重要措施，需对湿地生态补水进行效益预测分析，完善湿地用水保障制度（张珮纶等，2017）。必须重视生态需水的时间特征、量−质特征和阈值特征，生态系统本身具有一定的自我调节和自我缓冲性，同时又具有一定的"生态阈值"，当客观扰动破坏"生态阈值"时，生态系统因不能自控而崩溃。跨流域多源调水可明显地提高湿地生态系统的生态效益、社会效益和经济效益。例如，为解决我国扎龙湿地严重缺水问题，20世纪70～80年代，通过北、中引工程引入嫩江优质水量补充湿地需水；进入90年代以后，由于松嫩平原工农业生产和居民生活需水的增加，以及市场经济的影响，北、中引工程不再向扎龙湿地供水，湿地水位持续下降，河道断流，湿地严重萎缩。根据实际调查，2001年湿地水面仅剩130km^{2}左右。2001年开始修建的扎龙湿地应急补水工程，通过中引工程引入嫩江水量为湿地应急补水，取得了较好效果（杨泽凡，2019）。具有我国"华北明珠"之称的白洋淀入淀水量从20世纪50年代的24.5亿m^{3}下降到90年代的8.47亿m^3，1983～1988年连续出现干涸；20世纪80年代以来，我国水利部、河北省先后开展了近50次生态补水，缓解白洋淀水位下降、减少生态空间萎缩和修复生态系统功能（杨薇等，2020）。非常规水源回用湿地对缓解用水压力、恢复湿地生态系统健康具有重要意义。污水的再生处理回用相对跨流域调水等解决湿地水资源短缺问题的途径，具有水源稳定、水质达标、生产成本低等优势，且在缓解水资源供需矛盾的同时，能有效解决水环境污染问题。因此，污水回收再利用也成为许多国家进行湿地水量保障的重要措施（姜磊等，2018）。

（二）湿地水质保障

湿地水质污染情况是湿地生态系统健康的重要限制性因子。近年来，随着经济发展、企业工厂扩建、矿山开采、畜禽养殖和开垦湿地等需求日益旺盛，湿地生态水质严重恶化，导致湿地生态系统逐渐退化。因此，改善湿地生态水质、加强水质管理已迫在眉睫。需对湿地生态系统建立长期水质监测机制，可准确掌握湿地水质动态变化。控制湿地水质污染的措施主要是控制外源输入和控制内源污染物。对湿地供水水源的水质进行源头保障是保持湿地生态系统良好水质的前提。胡远东等（2010）对大庆龙凤湿地自然保护区进行水质污染指标分析显示，湿地水体中有机物高的主要原因是人为污染以及农业面源污染，针对这一问题，应严格控制污染源总量，提高污染物排放标准，加强对农村面源污染的宏观调控与水质动态监测。在湿地上游扩建增容生活污水处理设施，封堵污水直排口，实现上下游水质同步提升，削减湿地生态系统纳污总量。另外，滨岸缓冲带是拦截陆地生态系统污染源进入湿地生态系统、保障湿地水质的重要手段，可截留、过滤、沉积和吸附陆地泥沙与悬浮物等，对微生物具有分解作用，对雨水径流过程中挟带的悬浮固体、氮磷营养盐、农药污染源等具有明显的截留和吸收作用（唐浩等，2012）。对于中水及污水再生回用水，应处理达标后再用于湿地生态补水。

对于湿地自身已存在的污染情况，需进一步采取水质净化措施，即采取物理、化学或生物处理方法净化湿地污染。人工智能技术（如人工神经网络、遗传算法、粒子群等）能够克服传统湿地污染处理技术中污染物去除效率低、优化控制成本高、监测滞后等问题（姚继平等，2020）。结合水质模型对湿地水质进行预测分析，赖秋英等（2017）基于EFDC模型进行综合赋分，探究了湿地不同生境生物塘水质净化效果。部分水生植物具备类型多、布局广、繁殖迅速等特征，并且可以在满足本身成长要求的基础上改善水污染情况，且能减少能耗。优化水生植物群落（如挺水植物、浮水植物和沉水植物），对湿地悬浮颗粒的处理、水体富营养化治理和净化水体均具有较好的效果，其物理作用、吸收营养物质作用、富集金属离子作用、传输和释放氧气作用及生化他感作用等多项净化机理为湿地水质保障提供了重要可行的科学方案。吸附-生物技术也是一种具有竞争力的治理富营养化浅水湖泊内源污染的新技术。Liu等（2020）首次采用了新型改性麦粉土和沉水大型植物原位联合去除湖泊湿地沉积物磷，并取得了良好效果。

（三）湿地水生态修复

湿地水生态修复一方面指通过保护受损湿地生态系统使其自然恢复的过程；另一方面指通过生态技术或生态工程对退化或消失的湿地进行修复或重建，再现干扰前的结构和功能，以及相关的物理、化学和生物学过程，使其发挥应有的作用。湿地水生态修复的基本思路是根据地带性规律、生态演替及生态位原理选择适宜的先锋植物种，构造种群和生态系统，实行土壤、植被与生物同步分级修复，逐步使生态系统恢复到一定的功能水平，以保障湿地生态系统健康。国际上现已开发了一系列治理富营养化的物理、化学和生物措施来促进生态恢复，而生物修复方法相较于物理-化学综合方法来说，它的修复效果具有长期稳定性，同时修复成本相对较低。20世纪60年代，研究者将影响湿地生态系统结构和功能的主要调节因子从仅关注营养物质发展到关注生物本身的上行及下行效应。Shapiro和Wright（1984）提出了生物操纵（biomanipulation）的概念，已经运用于一些温带地区的湖泊湿地修复，鱼类生物操纵（即移除浮游生物食性鱼和底栖生物食性鱼，或增加肉食性鱼）取得了令人满意的效果（Jeppesen et al.，2012），这一操作在水生群落中造成了营养级联，有利于浮游动物的发展，使得浮游植物减少，湿地生态系统恢复（Triest et al.，2016）。郑磊（2018）基于Ecosim生态模型对我国箕笠湖进行了生物操纵模拟，探究了最佳生物操纵修复方式。

2006 年，Dudgeon 等研究发现，湿地过度开发、水污染、水流情势改变、栖息地破坏或退化及外来物种入侵造成全球淡水生物多样性下降；Reid 等（2019）研究表明，近年来全球湿地面临更多新威胁或原有威胁加剧，如气候变化、塑料微粒污染等，导致湿地生物多样性危机加深。生物多样性保育是保障湿地生态系统健康的重要措施。1992 年，巴西里约热内卢召开的世界环境与发展大会上与会国（包括中国）签署了《生物多样性公约》。联合国教育、科学及文化组织等国际机构在 1990 年组织了国际生物多样性项目（DAVERSI-TAS）并于 1996 年开始实施。我国在国际上率先完成了《中国生物多样性国情研究报告》，并在"八五""九五"期间完成了"中国生物多样性保护生态学""濒危植物保护生态学""生物多样性保育与持续利用的生物学基础"等重大科研项目（蒋有绪，2002）。生物多样性保育建立在对湿地历史资料和现状数据深入调查研究与全面分析的基础之上，并遵循"保护优先、科学修复、合理利用；统筹规划、合理布局、分步实施；突出重点、体现特色、因地制宜"的原则。例如，范航清和王文卿（2017）基于我国红树林湿地生态问题提出了相应保育策略，如退塘还林、虾塘生态改造等。此外，人工增殖放流、禁渔期制度等措施也增加了对生物多样性的保护力度，保障了湿地生物资源利用的可持续性。

（四）湿地生态管理机制

湿地水量保障、水质保障及水生态修复是保障湿地生态系统健康的重要抓手，但在针对湿地生态系统的法规制度建设和协调联动机制等管理方面还存在诸多不足。基于生态系统管理的概念进行系统的湿地保护与管理，既是湿地科学发展的必然要求，也是当前湿地生态系统健康保护与管理的客观需求。实施湿地生态系统管理的核心是生态系统服务功能的恢复和保护，应在确定生态系统管理时空范围基础上，寻找生态系统退化根源，制定具体管理目标，实施动态管理。由于自然系统与人类社会经济系统的重叠，湿地生态系统健康管理效果的好坏关键在于人类。首先，各部门需加强领导，理顺湿地生态系统健康保护工作机制；按照国家及各省市关于推进湿地保护修复的实施意见的要求，明确各级政府对湿地保护区的主体责任，将湿地保护修复纳入国民经济发展计划；明确林业、环保、农业、水利、土地等部门职能，加大部门协调和配合力度，林业主管部门要加快制定湿地生态系统健康修复管理办法，建立健全"谁破坏、谁修复"制度。其次，建立资金投入机制、加大科学研究力度及大力培养专业人才，以保障湿地生态系统健康恢复各项需要。此外，应充分利用媒体进行湿地生态系统健康恢复公益广告宣传，建立湿地生态系统科普教育基地，提高公民保护湿地的自觉性，在全社会营造有利于湿地生态系统健康保障的良好氛围。建立健全湿地保护奖惩机制和终身追责机制也是促进湿地生态系统健康的重要措施（王生福等，2018）。

参 考 文 献

陈德坤，朱文博，王洪秀，等 . 2018. WASP 水质模型在表流人工湿地中的优化与应用［J］. 工业水处理，38（2）：70-74.

陈利顶，傅伯杰 . 2000. 干扰的类型、特征及其生态学意义［J］. 生态学报，20（4）：50-55.

崔保山，杨志峰 . 2001. 湿地生态系统健康研究进展［J］. 生态学杂志，20（3）：31-36.

崔保山，杨志峰 . 2002. 湿地生态系统健康评价指标体系 I . 理论［J］. 生态学报，22（7）：1005-1011.

崔保山，杨志峰 . 2003. 湿地生态系统健康的时空尺度特征［J］. 应用生态学报，14（1）：121-125.

崔丽娟，张岩，赵欣胜，等 . 2011. 基于一级动力学模型的潜流湿地污染物去除研究［J］. 中国环境科学，31（10）：1697-1704.

范航清，王文卿 . 2017. 中国红树林保育的若干重要问题［J］. 厦门大学学报（自然科学版），56（3）：323-330.

方爱玲，宋立明，刘军，等 . 2019. 湿地资源调查更新若干问题探讨［J］. 测绘与空间地理信息，42（4）：115-118.

冯国锋 . 2012. 河北省第二次湿地资源调查内容与方法［J］. 河北林业科技，（3）：45-46.

何建波，李欲如，毛江枫，等 . 2018. 河流生态系统健康评价方法研究进展［J］. 环境科技，31（6）：75-79.

胡远东，达良俊，许大为，等 . 2010. 大庆龙凤湿地自然保护区水质分析及污染防治对策［J］. 国土与自然资源研究，（5）：53-54.

胡志新，胡维平，张发兵，等 . 2005. 太湖梅梁湾生态系统健康状况周年变化的评价研究［J］. 生态学杂志，24（7）：763-767.

姜磊，涂月，李向敏，等 . 2018. 污水回收再利用现状及发展趋势［J］. 净化技术，37（9）：60-66.

蒋有绪 . 2002. 关于我国生物多样性保育工作的若干思考［J］. 中国科学院院刊，（1）：55-57.

焦璀玲，王昊，李永顺 . 2008. 人工湿地数值模拟研究——以山东平阴湿地示范区为例［J］. 南水北调与水利科技，6（6）：87-89，108.

赖秋英，李一平，张文一，等 . 2017. 基于 EFDC 模型的湿地生物塘水质净化效果模拟与优化设计［J］. 四川环境，36（1）：6-10.

李丹，刘阳，蒋跃平，等 . 2015. 模拟人工湿地中的植物多样性与系统抵抗力［J］. 生态学杂志，34（7）：1854-1859.

李煜，夏自强 . 2007. 水域生态系统的时间尺度与空间尺度［J］. 河海大学学报（自然科学版），2：52-55.

刘红玉，赵志春，吕宪国 . 1999. 中国湿地资源及其保护研究［J］. 资源科学，21（6）：34-37.

刘永，郭怀成，范英英，等 . 2005. 湖泊生态系统动力学模型研究进展［J］. 应用生态学报，（6）：186-192.

柳新伟，周厚诚，李萍，等 . 2004. 生态系统稳定性定义剖析［J］. 生态学报，11：292-297.

南楠，张波，李海东，等 . 2011. 洪泽湖湿地主要植物群落的水质净化能力研究［J］. 水土保持研究，（1）：232-235.

沈亮夫，黄文祥，朱琳．1986．渤海原油对黄渤海浮游植物群落结构影响的围隔式实验［J］．海洋学报，
　（6）：729-735．

唐浩，熊丽君，鄢忠纯，等．2012．缓冲带截除农业面源强污染的效果［J］．农业工程学报，28（2）：
　186-190．

唐小平，王志臣，张阳武，等．2013．全国湿地资源调查技术体系设计及结果分析［J］．林业资源管理，
　6：62-69．

王建华，田景汉，李小雁．2009．基于生态系统管理的湿地概念生态模型研究［J］．生态环境学报，
　18（2）：738-742．

王生福，李伟斯，苏庆梅．2018．基于实地调查研究的湿地水质提升与功能恢复对策探讨——以临沂市罗
　庄区武河湿地为例［J］．环境与可持续发展，43（5）：112-115．

吴金鸿，杨涵，杨方社，等．2014．额尔齐斯河流域湿地生态系统健康评价［J］．干旱区资源与环境，
　28（6）：149-154．

吴涛，赵冬至，康建成．2010．流域-河口三角洲湿地生态系统健康评价研究进展［J］．海洋环境科学，
　2：124-130．

肖风劲，欧阳华．2002．生态系统健康及其评价指标和方法［J］．自然资源学报，17（2）：203-209．

徐浩田，周林飞，成遣．2017．基于PSR模型的凌河口湿地生态系统健康评价与预警研究［J］．生态学
　报，37（24）：8264-8274．

徐宗学，武玮，于松延．2016．生态基流研究：进展与挑战［J］．水力发电学报，35（4）：1-11．

杨薇，孙立鑫，王烜，等．2020．生态补水驱动下白洋淀生态系统服务演变趋势［J］．农业环境科学学
　报，39（5）：1077-1084．

杨泽凡．2019．基于水流过程的河沼系统生态需水与调控措施研究［D］．北京：中国水利水电科学研究
　院博士学位论文．

姚继平，郝芳华，王国强，等．2020．人工智能技术对长江流域水污染治理的思考［J］．环境科学研究，
　33（5）：1268-1275．

曾德慧，姜凤岐，范志平，等．1999．生态系统健康与人类可持续发展［J］．应用生态学报，10（6）：
　751-756．

张明阳，王克林，何萍．2005．生态系统完整性评价研究进展［J］．热带地理，25（1）：10-14．

张娜．2006．生态学中的尺度问题：内涵与分析方法［J］．生态学报，26（7）：2340-2355．

张珮纶，王浩，雷晓辉，等．2017．湿地生态补水研究综述［J］．人民黄河，39（9）：64-69．

张祖陆，梁春玲，管延波．2008．南四湖湖泊湿地生态健康评价［J］．中国人口·资源与环境，18（1）：
　180-184．

赵臻彦，徐福留，詹巍，等．2005．湖泊生态系统健康定量评价方法［J］．生态学报，25（6）：
　1466-1474．

郑磊．2018．基于生态模型的筼筜湖生物操纵情景模拟研究［D］．厦门：厦门大学硕士学位论文．

周林飞，武祎，高云彪，等．2015．石佛寺人工湿地生态系统健康评价研究［J］．节水灌溉，（7）：
　64-68．

朱红雨．2019．滨海湿地芦苇和互花米草光合、生长及生物量对模拟增温的动态响应——实验与模型估算

［D］．上海：华东师范大学硕士学位论文．

Adam E，Mutanga O，Rugege D. 2010. Multispectral and hyperspectral remote sensing for identification and mapping of wetland vegetation：A review ［J］．Journal of Environmental Management，18：281-296.

Afshar A，Saadatpour M，Marino M A. 2012. Development of a complex system dynamic eutrophication model：Application to Karkheh Reservoir ［J］．Environmental Engineering Science，29（6）：373-385.

Barnosky A D，Matzke N，Tomiya S，et al. 2011. Has the Earth's sixth mass extinction already arrived? ［J］．Nature，471：51-57.

Cairns J，Mccormick P V，Niederlehner B R. 1993. A proposed framework for developing indicators of ecosystem health ［J］．Hydrobiologia，263（1）：1-44.

Christensen V，Pauly D. 1992. ECOPATH II—A software for balancing steady-state ecosystem models and calculating network characteristics ［J］．Ecological Modelling，61（3-4）：169-185.

Costanza R，Norton B G，Haskell B D. 1992. Ecosystem Health：New Goals for Environmental Management ［M］．Washingion D. C.：Island Press：1-75.

Dillon P J，Rigler F H. 1974. A test of a simple nutrient budget model predicting the phosphorus concentration in lake water ［J］．Journal De L'office Des Recherches Sur Les Pêcheries Du Canada，31（11）：1771-1778.

Ditoro D，Fitzpatrick J J，Thomann R V. 1983. Water quality analysis simulation program（WASP）［EB/OL］．https：//www. researchgate. net/publication/26991027 ［2022-10-20］．

Donohue I，Petchey O L，Montoya J M，et al. 2013. On the dimensionality of ecological stability ［J］．Ecology Letters，16：421-429.

Dudgeon D，Arthington A H，Gessner M O，et al. 2006. Freshwater biodiversity：Importance，threats，status and conservation challenges ［J］．Biological Reviews，81（1）：163-182.

Faber-Langendoen D J，Rocchio M，Schafale C，et al. 2006. Ecological Integrity Assessment and Performance Measures for Wetland Mitigation ［R］．Final Report. March 15. Arlington，VA：NatureServe.

Freeman A M，Iii E C L，Stow C A. 2009. Nutrient criteria for lakes，ponds，and reservoirs：A Bayesian TREED model approach ［J］．Ecological Modelling，220（5）：630-639.

Ieong I I，Lou I，Ung W K，et al. 2015. Using principle component regression，artificial neural network，and hybrid models for predicting phytoplankton abundance in Macau Storage Reservoir ［J］．Environmental Modeling and Assessment，20（4）：355-365.

Janse J H，Scheffer M，Lijklema L，et al. 2010. Estimating the critical phosphorus loading of shallow lakes with the ecosystem model PCLake：Sensitivity，calibration and uncertainty ［J］．Ecological Modelling，221（4）：654-665.

Janssen A B G，Teurlincx S，Beusen A H W，et al. 2019. PCLake⁺：A process-based ecological model to assess the trophic state of stratified and non-stratified freshwater lakes worldwide ［J］．Ecological Modelling，396（1）：23-32.

Jeppesen E，Søndergaard M，Lauridsen T L，et al. 2012. Biomanipulation as a restoration tool to combat eutrophication：recent advances and future challenges ［C］//Woodward G，Jacob U，O'Gorman E J. Global Change in Multispecies. Part 2. Advances in Ecological Research，vol. 47. London：Elsevier：411-488.

Jørgensen S E. 1995. Exergy and ecological buffer capacities as measures of ecosystem health [J]. Ecosystem Health, 11 (3): 150-160.

Habersack H M. 2000. The river-scaling concept (RSC): a basis for ecological assessments [J]. Hydrobiologia, 422: 49-60.

Karr J R. 1981. Assessment of biotic integrity using fish communities [J]. Fisheries, 6 (6): 21-27.

Landi P, Minoarivelo H O, Brannstrom A, et al. 2018. Complexity and stability of ecological networks: A review of the theory [J]. Population Ecology, 60 (4): 319-345.

Larson D M, Cordts S D, Hansel-Welch N. 2020. Shallow lake management enhanced habitat and attracted waterbirds during fall migration [J]. Hydrobiologia, 847 (16): 3365-3379.

Lee B J. 1982. An ecological comparison of the McHarg method with other planning initiatives in the Great Lakes Basin [J]. Landscape and Urban Planning, 9 (2): 147-169.

Leopold A. 1941. Wilderness as a land laboratory [J]. Living Wilderness, 6 (2): 3.

Li X X, Yang W, Sun T, et al. 2019. Framework of multidimensional macrobenthos biodiversity to evaluate ecological restoration in wetlands [J]. Environmental Research Letters, 14: 54003.

Liu Z S, Zhang Y, Yan P, et al. 2020. Synergistic control of internal phosphorus loading from eutrophic lake sediment using MMF coupled with submerged macrophytes [J]. Science of the Total Environment, 731 (1): 1-13.

Lyashevska O, Farnsworth K D. 2012. How many dimensions of biodiversity do we need? [J]. Ecological Indicators, 18: 485-492.

MacArthur R H. 1955. Fluctuations of animal populations and a measure of community stability [J]. Ecology, 36: 533-536.

Mccain P, Mustafa A. 2013. Capsaicin effects on growth and health of Tilapia, Oreochromis Niloticus and Coho Salmon, Oncorhynckus Kisutch [R]. Nashville, TN: Indiana University Purdue University Fort Wayne.

Monod J. 1947. The chemical kinetics of the bacterial cell [J]. Nature, 22 (4056): 105-106.

Mooij W M, Trolle D, Jeppesen E, et al. 2010. Challenges and opportunities for integrating lake ecosystem modelling approaches [J]. Aquatic Ecology, 44 (3): 633-667.

Mora F. 2017. A structural equation modeling approach for formalizing and evaluating ecological integrity in terrestrial ecosystems [J]. Ecological Informatics, 41: 74-90.

Naeem S, Prager C, Weeks B, et al. 2016. Biodiversity as a multidimensional construct: A review, framework and case study of herbivory's impact on plant biodiversity [J]. Proceedings of the Royal Society B: Biological Sciences, 283: 20153005.

Nakamura G, Vicentin W, Súarez Y R. 2017. Functional and phylogenetic dimensions are more important than the taxonomic dimension for capturing variation in stream fish communities [J]. Austral Ecology, 43: 2-12.

Norris R H, Thoms M C. 1999. What is river health [J]. Freshwater Biology, 41 (2): 197-209.

Rapport D J. 1989. Water constitutes ecosystem health? Perspectives in biology and medicine [J]. Ecosystem Health, 33 (1): 120-132.

Rapport D J, Costanza R, Michael A J. 1998. Assessing ecosystem health [J]. Trends in Ecology and Evolution,

13：397-402.

Rapport D J, Bohm G, Buckingham D, et al. 1999. Ecosystem health: The concept, the ISEM, and the important tasks ahead [J]. Ecosystem Health, 5 (2): 82-90.

Reid A J, Carlson A K, Creed I F, et al. 2019. Emerging threats and persistent conservation challenges for freshwater biodiversity [J]. Biological Reviews, 94 (1): 849-873.

Rempel R S, Naylor B J, Eikie P C, et al. 2017. Measurement of the ecological integrity of Cerrado streams using biological metrics and the index of habitat integrity [J]. Insects, 8 (1): 1-15.

Robson B J, Hamilton D P. 2004. Three-dimensional modelling of a microcystis bloom event in the Swan River estuary, Western Australia [J]. Ecological Modelling, 174 (1-2): 203-222.

Ruaro R, Mormul R P, Gubiani E A, et al. 2018. Non-native fish species are related to the loss of ecological integrity in Neotropical streams: A multimetric approach [J]. Hydrobiologia, 95: 1-18.

Schaeffer D J, Henricks E E, Kerster H W. 1988. Ecosystem health. I. Measuring ecosystem health [J]. Environmental Management, 12: 445-455.

Scheffer M, Rinaldi S, Huisman J, et al. 2003. Why plankton communities have no equilibrium: Solutions to the paradox [J]. Hydrobiologia, 491 (1): 9-18.

Schmutz S, Kaufmann M, Vogel B, et al. 2000. A multi-level concept for fish-based, river-type-specific assessment of ecological integrity [J]. Hydrobiologia, 422: 279-289.

Shapiro J, Wright D I. 1984. Lake restoration by biomanipulation: Round Lake, Minnesota, the first two years [J]. Freshwater Biology, 14 (4): 371-383.

Strickland J D H, Terhune L D B. 1961. The study of in-situ marine photosynthesis using a large plastic bag [J]. Limnology and Oceanography, 6 (1): 93-96.

Takkouk S, Casamitjana X. 2016. Application of the DYRESM-CAEDYM model to the Sau Reservoir situated in Catalonia, Spain [J]. Desalination and Water Treatment, 57 (27): 12453-12466.

Triest L, Stiers I, van Onsem S. 2016. Biomanipulation as a nature-based solution to reduce cyanobacterial blooms [J]. Aquatic Ecology, 50 (1): 461-483.

Verma P, Wate S R, Devotta S. 2008. Simulation of impact of oil spill in the ocean—A case study of Arabian Gulf [J]. Environmental Monitoring and Assessment, 146 (1-3): 191-201.

Wang N, Mitsch W J. 2000. A detailed ecosystem model of phosphorus dynamics in created riparian wetlands [J]. Ecological Modelling, 126 (2-3): 101-130.

Wang R, Korboulewsky N, Prudent P, et al. 2009. Can vertical-flow wetland systems treat high concentrated sludge from a food industry? A mesocosm experiment testing three plant species [J]. Ecological Engineering, 35 (2): 230-237.

Xu Y Y, Schroth A W, Lsles P D F, et al. 2015. Quantile regression improves models of lake eutrophication with implications for ecosystem-specific management [J]. Freshwater Biology, 60 (9): 1841-1853.

Zomer R J, Trabucco A, Ustin S L, et al. 2009. Building spectral libraries for wetlands land cover classification and hyperspectral remote sensing [J]. Journal of Environmental Management, 90 (7): 2170-2177.

第二章 | 湿地水生态调查与演变趋势分析

水生态调查是科学评估湿地生态系统健康及演变趋势的重要基础性工作，可为深入了解湿地生态系统结构、功能及过程提供重要数据支撑。本章系统总结了湿地水生态系统的调查内容及参考规范，并以典型湖泊湿地及沼泽湿地为研究案例，开展了系统的湿地水生态调查，包括水质、大型水生植物、浮游植物、浮游动物、底栖生物及鱼类等的调查，并分析了上述重要水生态要素的变化趋势。

第一节 湿地水生态调查内容与方法

一、湿地水生态的调查内容及参考规范

（一）湿地水生态调查内容

根据《水环境监测规范》（SL 219—2013）中关于地表水监测与水生态调查和监测相关内容，结合湿地本身特征，将调查项目设为水环境调查、浮游生物调查、底栖动物调查、大型水生植物调查、鱼类调查五大项，湿地水生态调查主要内容见表 2.1。

表 2.1 湿地水生态调查的主要内容

调查项目	调查的主要内容	
	必做	选做
水环境调查	pH、水温、透明度、溶解氧（DO）、总氮（TN）、总磷（TP）、化学需氧量（COD_{Cr}）、高锰酸盐指数（COD_{Mn}）	硝酸盐氮、氨氮、磷酸盐等其他常规指标
浮游生物调查	群落物种组成、丰富度、丰度、生物量、优势种类、生产力	—
底栖动物调查	群落物种组成、丰富度、丰度、生物量、优势种类	—
大型水生植物调查	群落种类组成、丰富度、盖度、生物量、优势种类、生产力	—
鱼类调查	群落种类组成、丰富度、丰度、生物量、体长、体重、优势种类	—

水环境调查必做指标包括 pH、水温、透明度、溶解氧、总氮、总磷、化学需氧量、高锰酸盐指数，选做指标包括硝酸盐氮、氨氮、磷酸盐等其他常规指标；浮游生物调查必

做指标包括群落物种组成、丰富度、丰度、生物量、优势种类、生产力；底栖动物调查必做指标包括群落物种组成、丰富度、丰度、生物量、优势种类；大型水生植物调查必做指标包括群落种类组成、丰富度、盖度、生物量、优势种类、生产力；鱼类调查必做指标包括群落种类组成、丰富度、丰度、生物量、体长、体重、优势种类。

（二）湿地水生态调查参考规范

湿地水生态调查应该按照有关规范进行，可以参考的包括（但不限于）：

1）《湖泊富营养化调查规范》，1990 年，金相灿和屠清瑛编；

2）《湖泊调查技术规程》，2015 年，中国科学院南京地理与湖泊研究所；

3）《国家湿地公园评估标准》（LY/T 1754—2008），国家林业局湿地研究中心；

4）《水和废水监测分析方法（第四版）》，2002 年，国家环境保护总局；

5）《地表水环境质量标准》（GB 3838—2002），国家环境保护总局和国家质量监督检验检疫总局；

6）《水环境监测规范》（SL 219—2013），水利部；

7）《全国湿地资源调查技术规程（试行）》，2008 年，国家林业局；

8）《全国植物物种资源调查技术规定（试行)》，2010 年，环境保护部；

9）《全国动物物种资源调查技术规定（试行）》，2010 年，环境保护部；

10）《全国淡水生物物种资源调查技术规定（试行)》，2010 年，环境保护部；

11）《淡水生物调查技术规范》（DB43/T 432—2009），湖南省质量技术监督局；

12）《内陆水域浮游植物监测技术规程》（SL 733—2016），水利部；

13）《淡水浮游生物调查技术规范》（SC/T 9402—2010），农业部；

14）《渔业生态环境监测规范 第 3 部分：淡水》（SC/T 9102.3—2007），农业部。

二、湿地水质调查方法

（一）样点布设

按照《全国湿地资源调查技术规程（试行)》、《湖泊富营养化调查规范》、《湖泊调查技术规程》、《水环境监测规范》（SL 219—2013）、《国家湿地公园评估标准》（LY/T 1754—2008）中相关内容，首先搜集调查地区的湿地遥感图、航拍图、地形图等，结合湖泊湿地与沼泽湿地的水文地质特征，合理布设采样点。布设的监测断面能客观、真实地反映自然变化趋势与人类活动对水环境质量的影响状况；应具有较好的代表性、完整性、可比性和长期观测的连续性，并兼顾实际采样时的可行性和方便性；湖泊、沼泽湿地的监测断面应与附近水流方向垂直，流速较小或无法判断水流方向时，以常年主导流向布设监测断面；采样点布设还应充分考虑水利工程调度与运行、入河湖污染物随水文情势变化在时间和空间上对水体影响的过程与范围；同一湖泊、沼泽只划分一种类型水功能区的，应按网格法均匀布设监测断面（点），划分为两种或两种以上水功能区的，应根据不同类型水功能区特点布设监测断面（点），采样垂线与采样点的设置具体见表 2.2 和表 2.3。

表 2.2　采样垂线设置

水面宽	采样垂线	说明
<50m	1 条（中泓）	应避开污染带； 能证明该断面水质均匀时，可适当调整采样垂线
50~100m	2 条（左右岸有明显水流处）	
100~1000m	3 条（左岸、中泓、右岸）	
>1000m	5~7 条	

表 2.3　采样垂线上采样点的设置

水深	采样点	说明
<5m	1 点（中泓）	水深不足 1.0m 处，在水深 1/2 处
5~10m	2 点（水面下 0.5m，水底下 0.5m 处）	
>10m	3 点（水面下 0.5m，水底下 0.5m 处，中层 1/2 水深处）	

（二）采样工作准备

1. 采水器

《水环境监测规范》（SL 219—2013）中要求采样器应有足够强度，且使用灵活、方便可靠，与水样接触部分应采用惰性材料，如不锈钢、聚四氟乙烯等制成。采样容器在使用前，应先用洗涤剂洗去油污，用自来水冲净，再用 10% 盐酸荡洗，自来水冲净后备用。根据当地实际情况，选择的采水器有聚乙烯桶、有机玻璃采样器、单层采样器、直立式采样器、泵式采样器、自动采样器等。

2. 样品容器

《水环境监测规范》（SL 219—2013）中要求，样品容器应化学稳定性好不会溶出待测组分，在保存期内不会与水样发生物理化学反应；对光敏性组分，应具有遮光作用；用于微生物检验用的容器应能耐受高温灭菌；测定有机及生物项目的样品容器选用硬质（硼硅）玻璃容器，测定金属、放射性及其他项目的样品容器选用高密度聚乙烯或硬质（硼硅）玻璃容器，测定溶解氧及生化需氧量（biochemical oxygen demand，BOD）使用专用样品容器；样品容器在使用前应根据监测项目和分析方法的要求，采用相应的洗涤方法洗涤。

（三）采样频率

采样频次：每个季度采样一次。

（四）现场测定与观测项目

根据《地表水环境质量标准》（GB 3838—2002）、《水环境监测规范》（SL 219—2013）中相关内容，对相关指标进行现场测定及观测。

1）水温、pH、溶解氧、电导率、透明度等监测项目应该在采样现场采用相应方法观测或检验。

2）现场使用的检测仪器应经检定或校准合格，并在使用前进行仪器校正。

（五）采样注意事项

1）采样时，不得搅动水底沉积物，避免影响样品的真实代表性。用船只采样时，采样船应位于下游方向逆流采样；在同一采样点上分层采样时，应自上而下进行，避免不同层次水体混扰。

2）水样装入容器后，应按规定要求立即加入相应的固定剂摇匀，贴好标签；或按规定要求低温避光保存。

3）采样结束前，应核对采样计划、填好水样送检单、核对瓶签，如有错误或遗漏，应立即补采或重采。

4）每批水样，应选择部分项目加采现场平行样、制备现场空白样，与样品一同送实验室分析。

5）生化需氧量、有机物、悬浮物、硫化物等有特殊要求的检验项目，应单独采集样品；溶解氧、生化需氧量的水样应将水充满容器，密闭保存。

6）采样容器容积有限、需多次采样时，可将各次采集的水样放入洗净的大容器中混匀后分装，但不得用于溶解氧等易变项目的检验。

（六）样品保存运输

根据《地表水环境质量标准》（GB 3838—2002）、《水环境监测规范》（SL 219—2013）中相关内容，样品保存主要有冷藏、加入保存剂等方法，保存剂不应有干扰物影响待测物的测定；保存剂的纯度和等级应符合分析方法的要求；保存剂可预先加入样品容器中，也可在采样后立即加入，但应避免对其他测试项目的影响和干扰；易变质的保存剂不宜预先添加。采样容器和常用水样保存方法见表2.4。

表 2.4　采样容器和常用水样保存方法

项目	采样容器	保存温度及保存剂用量	保存时间
pH	G、P	现场测定	12h
化学需氧量	G	H_2SO_4，pH<2	2 天
高锰酸盐指数	G	0~4℃（避光保存）	2 天
溶解氧	溶解氧瓶	加入 $MnSO_4$、碱性 KI、NaN_3，现场固定	24h
磷酸盐	G、P	NaOH，H_2SO_4，调 pH=7，$CHCl_3$ 0.5%	7 天
总磷	G、P	HCl，H_2SO_4，pH≤2	24h
氨氮	G、P	H_2SO_4，pH≤2	24h
硝酸盐氮	G、P	0~4℃（避光保存）	24h
总氮	G、P	H_2SO_4，pH≤2	7 天

注：G 为玻璃容器，P 为塑料容器。

三、湿地大型水生植物调查方法

（一）样点布设

参考《淡水生物调查技术规范》（DB43/T 432—2009）、《全国湿地资源调查技术规程（试行）》、《全国植物物种资源调查技术规定（试行）》、《全国动物物种资源调查技术规定（试行）》、《全国淡水生物物种资源调查技术规定（试行）》、《淡水浮游生物调查技术规范》（SC/T 9402—2010）等相关内容，首先根据水体特点（大小和地势）及水生植物的分布情况（分布和覆盖率），测量或估计各类大型水生植物带/区的面积，选择布设采样断面和点。在水体中的密集区、一般区和稀疏区选取数条垂直于等深线的具有代表性的断面及样点。最少样点数必须包括植被的大部分现存种，可以根据种-面积曲线来确定；同时采样断面应与水生生物生长及分布特点相结合。采样断面应平行排列，亦可为"之"字形。采样断面的间距一般为 50~100m。采样断面上采样点的间距一般为 100~200m。没有大型水生植物分布的区域不设采样点。

（二）采样工作准备

准备采样框（1m×1m）、水草定量夹（0.5m×0.5m）、水草采集耙、秤（电池）、自封袋、长柄镰刀/环刀、编织袋、记号笔等采样工具。

（三）采样方法

1. 定量采样方法

挺水植物：一般用采样面积为 1m×1m 的采样框采集。采集时，将方框内全部植物从基部割取。

沉水植物、浮叶植物和漂浮植物：一般用采样面积为 0.5m×0.5m 的水草定量夹采集，采集时将水草定量夹张开，插入水底，然后用力加紧，把方框内的全部植物连根带泥夹起，冲洗去淤泥，将网内水草洗净装入编有号码的水草袋内。

每个采样点采集两个平行样品。除去污泥等杂质，装入样品袋内，沉水植物须放入盛水的容器中。

2. 定性采样方法

挺水植物可直接用手采集；浮叶植物和沉水植物用水草采集把采集；漂浮植物直接用手或带柄手抄网采集。

定性样品应尽量在开花和（或）果实发育的生长高峰季节采集，采集的样品应完整，即包括根、茎、叶、花、果等。

（四）结果整理与分析

1. 种类鉴定

定性样品趁新鲜时进行鉴定。所有标本要鉴定到种。

2. 生物量

（1）鲜重

一般按种类称重。称重前，洗净，除去根、枯死的枝叶及其他杂质，放干燥通风处阴干。用盘秤或托盘天平称重。要求在采样当天完成。

（2）干重

称取子样品（不得少于样品量的 10%），置于 105℃ 鼓风干燥箱中干燥 48h 或直到恒重，取出称其干重。按式（2.1）进行计算：

$$M = M_1 M_2 / M_3 \tag{2.1}$$

式中，M 为样品干重（g）；M_1 为样品鲜重（g）；M_2 为子样品干重（g）；M_3 为子样品鲜重（g）。

（3）优势度

优势度 Y 计算公式为

$$Y = \left(\frac{n_i}{N} \right) f_i \tag{2.2}$$

式中，N 为各采样点中大型水生植物的总株数；n_i 为第 i 种大型水生植物在各个采样点中的株数；f_i 为第 i 种大型水生植物在各样点出现的频率。一般将优势度 $Y \geqslant 0.02$ 的大型水生植物确定为优势种。

（4）名录表

根据单位面积各类水生植物的现存量及其分布面积，由样本推算出总体即可求出该水体中各类型大型水生植物的现存量及其所占比例。测定结果要给出平均值、标准差和样本数，并分析大型水生植物的种类组成，按分类系统列出名录表（表2.5）。

表 2.5　大型水生植物名录样表（示例）

门	科	植物名称	生态型

四、湿地浮游生物调查方法

根据《内陆水域浮游植物监测技术规程》（SL 733—2016）及《淡水浮游生物调查技术规范》（SC/T 9402—2010）采集浮游植物及浮游动物。

（一）样点布设

1. 采样断面（垂线、点）布设原则

根据《内陆水域浮游植物监测技术规程》（SL 733—2016）与《水环境监测规范》（SL 219—2013）中关于浮游生物监测断面的相关要求，湖泊湿地和沼泽湿地应在代表性的湖区设置断面，设置的断面（垂线、点）应该充分结合水生态系统组分特点及人为活动的影响，断面（垂线、点）可根据湖泊形状设置在湖心区、湖湾中心区、进水口和出水口附近、沿岸浅水区及其他敏感区，同时应与水文站、水质站、水体沉积物及其他已有监测断面（垂线、点）结合。若湖泊、水库的水面宽度小于50m，可在中心布设1条采样垂线（点）；水面宽度为50~100m的，应布设左右2条采样垂线（点）；水面宽度大于100m的，采样垂线（点不得少于）左、中、右3条（个）。

2. 分层采样

1）对于水深小于5m或者混合均匀的水体，在水面下0.5m处布设一个采样点。

2）当水深为5~10m时，分别在水面下0.5m处和透光层底部各布设一个采样点（透光层深度以3倍透明度计），进行分层采样或取混合样。

3）当水深大于10m时，应增加采样层，应分别在水面下0.5m处和1/2透光层处及透光层底部各设一个采样点，进行分层采样或混合取样，其中透光层深度为3倍透明度。

3. 采样频次和采样时间

1）根据《内陆水域浮游植物监测技术规程》（SL 733—2016）与《淡水浮游生物调查技术规范》（SC/T 9402—2010），浮游植物监测频次及采样时间应根据项目实际要求，结合水体类型、特点及实际情况确定。

2）浮游植物监测宜与水质监测保持一致，常规监测频次可按季度（春季、夏季、秋季、冬季）、月份、水期（丰水期、枯水期、平水期）进行。在水华高发期，可根据实际情况增加监测频次。

3）浮游植物采样最好在一天中8:00～17:00进行。

（二）采样工作准备

1. 采样器具

浮游生物样品采集主要选用以下类型与规格的采样器皿。

有机玻璃采水器：适用于采集不同深度水样，采水器内部有温度计，可同时测量水温。规格为1000mL、1500mL、2000mL等。

浮游生物网：用于采集浮游动植物，规格为25号浮游生物网（网孔0.064mm）、13号浮游生物网（网孔0.112mm）。

沉淀器：规格为1000mL。

聚乙烯标本瓶（100mL、1000mL）、棕色玻璃瓶或深色塑料瓶。

2. 采样试剂

鲁哥氏液：称取60g碘化钾溶于100mL蒸馏水中，待完全溶解后，加入40g碘，摇动至碘完全溶解，加蒸馏水定容至1000mL，制成鲁哥氏液然后存储于棕色试剂瓶中。

福尔马林溶液：体积分数为40%，配制方法为40mL甲醛溶于蒸馏水定容至100mL。

（三）采样方法

1. 浮游植物采样

定量样品在定性采样之前用采水器采集，每个采样点取水样1L，贫营养型水体应酌情增加采水量。泥沙多时需先在容器内沉淀后再取样。分层采样时，取各层水样等量混匀后取水样1L。大型浮游植物定性样品用25号浮游生物网在表层缓慢拖曳采集，注意网口与水面垂直，网口上端不露出水面。

2. 浮游动物采样

原生动物、轮虫和无节幼体定量可用浮游植物定量样品，如单独采集取水样量以1L为宜；定性样品采集方法同浮游植物。

枝角类和桡足类定量样品应在定性采样之前用采水器采集，每个采样点采集水样10～50L，再用25号浮游生物网过滤浓缩，过滤物放入标本瓶中，并用滤出水洗过滤网3次，所得过滤物也放入上述瓶中；定性样品用 13 号浮游生物网在表层缓慢拖曳采集。注意过滤网和定性样品采集网要分开使用。

3. 样品的固定

浮游植物样品立即用鲁哥氏液固定，用量为水样体积的 1% ~ 1.5%。如样品需较长时间保存，则需加入 37% ~ 40% 甲醛溶液，用量为水样体积的 4%。

原生动物和轮虫定性样品，除留一瓶供活体观察不固定外，固定方法同浮游植物。枝角类和桡足类定量、定性样品应立即用 37% ~ 40% 甲醛溶液固定，用量为水样体积的 5%。

4. 水样沉淀和浓缩

尽量少附着浮游植物，再静置 24h。充分沉淀后，用虹吸管慢慢吸去上清液。虹吸时管口要始终低于水面，流速、流量不能太大，沉淀和虹吸过程不可摇动，如搅动了底部应重新沉淀。吸至澄清液的 1/3 时，应逐渐减缓流速，至留下含沉淀物的水样 20 ~ 25mL（或 30 ~ 40mL），放入 30mL（或 50mL）的定量样品瓶中。用吸出的少量上清液冲洗沉淀器 2 ~ 3 次，一并放入样品瓶中，定容到 30mL（或 50mL）。如样品的水量超过 30mL（或 50mL），可静置 24h 后，或到计数前再吸去超过定容刻度的余水量。浓缩后的水量多少要视浮游植物浓度大小而定，浓缩标准以每个视野里有十几个藻类为宜。原生动物和轮虫的计数可与浮游植物计数合用一个样品；枝角类和桡足类通常用过滤法浓缩水样。

（四）结果整理与分析

1. 种类鉴定及计数

（1）种类鉴定

优势种类应鉴定到种，其他种类至少鉴定到属。种类鉴定除用定性样品进行观察外，微型浮游植物需吸取定量样品进行观察，但要在定量观察后进行。

（2）浮游植物计数

1）计数框行格法。计数前需先核准浓缩沉淀后定量瓶中水样的实际体积，可加纯水使其成 30mL、50mL、100mL 等整量；然后将定量样品充分摇匀，迅速吸出 0.1mL 置于 0.1mL 计数框内（面积 20mm×20mm）。盖上盖玻片后，在高倍镜下选择 3 ~ 5 行逐行计数，数量少时可全片计数。

1L 水样中浮游植物个数（密度）可用式（2.3）计算：

$$N = \frac{N_0}{N_1} \times \frac{V_1}{V_0} \times P_n \qquad (2.3)$$

式中，N 为 1L 水样中浮游植物个数（个/L）；N_0 为计数框总格数；N_1 为计数过的方格数；V_1 为 1L 水样经浓缩后的体积（mL）；V_0 为计数框容积（mL）；P_n 为计数的浮游植物个数（个）。

2）目镜视野法。显微镜计数的视野应均匀分布在计数框内，每片计数视野数可按浮游植物的多少酌情增减，一般为 50 ～ 300 个，1L 水样中浮游植物个数（密度）可用式（2.4）计算：

$$N = \frac{C_s}{F_s \times F_n} \times \frac{V}{V_0} \times P_n \qquad (2.4)$$

式中，N 为 1L 水样中浮游植物个数（个/L）；C_s 为计数框面积（mm^2）；F_s 为视野面积（mm^2）；F_n 为每片计数过的视野数；V 为 1L 水样经浓缩后的体积（mL）；V_0 为计数框容积（mL）；P_n 为计数的浮游植物个数（个）。

（3）浮游动物计数

原生动物：吸出 0.1mL 样品，置于 0.1mL 计数框内，盖上盖玻片，在 10×20 倍显微镜下全片计数。每瓶样品计数两片，取其平均值。

轮虫：吸出 1mL 样品，置于 1mL 计数框内，在 10×10 倍显微镜下全片计数。每瓶样品计数两片，取其平均值。

枝角类、桡足类：用 5mL 计数框将样品分若干次全部计数。如样品中个体数量太多，可将样品稀释 50mL 或 100mL，每瓶样品计数两片，取其平均值。

无节幼体：如样品中个体数量不多，则和枝角类、桡足类一样全部计数；如数量很多，可把过滤样品稀释，充分摇匀后取其中部分计数，计数 3 ～ 5 片取其平均值，也可在轮虫样品中同轮虫一起计数。

计数前，充分摇匀样品，吸出要迅速、准确。盖上盖玻片后，计数框内无气泡，无水样溢出。单位体积浮游动物个数可用式（2.5）计算：

$$N = \frac{V_s}{V} \times \frac{n}{V_a} \qquad (2.5)$$

式中，N 为 1L 水样中浮游动物个数（个/L）；V 为采样的体积（L）；V_s 为样品浓缩后的体积（mL）；V_a 为计数样品体积（mL）；n 为计数所获得的个体数（个）。

需要注意的是，每瓶样品计数两片取其平均值，每片结果与平均数之差不大于平均数的 ±15%，否则必须计数第三片，直至三片平均数与相近两数之差不超过平均数的 15% 为止，这两个相近值的平均数即可视为计算结果。浮游植物计数单位用细胞个数表示，对不易用细胞数表示的群体或丝状体，可求出平均细胞数。浮游动物计数单位用个数表示；某些个体一部分在视野中，另一部分在视野外，这时可规定只计数上半部分或只计数下半部分。

2. 生物量测定与计算

浮游植物的比重接近 1，可直接采用体积换算成重量（湿重）。体积的测定应根据浮游植物的体型，按最近似的几何形状测量必要的长度、高度、直径等，每一种类至少随机测定 50 个，求出平均值，代入相应的求积公式计算出体积。此平均值乘上 1L 水中该种藻类的数量，即得到 1L 水中这种藻类的生物量，所有藻类生物量的和即为 1L 水中浮游植物的生物量，单位为 mg/L 或 g/m³。

种类形状不规则的可分割为几个部分，分别按相似图形公式计算后相加。量大或体积大的种类，应尽量实测体积并计算平均重量。微型种类只鉴别到门，按大、中、小三级的平均质量计算。极小的（<5μm）为 0.0001mg/万个；中等的（5~10μm）为 0.002mg/万个；较大的（10~20μm）为 0.005mg/万个。

原生动物、轮虫可用体积法求得生物体积，比重取 1，再根据体积换算为重量和生物量。甲壳动物可用体长-体重回归方程，由体长求得体重（湿重）。无节幼体可按 0.003mg 湿重/个计算。

轮虫、枝角类、桡足类及其幼体可用电子天平直接称重，即先将样本分门别类，选择 30~50 个样本，用滤纸将其表面水分吸干至没有水痕，置天平上称其湿重。个体较小的增加称重个数。

3. 名录表

将所获得的数据换算成单位面积上的个数（密度，ind/m²）和质量（生物量，g/m²），再将所有采样点的数据进行累计、平均，算出采样月（季或年）整个水体浮游植物（动物）的平均密度和平均生物量，并按分类系统列出名录表（表 2.6）。

表 2.6　浮游植物（动物）名录样表（示例）

门	科	浮游植物（动物）名称	拉丁名

五、湿地大型底栖动物调查方法

（一）样点布设

1. 采样点布设

根据《淡水生物调查技术规范》（DB43/T 432—2009）中相关内容，针对不同环境（如水深、底质、水生植物等）特点设置断面和采样点，断面和采样点设置的数量视环境情况而定。大型水体的采样断面一般为 5~6 个，中型水体的采样断面一般为 3~5 个，小型水体的采样断面一般为 3 个。采样断面上直线设点，采样点的间距一般为 100~500m。

除采样断面上的采样点外，还应根据实际情况在大型水生植物分布区、入水口区、出水口区、中心区、最深水区、沿岸带、污染区及相对清洁区等水域设置采样点。

2. 采样频次

一般每季度采样一次，最低限度应在春季和夏末秋初各采样一次。

（二）采样工作准备

1. 采样器具

底栖动物样品采集可选用以下类型与规格的采样器皿。

1）人工基质篮：用于采集底栖动物，规格为直径 18cm，总高度 20cm。

2）彼得生采泥器：用于采集底栖动物，规格为开口面积 $1/16m^2$、$1/20m^2$。

3）三角拖网：用于采集底栖动物，规格为正三角形，边长 35cm。

4）白色托盘：用于挑选底栖动物。

5）尖嘴镊：用来挑选大型无脊椎底栖动物。

6）分样筛：用于筛洗底栖动物，规格为 40 目分样筛、60 目分样筛。

7）聚乙烯标本瓶（50mL、100mL）：用于收集挑选出的底栖动物。

8）带网夹泥器。

2. 采样试剂

乙醇溶液：体积分数为 75%，配制方法为 70mL 无水乙醇溶液定容至 100mL。

（三）采样方法

1. 定性与定量采样

（1）定量采样

螺、蚌等较大型底栖动物，一般用带网夹泥器采集。采得泥样后应将网口闭紧，放在水中涤荡，清除网中泥沙，然后提出水面，拣出其中螺、蚌等底栖动物。

水生昆虫、水栖寡毛类和小型软体动物，用彼得生采泥器采集。将采得的泥样全部倒入塑料桶或盆内，经 40 目、60 目分样筛筛洗后，拣出筛上可见的全部动物。如采样时来不及分拣，则将筛洗后所余杂物连同动物全部装入塑料袋中，缚紧袋口带回室内分拣。如从采样到分拣超过 2h，则应在袋中加入适量固定液。塑料袋中的泥样逐次倒入白色托盘内，加适量清水，用吸管、小镊子、解剖针等分拣。如带回的样品不能及时分拣，可置于 4℃ 保存。

各采样点上，用上述两种采样器各采集 2～3 次样品。水库中无螺、蚌等较大型底栖动物时，可用不带网夹的采泥器进行定量采样。

（2）定性采样

定性样品可用三角拖网在水底拖拉一段距离，或用手抄网在岸边与浅水处采集。用 40 目分样筛挑出底栖动物样品。

2. 样品的固定和保存

软体动物宜用 75% 乙醇溶液保存，4～5 天后再换一次乙醇溶液，也可用 5% 甲醛溶液固定，但要加入少量苏打或硼砂中和酸性甲醛，还可去内脏后保存空壳。

水生昆虫可用5%乙醇溶液固定，5~6h后移入75%乙醇溶液中保存。水栖寡毛类应先放入培养皿中，加少量清水，并缓缓滴加数滴75%乙醇溶液将虫体麻醉，待其完全舒展伸直后，再用5%甲醛溶液固定，75%乙醇溶液保存。

（四）结果整理与分析

1. 种类鉴定

软体动物须鉴定到种；水生昆虫（除摇蚊科幼虫外）至少鉴定到科；水栖寡毛类和摇蚊科幼虫至少鉴定到属。鉴定水栖寡毛类和摇蚊科幼虫时，制片应在解剖镜或低倍显微镜下进行，一般用甘油做透明剂。如需对小型底栖动物保留制片，可将保存在75%乙醇溶液中的标本取出，用85%、90%、95%、100%乙醇进行逐步脱水处理，一般每15min更换一次，直至将标本水分脱尽，再移入二甲苯溶液中透明，然后将标本置于载玻片上，摆正姿势，用树胶封片。

2. 物种丰度测定

每个采样点所采得的底栖动物应按不同种类准确地统计个体数。在标本已有损坏的情况下，一般只统计头部，不统计零散的腹部、附肢等。

3. 生物量测定

每个采样点采得的底栖动物按不同种类准确称重。称重前，先把样品放吸水纸上轻轻翻滚，吸去体表水分，直至吸水纸上没有水痕为止，大型双壳类应将贝壳分开去除壳内水分。软体动物可用托盘天平或盘秤称重；水生昆虫和水栖寡毛类应用扭力天平称重或电子天平称重。先称各采样点所有样品的总重，然后再分类称重。

4. 名录表

将所获得的数据换算成单位面积上的个数（密度，ind/m^2）和质量（生物量，g/m^2）。再将所有采样点的数据进行累计、平均，算出采样月（季或年）整个水体底栖动物的平均密度和平均生物量，并按分类系统列出名录表（表2.7）。

表2.7　底栖动物名录样表（示例）

门	科	底栖动物名称	拉丁名

六、湿地鱼类调查方法

（一）样点布设

参考《渔业生态环境监测规范 第3部分：淡水》（SC/T 9102.3—2007）等中关于鱼

类采集方法，鱼类采样点的设置力求接近水质监测的采样点，便于结果的相关分析；同时，还需了解水体的基本水文特征和流域主要污染源，在此基础上统一布设；湖泊应在主要入湖河道和出湖河道上布点，同时可按湖流方向，从入湖口起在不同类型水域内布点，如进水区、出水区、深水区、浅水区、渔业保护区、捕捞区、湖心区、岸边区等；采样时，还应兼顾表层鱼、中层鱼和底层鱼。

鱼类的采集工作量较大。鱼类采集频率视评价工作要求的精度和人力物力而定，一般来说，每年在枯、丰水期各采一次即可，也可枯、丰、平水期各采一次，或每季度采一次。

（二）采样工作准备

1. 用于捕捞的渔具

用于捕捞的渔具和方法多种多样，适用于水生生物调查的主要网具有以下几种。

1）拖网类：主要是船拖网、地拖网，适用于底质平坦水域。

2）围网类：捕捞中、上层鱼类的效果好，不受水深和底质限制。

3）刺网类：适用于捕捞洄游或游动性大的鱼类，不受水文条件限制，操作简便灵活。

4）撒网：鱼群密集地方罩捕鱼类的一种小型网具，成本低，轻巧，操作简便。

5）张网：是一种定置渔具，张设于有一定流水的湖口及江河中鱼类游动的通路上，依靠水流冲击，迫使游经网口附近的鱼类陷入网中而被捕获。

2. 量鱼板

用于量取鱼类的长度和宽度。

3. 电子秤

用于称重。

（三）采样方法

1. 样品采集

样本的采集方法有多种，首选结合渔业生产捕捞的鱼类标本，也可以从鱼市收购站购买标本，但一定要了解其捕捞水域的基本情况；对非渔业区域可根据监测工作进行专门捕捞采集。

2. 样品处理与固定

野外采集到鱼样后，应尽快处理和保存。样品鱼要新鲜，体型完整，鳞片和鳍条无明显损伤。固定前要详细观察记录鱼体各部分颜色。样品鱼洗净后进行长度测量和称重。体长超过 7.5cm 的鱼，要打开体腔使固定液浸入内脏器官（或往其腹腔内注射适量固定液）。在鱼体僵硬前，注意摆正鱼体各部分及鳍条的形状，宜用纱布覆盖，防止风干，待样品鱼变硬后，最好用纱布包裹后浸入（淹没鱼体）5% ~ 10% 福尔马林固定液中保存。

（四）结果整理与分析

1. 种类鉴定

全部鱼类个体都要鉴定到种，并统计数量。

对于年龄的鉴定可根据有无鱼鳞来确定。对于有鳞鱼类，可采用鳞片法，即取新鲜鱼体鳞片进行分析，要求选形状正常环片清晰的大型鳞片，大多数鱼一般取背鳍下方、鱼体中部侧线上方的体侧部位，其中鲢、鳙最好采用胸鳍上方的背侧鳞片，不能用再生鳞；而对于无鳞或鳞片细小的鱼类，则采用某种骨质材料（耳石、脊椎骨、鱼鳃盖骨、匙骨等）。

2. 物种鉴定

每个采样点所采得的鱼类应按不同种类准确地统计个体数。

3. 生物量鉴定

称重前，先把样品放吸水纸上轻轻翻滚，吸去体表水分，直至吸水纸上没有水痕为止，然后对每个采样点采得的鱼类按不同种类准确称重。

4. 鱼体测量和称重

长度测量：以 cm 或 mm 为单位，最好使用量鱼板。

体长：鱼的吻端至尾鳍中央鳍条基部的直线长度。

全长：鱼的吻端至尾鳍末端的直线长度。

称重：以 g 或 mg 为单位，称重过程中，所有鱼应保持标准湿度。

5. 鱼类性别鉴定

大部分鱼类，需解剖鱼体进行性腺检查，一般情况下，可凭肉眼区分成熟雌雄鱼的性腺，对未成熟个体（尤其是小鱼），只能通过解剖镜观察识别。若某些鱼类存在两性异形现象，可结合外部形态特征等判断。

6. 鱼类食性材料的收集

某种鱼的食性材料应收集自该种群中不同大小的个体。经长度测量、称重和取下年龄材料后，即可剖开腹部，取出完整的胃和肠管。将胃和肠管轻轻拉直，测量长度，并目测其食物饱满度。肉食性鱼类的肠管较短，可按整个肠管或前、后肠来检定食物饱满度；而食草性或杂食性鱼类肠管较长，通常要按前、中、后肠来检定。后将胃和肠管的两端用线扎紧，系上编号标签，再用纱布包好放入标本瓶中，加入 5% 的福尔马林液固定。体长 20cm 以下的小鱼，可采用整体固定。胃和肠管的食物饱满度一般分六个等级，可根据胃的饱满程度，目测鱼类的摄食等级。

7. 鱼类的食性分析

目前，鱼类的食性分析（胃肠含物鉴定）主要方法有传统胃肠含物分析（stomach content analysis）法、稳定同位素分析（stable isotope analysis）法、室内饲喂法和直接观察法以及分子生物学手段（DNA 条形码技术）及生物化学标记方法。

通过分析可确定鱼类饵料组成、竞争（以饵料重叠系数表征）、摄食量、营养级（trophic level）及食物网关系。采用出现频率、个数百分比、质量百分比、相对重要性指数和相对重要性指数百分比综合评价各饵料生物重要性。

8. 名录表

将所得鱼类种属信息按表2.8进行整理，列出名录表。

表2.8 鱼类名录样表（示例）

门	科	鱼类名称	拉丁名

第二节 白洋淀湿地水生态调查与分析

一、调查内容与样点布设

白洋淀是我国华北平原最大的浅水草型湖泊，亦是支撑雄安新区的重要水体（图2.1），享有"华北之肾""华北明珠"等美誉，具有缓洪滞沥、净化水质、提供生物栖息地等多种生态功能。白洋淀淀区面积约为366km²，淀内有大小淀泊143个，地势西高东低。该区属暖温带季风半干旱气候，多年平均气温为7.3～12.7℃，年平均蒸发量为1637mm，远大于年降水量568.8mm。然而长期以来，在人类活动和气候变化综合作用下，白洋淀生态环境问题逐渐凸显，出现水源不足、湿地萎缩、水体严重污染、生物多样性减少以及农业开垦活动加剧等诸多问题。特别是近年来上游9条入淀河流中，仅府河、孝义河和白沟引河常年有水，其余河流基本断流或季节性有水。20世纪80年代以来，水利部、河北省先后开展了近50次生态补水，以期改善淀区生态环境。

以白洋淀浅水草型湖泊湿地为例，2009年8～11月、2010年3～7月逐月开展水文水质及水生态调查。充分考虑白洋淀湖泊湿地水文地质状况，共设置14个采样点（图2.1），覆盖湿地各个功能区，每个采样点及特征见表2.9。白洋淀湖泊湿地的调查内容包括水文、水质和水生生物调查。水文、水质调查主要包括水位、pH、水温、透明度、总磷、总氮、氨氮、硝酸盐氮等；水生生物调查主要调查大型水生植物、浮游生物、底栖生物及鱼类，通过分析水质及各水生生物随时间的变化及相互作用关系，阐明各门类水生生物随水环境变化趋势，揭示湿地生态系统的变化趋势。

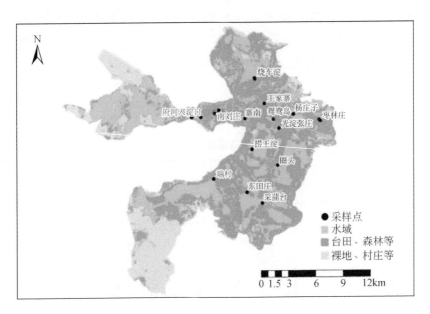

图 2.1　白洋淀采样点布设

表 2.9　白洋淀采样点基本情况

序号	采样点	描述
#1	烧车淀	少量水产养殖活动，沉水植物较多
#2	王家寨	周边有村庄农田分布，少量水产养殖活动
#3	杨庄子	
#4	枣林庄	人为干扰较少，水体透明度较高，有大量沉水植物分布
#5	鸳鸯岛	位于白洋淀旅游区，人为干扰强度较大
#6	南刘庄	周边有村庄分布，受府河挟带污染物影响较大
#7	府河入淀口	
#8	寨南	有水产养殖活动分布
#9	光淀张庄	周边有村庄分布
#10	捞王淀	围栏养鱼区
#11	圈头	水产养殖密集区
#12	端村	
#13	东田庄	周边有村庄农田分布
#14	采蒲台	人为干扰较少，少量水产养殖活动，大量水生植物分布

二、白洋淀湿地水文水质变化分析

（一）蒸发量、降水量以及水位变化

水文变化是湿地水质及水生态变化的重要驱动之一，全面收集水文变化信息对于揭示湿地水生态系统演变具有重要意义。降水量、蒸发量、水位等是表征水文要素变化的主要指标，直接影响水体水质、水生生物物种组成、数量和生态功能过程。由图 2.2 可以看出，白洋淀多年平均降水量为 533mm，降水量整体呈下降趋势。作为典型浅水草型湖泊湿地，白洋淀水面面积大，优势种芦苇的蒸腾是白洋淀水量损失的重要途径（徐宗学等，2018）。降水量整体上呈波动下降趋势，且存在一定的丰、平、枯周期变化规律，有研究表明，白洋淀的降水变化主周期为 16 年（Gao et al., 2011；刘丹丹等，2014）。图 2.3 为白洋淀近些年水位变化趋势，可以看出，1956～2018 年淀区最高水位在波动中呈下降趋势，由 1956 年的 8.96m 下降到 2018 年的 7.40m，下降幅度为 1.56m。有研究表明，降水量减少和蒸发量增加共存是淀区水位下降的重要驱动因素（Zhao et al., 2014）。

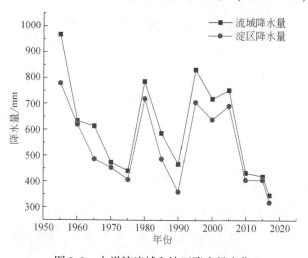

图 2.2　白洋淀流域和淀区降水量变化

（二）入淀水量变化

白洋淀是内陆湖泊湿地，历史上的九河下梢，是淀内水资源主要来源构成。20 世纪 50 年代以来，在气候变化和人类活动的共同影响下，上游水库群修建，入淀水量显著减少。从 80 年代初开始，生态补水工程逐步成为维持淀内生态用水的主要途径。特别是自 1997 年起，当地政府实施了跨流域调水、引水补给白洋淀，在一定程度上缓解了淀区水位下降、湿地萎缩现象（杨薇等，2018）。图 2.4 为白洋淀生态补水情况。雄安新区建设之

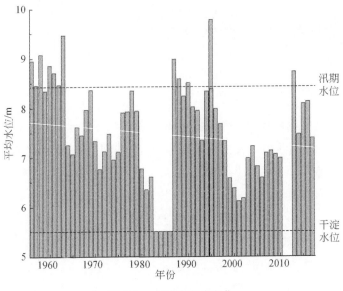

图 2.3　白洋淀水位变化

前，1981~2007 年通过上游西大洋、王快、安各庄水库以及引黄济淀等，向白洋淀补水 21 次，共补水约 6.36 亿 m³。补水时间多为冬季或春季。2000 年以后，补水更加频繁，入淀水量也有明显的升高。引黄济淀成为重要的补水方式，其中 2006~2011 年进行 4 次引黄补水，最高补水量约 1.2 亿 m³。随着雄安新区的建设，多源补水将成为白洋淀未来的补水渠道（杨薇等，2020）。

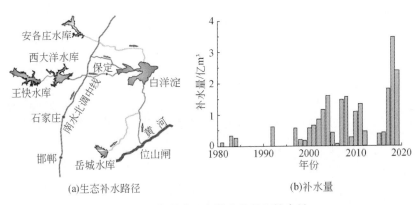

(a)生态补水路径　　　　　　　　　　(b)补水量

图 2.4　白洋淀生态补水路径和补水量

（三）水质变化

2009 年 8 月~2010 年 7 月水质调查结果如图 2.5 所示，白洋淀 pH 月均值在 7.86~8.05，呈现偏碱性特征，春季（5 月）和冬季（11 月）由于水生生物生长、凋落以及降水

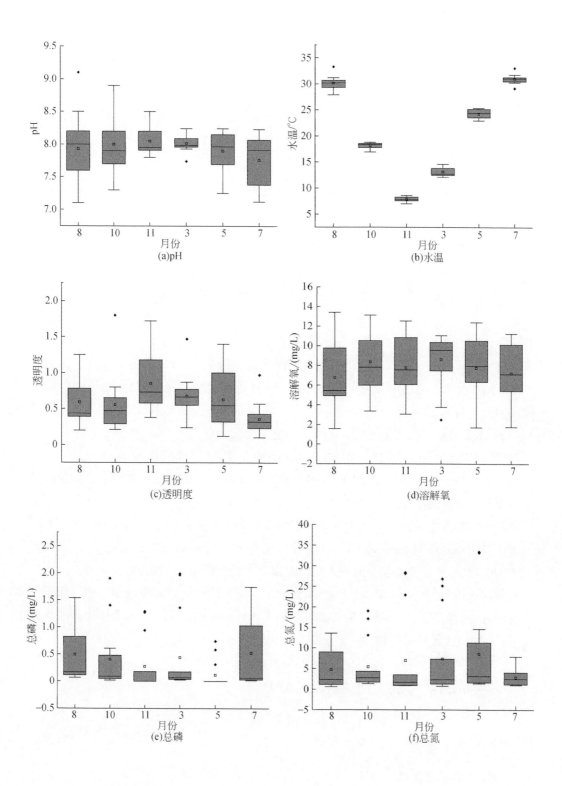

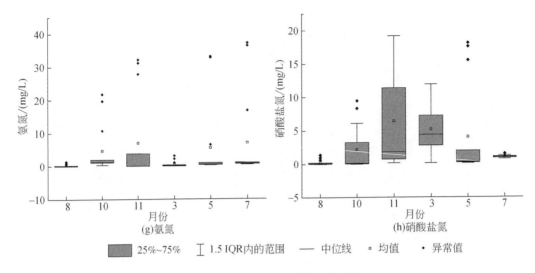

图 2.5　2009～2010 年不同月份水质变化

IQR（inter quartile range）指四分位距

过程，各监测点变化范围比较大；水温与气温变化趋势相同，春季（3～5 月）平均水温为 17.9℃，夏季（7 月和 8 月）为 30℃，秋季为 12.65℃（10 月和 11 月）。透明度在 0.35～0.85，其中 7 月透明度最低（0.35），11 月透明度最高（0.85）；溶解氧在 6.75～8.60mg/L，3 月水体中溶解氧含量最高（8.60mg/L），其中枣林庄溶解氧含量最高为 10.78mg/L，8 月溶解氧含量最低，南刘庄溶解氧含量最低为 1.58mg/L。

总磷月均值变幅为 0.12～0.52mg/L，其中 7 月月均值（0.52mg/L）最高、5 月（0.12mg/L）和 11 月（0.27mg/L）水体中磷含量较低，5 月超出总磷最小检出限的站点占 21.43%，11 月检出站点占 28.57%。

总氮含量在各个月份差异较大（武士蓉等，2013），在 2.85～8.54mg/L，5 月总氮含量最大，其中南刘庄与府河入淀口总氮含量分别达到 33.2mg/L 和 33.4mg/L，7 月总氮含量减少为 2.85mg/L，南刘庄与府河入淀口总氮含量分别降至 4.59mg/L 和 4.83mg/L。

氨氮在 0.28～7.03mg/L，10 月和 11 月、5 月和 7 月氨氮异常值较多，多出现在南刘庄、府河入淀口和寨南等区域。硝酸盐氮变幅为 0.28～6.41mg/L，5 月水体中硝酸盐氮值最高，5 月硝酸盐氮异常值较多，多出现在南刘庄与府河入淀口。

三、白洋淀湿地浮游动植物变化分析

（一）浮游植物种类组成及生物量

1. 浮游植物种类组成

根据 2009～2010 年三次调查，共检出白洋淀浮游植物 128 种，隶属于 8 门，其中绿藻门占藻类总数的 39.84%，硅藻门占藻类总数的 23.44%，蓝藻门占藻类总数的 14.06%，隐藻门、甲藻门、金藻门、黄藻门、裸藻门共占 22.66%（图 2.6）。

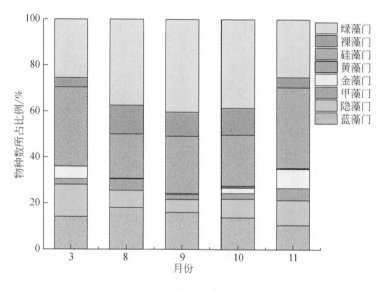

图 2.6 浮游植物藻类组成

白洋淀浮游植物种类组成随季节变化大，夏季水温较高，水体营养丰富，为浮游植物的生长繁殖提供了有利的环境条件，同时营养盐物质丰富，使得白洋淀的蓝藻门、绿藻门大量繁殖。蓝藻门 8 月物种占比最大，为 18.12%，9 月、10 月占比逐渐减少，减少至 11 月的 10.63%，至 2010 年 3 月占比逐渐回升至 14.11%，绿藻门 8~10 月占比都达到 37% 以上，11 月占比下降（25.1%），到春季占比回升至 25.49%。与蓝藻门、绿藻门变化规律不相同的是，水体中硅藻门占比在 8~10 月降低（<24.5%），在 3 月和 11 月升高（>34.4%），这可能是由于 3 月和 11 月水温偏低（<15℃），蓝藻门、绿藻门的生长繁殖受到限制，耐低温的硅藻门得以繁殖。

白洋淀浮游植物种类组成受到空间异质性以及补水与否的影响，即使在同一季节白洋淀不同站点之间浮游植物物种组成也不相同（图 2.7 和图 2.8），由于 2009 年 9 月底进行补水，9 月、10 月物种组成差异较为显著，其中 10 月杨庄子、鸳鸯岛、光淀张庄、捞王淀中蓝藻门物种数占比低于 9 月，有 71.43% 的站点中硅藻门物种数占比在 10 月低于 9 月，而 10 月所有站点中隐藻门物种数占比均高于 9 月，有 64.29% 的站点中绿藻门物种数占比 10 月低于 9 月，补水在一定程度上改变了浮游植物物种组成。

浮游植物不同季节优势种差异明显（图 2.9），8 月主要优势种为平裂藻、颤藻及裸藻，9 月主要优势种为平裂藻，10 月主要优势种为平裂藻、小环藻，11 月优势种较多，主要为小环藻、旋转黄团藻、蓝隐藻，2010 年 3 月主要优势种为旋转黄团藻、线形棒条藻及湖生红胞藻。同一季节优势种的分布具有明显的空间差异：8 月 #5 主要优势种为平裂藻及

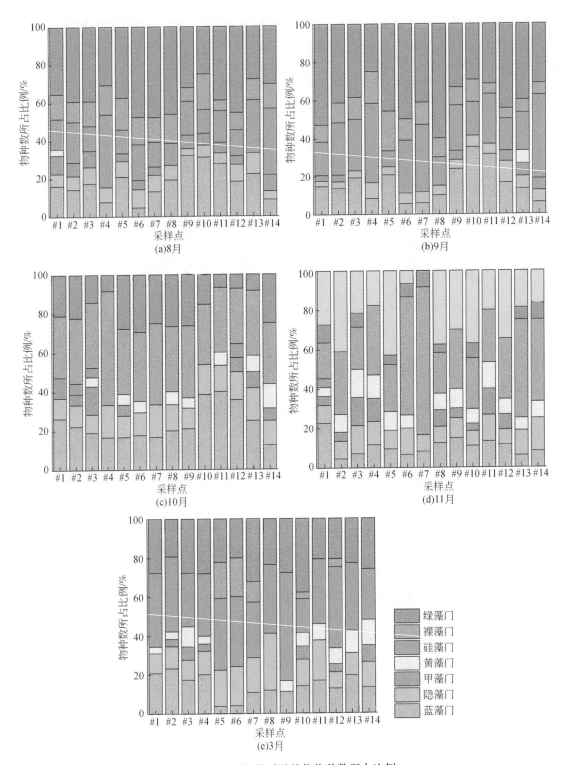

图2.7 不同月份浮游植物物种数所占比例

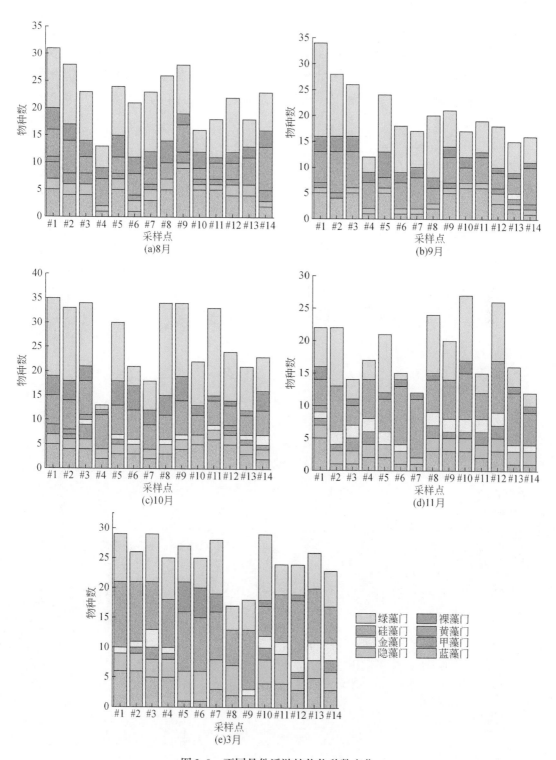

图2.8 不同月份浮游植物物种数变化

裸藻，而#10 主要优势种为平裂藻、颤藻及节旋藻；9 月各样点优势种为平裂藻；10 月#1 小环藻占主要优势，而#8、#9、#11、#12 主要优势种为平裂藻；11 月#1、#2 主要优势种为蓝隐藻、旋转黄团藻及小环藻，#5 主要优势种为蓝隐藻、扁平斯氏藻；2010 年 3 月#1、#2、#8 主要优势种为旋转黄团藻，#4 为线形棒条藻，#5 为湖生红胞藻，#10 为温生隐杆藻。

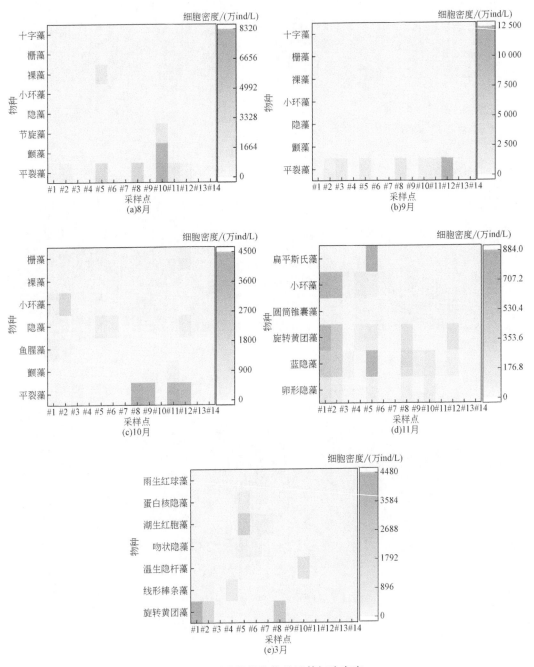

图 2.9　浮游植物优势种及其细胞密度

2. 浮游植物细胞密度

本次调查期间白洋淀的浮游植物细胞密度特征如图 2.10 所示，平均值为 2124.87 万 ind/L，夏季（8 月）浮游植物细胞密度最大，平均值为 3032.81 万 ind/L，其中蓝藻门最多，占 78.83%，最少的是黄藻门，平均值为 0.1 万 ind/L。从空间分布上看，各点细胞密度存在

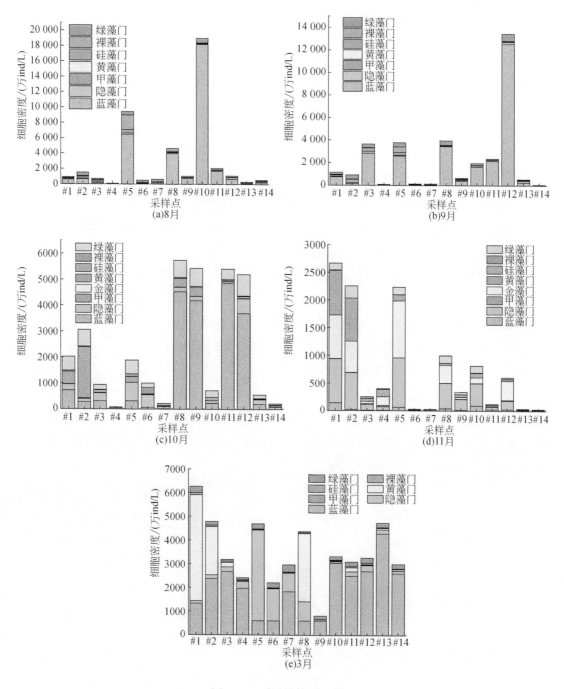

图 2.10 浮游植物细胞密度

较大差异，细胞密度最大的为#10，高达 18 977.28 万 ind/L，最小的为#4，仅为78.81 万 ind/L。

秋季 10 月（补水后，2319.39 万 ind/L）浮游植物细胞密度略小于 9 月（补水前，2347.29 万 ind/L），而 11 月浮游植物细胞密度平均值仅为 800 万 ind/L。9 月、10 月的各采样点细胞密度在空间分布上具有较大差异，9 月#12 浮游植物细胞密度最大，最小的为#4和#14，均在 80 万 ind/L 以下。而#10（8 月最大）细胞密度下降为713.57 万 ind/L。在空间分布上，10 月细胞密度达到 5000 万 ind/L 的有 4 个样点（#8、#9、#11、#12）；1800万~3000 万 ind/L 的有 3 个样点（#1、#2、#5）；500 万~900 万 ind/L 的有 4 个样点（#3、#6、#10、#13）；200 万 ind/L 左右的有 2 个样点（#7、#14）；细胞密度最小的是#4，仅为 73.84 万 ind/L。11 月浮游植物细胞密度平均值为 771.6 万 ind/L，细胞密度在空间分布上差异明显，其中在 2000 万 ind/L 以上的有 3 个样点（#1、#2、#5）；400 万~1000 万 ind/L 的有 4 个样点（#4、#8、#10、#12），100 万~400 万 ind/L 的有 3 个样点（#3、#9、#11）；细胞密度在 40 万 ind/L 以下的有 4 个样点（#6、#7、#13、#14）。同时，与 8~10 月相比，降幅最大的是蓝藻门和绿藻门，特别是蓝藻门的细胞密度（32.82 万ind/L）下降最为突出。分析浮游植物细胞密度显著变化的原因，一方面是由于季节变化温度明显下降，藻类种群发生自然季节性交替变化；另一个方面可能与白洋淀近期补水有关。

春季（2010 年 3 月）浮游植物细胞密度平均值为 3494 万 ind/L，有 35.71% 的站点细胞密度在 4000 万 ind/L 以上，有 35.71% 的站点细胞密度在 3000 万~4000 万 ind/L，光淀张庄细胞密度最低，为 822 万 ind/L。

3. 浮游植物生物量

浮游植物生物量的变化呈现出与物种丰度相同的变化规律，夏季（8 月）达到最大值（31.71mg/L），秋季开始下降（11.67mg/L），2010 年春季（3 月）开始回升至 21.27mg/L（图 2.11）。

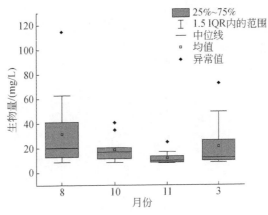

图 2.11 浮游植物生物量的变化

（二）浮游动物种类组成及细胞密度

1. 浮游动物种类组成

2009 年 8 月共检出浮游动物 4 类 42 种，其中原生动物 14 种，轮虫 22 种，枝角类 3 种，桡足类 3 种。42 种浮游动物分为两大类型，即贫-中营养型和富-中营养型（付显婷等，2020），浮游动物贫富营养型见表 2.10。以耐污种为主，富-中营养型种类占 70%。其中，枝角类和桡足类不占优势，原生动物和轮虫的分布代表 8 月白洋淀的现状。9 月共检出浮游植物 3 类 33 种，其中原生动物 14 种，轮虫 18 种，桡足类 1 种，分类结果显示，白洋淀浮游动物 9 月以耐污种为主，富-中营养型种类占 81%。10 月共检出浮游动物 4 类 34 种，其中原生动物 12 种，轮虫 15 种，枝角类 6 种，桡足类 1 种。白洋淀 10 月浮游动物种类中原生动物和轮虫占优势，占浮游动物总量的 79%。11 月共检出浮游动物 4 类 31 种，其中原生动物 12 种，轮虫 10 种，枝角类 6 种，桡足类 3 种，11 月浮游动物种类中原生动物和轮虫比例有所下降（71%），枝角类和桡足类种类有所增加（29%）。2010 年 3 月共检出浮游动物 2 类 25 种，其中轮虫 21 种，桡足类 4 种，未检出原生动物。

表 2.10 白洋淀浮游动物不同营养水体指示类型

类型	贫-中营养型	富-中营养型
原生动物	鳞壳虫、砂壳虫、筒壳虫、杯状似铃壳虫	钟虫、锥形多核虫、团睥腺虫、刺胞虫、平足蒲变虫、半眉虫、侠盗虫、盖中缢虫、双环栉毛虫、扭头虫、透明螺足虫、斜管虫、单环栉毛虫、急游虫、漫游虫、织毛虫、累枝虫、游什虫、伪多核虫
轮虫	暗小异尾轮虫、胶鞘轮虫、刺盖异尾轮虫、团聚花轮虫、单趾轮虫、腔轮虫、侠甲轮虫、鼠异尾轮虫、对棘同尾轮虫、真足哈林轮虫、方块鬼轮虫、腹棘管轮虫、耳叉椎足轮虫、透明须足轮虫	壶状臂尾轮虫、腹足腹尾轮虫、曲腿龟甲轮虫、角突臂尾轮虫、针簇多肢轮虫、螺形龟甲轮虫、萼花臂尾轮虫、金鱼藻沼轮虫、晶囊轮虫、蒲达臂尾轮虫、长三肢轮虫、镰状臂尾轮虫、小三肢轮虫、剪形臂尾轮虫、前额犀轮虫、裂足臂尾轮虫、懒轮虫、裂痕龟纹轮虫、梳状疣毛轮虫、唇形叶轮虫、迈氏三肢轮虫、矩形臂尾轮虫、尖刺间盘轮虫、花箧臂尾轮虫
枝角类	短尾秀体溞、光额溞、壳纹船卵溞、圆形盘肠溞、卵形盘肠溞、夹额溞、蛋状溞、低额溞	多刺裸腹溞、长肢秀体溞、颈沟基合溞、长额象鼻溞、蒙古温剑水蚤、近邻剑水蚤
桡足类	英勇剑水蚤、锯缘真剑水蚤	广布中剑水蚤、长尾小剑水蚤、温剑水蚤、叶片剑水蚤

2. 浮游动物细胞密度

2009 年 8 月白洋淀浮游动物中原生动物与轮虫（图 2.12）（3642.85ind/L）占优势，其空间分布也存在差异，#1（5700ind/L）、#10（5400ind/L）、#13（7800ind/L）原生动

物数量远超均值（2785ind/L），枝角类出现率仅有42.85%，其细胞密度仅为15ind/L，桡足类出现率为92.85%，但其细胞密度均值为48ind/L。9月无枝角类动物出现，桡足类细胞密度（7564ind/L）高于原生动物（4285ind/L）与轮虫（3128ind/L）。其空间分布也存在差异，有78.5%的站点中浮游动物细胞密度在3000ind/L以上，其中21.4%的站点超过10 000ind/L，21.5%的站点细胞密度在3000ind/L以下。10月原生动物与轮虫占浮游动物总细胞密度的99%以上，其空间分布也存在差异，35.71%的站点原生动物细胞密度超过均值（1971ind/L），42.85%的站点轮虫细胞密度高于均值（5228ind/L）。11月浮游动物细胞密度下降，均小于1万ind/L，50%的站点细胞密度在3000~7500.9ind/L，但原生动物与轮虫所占比例仍较高，分别为57.22%、42.75%。2010年3月，浮游动物种类只有轮虫与桡足类两种，其空间分布也存在差异，42.86%的站点轮虫细胞密度大于均值（2342ind/L），28.57%的站点桡足类细胞密度大于均值（788ind/L）。

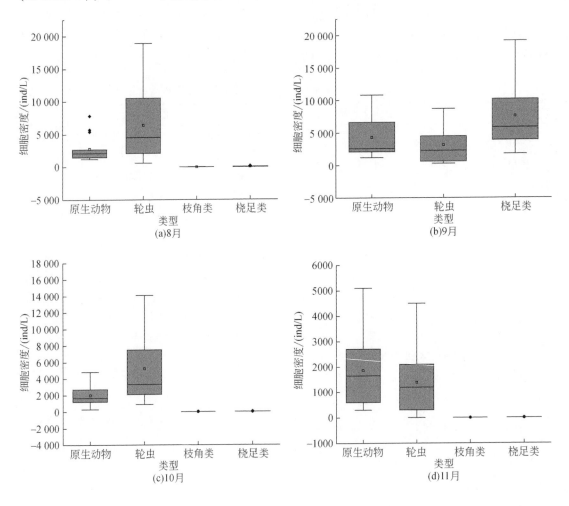

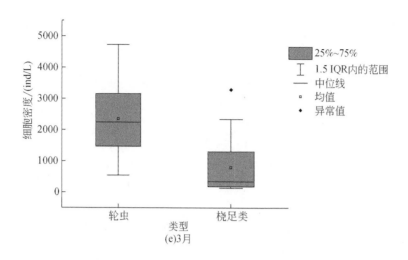

图 2.12　不同月份浮游动物细胞密度

四、白洋淀湿地大型水生植物变化分析

（一）大型水生植物种群结构

分别于 2009 年 8 月、10 月、11 月和 2010 年 3 月进行了四次大型水生植物调查。调查获得了白洋淀大型水生植物 15 科 20 种。按水生植物生态型分类，包括沉水植物 10 种、浮叶植物 3 种、漂浮植物 3 种和挺水植物 4 种，详见表 2.11。主要优势种为芦苇、金鱼藻、龙须眼子菜、莲及轮藻。

表 2.11　白洋淀大型水生植物名录

门	科	植物名称	生态型
轮藻门（Charophyta）	轮藻科（Chraceae）	轮藻（Chara sp.）	沉水植物
蕨类植物门（Pteridophyta）	槐叶苹科（Salviniaceae）	槐叶苹（Salvinia natans）	漂浮植物
被子植物门（Angiospermae）	金鱼藻科（Ceratophyllaceae）	金鱼藻（Ceratophyllum）	沉水植物
	菱科（Trapaceae）	菱（Trapa）	浮叶植物
	小二仙草科（Haloragidaceae）	穗状狐尾藻（Myriophyllum spicatum）	沉水植物
	龙胆科（Gentianaceae）	荇菜（Nymphoides peltata）	浮叶植物
	狸藻科（Lentibulariaceae）	黄花狸藻（Utricularia aurea）	沉水植物
	香蒲科（Typhaceae）	香蒲（Typha orientalis）	挺水植物

门	科	植物名称	生态型
被子植物门（Angiospermae）	眼子菜科（Potamogetonaceae）	光叶眼子菜（*Potamogeton lucens*）	沉水植物
		菹草（*Potamogeton crispus*）	沉水植物
		龙须眼子菜（*Potamogetom pectinatus*）	沉水植物
	茨藻科（Najadaceae）	大茨藻（*Najas marina*）	沉水植物
	水鳖科（Hydrocharitaceae）	水鳖（*Hydrocharis dubia*）	浮叶植物
		黑藻（*Hydrilla verticillata*）	沉水植物
		苦草（*Vallisneria*）	沉水植物
	浮萍科（Lemnaceae）	紫萍（*Spirodela polyrhiza*）	漂浮植物
		浮萍（*Lemna minor*）	漂浮植物
	禾本科（Poaceae）	芦苇（*Phragmites australis*）	挺水植物
	莲科（Nelumbonaceae）	莲（*Nelumbo nucifera*）	挺水植物
	香蒲科（Typhaceae）	黑三棱（*Sparganium stoloniferum*）	挺水植物

（二）大型水生植物空间分布及生物量

从空间分布上看，芦苇是挺水植物的优势种，几乎遍及整个淀区的台地水浅处；莲和香蒲分别是鸳鸯岛和采蒲台的挺水植物优势种。水鳖、槐叶苹、紫萍等浮叶植物和漂浮植物与挺水植物相伴而生分布在水稍浅的近岸，通常耐污性较强，是端村、鸳鸯岛、南刘庄和府河入淀口一带浮叶植物与漂浮植物的优势种。沉水植物在白洋淀的分布范围亦较广，一般分布在水域中心地带的深水处。金鱼藻和龙须眼子菜是白洋淀沉水植物的优势种，广泛分布于各个淀区。金鱼藻的耐污性较强，是鸳鸯岛、南刘庄和府河入淀口一带沉水植物的优势种，龙须眼子菜则在烧车淀、枣林庄一带大量分布。此外，部分淀区具有与一般淀区不同的沉水植物分布特点。烧车淀一带的优势种是轮藻和龙须眼子菜，在淀区北部形成了大范围的轮藻位于水体底部、龙须眼子菜位于水体上部的伴生群落；枣林庄和采蒲台一带沉水植物种类较多，除金鱼藻和龙须眼子菜外，枣林庄有光叶眼子菜、穗状狐尾藻、大茨藻、黄花狸藻等沉水植物分布，采蒲台有光叶眼子菜、黑藻、菹草、苦草等沉水植物分布，其中大茨藻、黄花狸藻和黑藻、苦草分别是枣林庄和采蒲台一带特有的沉水植物种类。

从时间分布上看，2009年8月、10月为大部分水生植物的生长期，上述种类均有分布；2009年11月和2010年3月为多数水生植物的非生长期，在种类和数量上均有所下降，仅有龙须眼子菜和菹草分布（图2.13）。

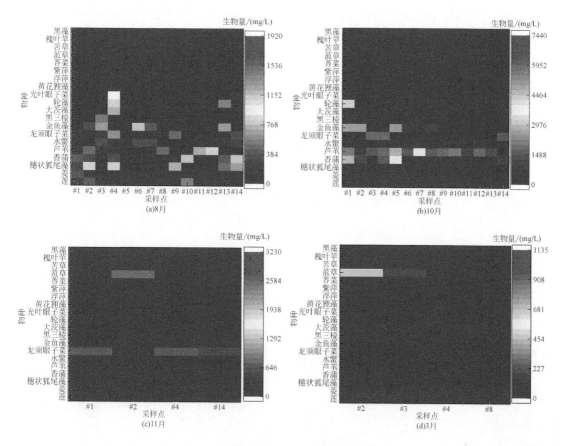

图 2.13　不同月份大型水生植物生物量变化

五、白洋淀湿地大型底栖动物变化分析

（一）大型底栖动物物种丰度

分别于 2009 年 8 月、10 月、11 月和 2010 年 3 月进行了四次底栖动物调查，物种丰度变化如图 2.14 所示。8 月共鉴定出底栖动物 3 大类 8 种，其中寡毛类 2 种，软体动物 3 种，水生昆虫 3 种。8 月底栖动物分布存在空间差异，仅 #13 与 #10 出现寡毛类，物种丰度均为 80ind/m²。而软体动物分布在 #3、#4、#8、#9、#11、#13、#14，其中 #4 和 #13 软体动物物种丰度最高，均为 160ind/m²。水生昆虫分布在 #2、#3、#8、#10，其中 #10 水生昆虫物种丰度最高（480ind/m²）；10 月共鉴定出底栖动物 3 大类 15 种，其中寡毛类 5 种，软体动物 3 种，水生昆虫幼虫 7 种。10 月底栖动物分布存在空间差异，#2、#5、#7、#10 出现寡毛类，出现率为 28.57%，其中 #2 寡毛类物种丰度最大，为 200ind/m²，#3、#4、#8、

#14出现软体动物，出现率为35.71%，#4软体动物物种丰度最大，为360ind/m²，而水生昆虫出现率最高，为71.43%，其中#5水生昆虫物种丰度最大，为4440ind/m²。11月共鉴定出底栖动物4大类11种，其中寡毛类3种，蛭类1种，软体动物3种，水生昆虫幼虫4种，11月主要是寡毛类和蛭类，多分布在#5和#11；耐污染种类仅有2种，占全部种类的18%，分布在#4和#11。3月共鉴定出底栖动物4类16种，其中寡毛类1种，甲壳类2种，软体动物6种，水生昆虫幼虫7种。底栖动物的空间分布具有差异性，寡毛类主要分布在#11，软体动物出现点位占总采样点位的42.86%，甲壳类主要分布在#4。

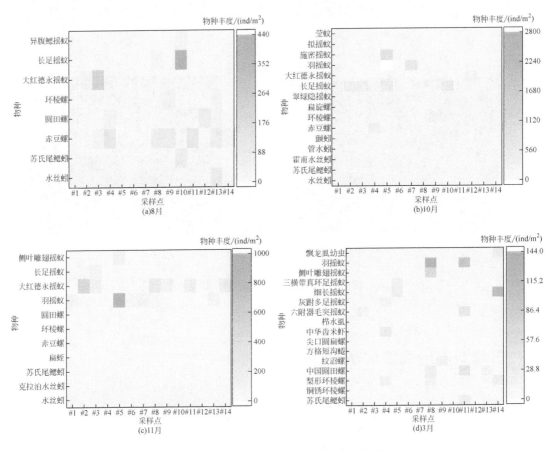

图2.14 不同月份底栖动物物种丰度变化

（二）大型底栖动物生物量

底栖动物生物量是每个采样点采集到的各类底栖动物重量核算成每平方米重量之和。白洋淀底栖动物分布受时间和空间的双重影响（徐梦佳等，2012）。如图2.15所示，8月在白洋淀各个采样点中软体动物生物量较高，但#1、#5、#6、#7、#12未采集到底栖动物，生物量最高的点位是#13（24.104g/m²），最低的是#2，仅为0.548g/m²；10月软体动物仍在各采样点中占比较高，但#5 中水生昆虫占 99.06%；11 月有 71.43% 的站点底栖动物生物量下降，生物量在 $1g/m^2$ 以下的采样点占 28.57%，$1 \sim 10g/m^2$ 的占 50%，而 $10g/m^2$ 以上的占 21.43%；3 月有 35.71% 的站点生物量下降，仅有 14.29% 的站点生物量有大幅上升（#8、#10），生物量在 $1g/m^2$ 以下的采样点占 57.14%，$1 \sim 10g/m^2$ 的占 14.29%，$10g/m^2$ 以上的占 28.57%。

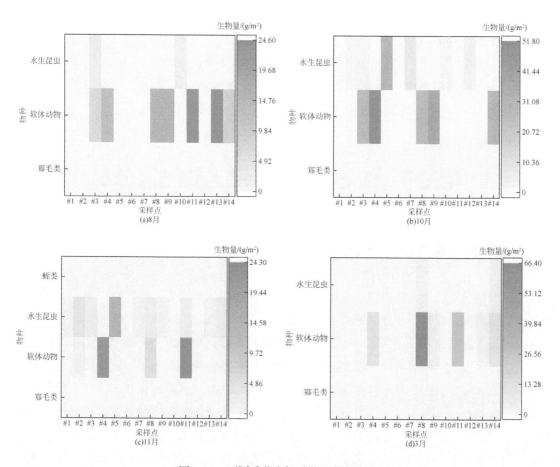

图 2.15　不同季节底栖动物生物量变化

六、白洋淀湿地鱼类变化分析

鱼类是湖泊生态系统的重要组成部分，其生长状况可影响湖泊生物（尤其是饵料生物）的群落结构、营养物质的状态和水平等，其群落结构也影响着水体水质和自净能力。有关白洋淀鱼类的研究并不多，集中在对其种类和数量的统计上。历史上，白洋淀鱼类资源种类多，经济鱼类产量高。据调查，1958 年鱼类共有 17 科 54 种，以鲤、黑鱼、黄颡鱼为主，尚有溯河性鱼类青鱼、鲂等；1980 年鱼类共有 14 科 40 种，缺少鲻科、鳗鲡科等溯河性鱼类; 受 1983~1988 年连续干淀影响, 1989 年鱼类下降到 11 科 24 种。1989~1990 年重新蓄水后, 由黄河水系向北迁移鱼类及黑龙江水系向南迁移鱼类在此交汇, 形成特有的混杂类型。近年仍然呈减少趋势。2001 年和 2002 年调查有 33 种鱼类, 隶属于 7 目 12 科 30 属 (曹玉萍等, 2003)。受到淀区水量和水质影响, 鱼类明显减少, 尤其经济鱼类种数下降, 自然鱼类的种群呈现低龄、小型化趋势 (韩希福等, 1991; 曹玉萍等, 2003)。受补水等因素影响, 2007 年生态调查显示, 淀内鱼类已恢复到 17 科 34 种, 以鲤科鱼类为主, 占 66%, 2008 年恢复到 54 种, 以鲤、黑鱼、黄颡鱼为主 (吴新玲, 2011)。2009~2010 年白洋淀共有鱼类 25 种, 隶属于 5 目 11 科 (马晓利, 2012)。而近些年来白洋淀以养殖为主, 现有养殖品种为草鱼、鲢、鳙、鲤、鲫、鲂、罗非鱼、河蟹、青虾、南美白对虾等, 2015 年安新境内养殖面积达到 1905hm², 养殖年产量为 6332t (罗念涛等, 2016)。

第三节　汉石桥湿地水生态调查与分析

一、调查内容与样点布设

汉石桥湿地位于北京市顺义区境内, 是潮白河水系箭杆河支流蔡家河下游的一座芦苇沼泽类型的原生湿地, 素有 "京郊小白洋淀" 的别称。湿地规划面积为 1900hm², 其核心区面积为 163.5hm² (陈光等, 2015), 主要保护对象是典型的芦苇丛湿地生态系统。但由于近些年来湿地公园的开放, 游客数量激增对汉石桥湿地生态产生了一定的影响, 此外中水补给以及非点源污染导致营养物质进入湿地, 使湿地呈现富营养化状态, 在一定程度上影响了湿地生态功能的发挥 (Zhao et al., 2016)。因此结合汉石桥湿地生态格局及空间特征, 布设了 7 个采样点, 覆盖湿地各个功能区, 包括湿地核心区 3 个点位, 植物园、野钓区、娱乐区及双子湖各设置 1 个点位, 因核心区面积较大, 在中水入口、出口处各增设 1 个采样点 (图 2.16), 基本情况见表 2.12。

该生态调查自 2013 年 4 月起每月下旬采样一次。调查内容主要包括湿地水质、浮游植物、浮游动物。水质指标主要包括总磷、总氮、氨氮、硝酸盐氮、溶解态无机磷 (DIP)。浮游植物样品进行分类鉴别及各门类细胞计数, 浮游动物进行分类鉴别及种类计数。

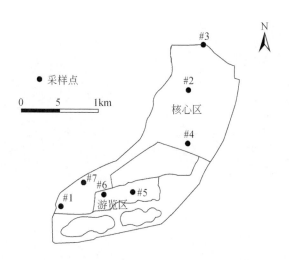

图 2.16 汉石桥湿地位置及采样点布设

表 2.12 汉石桥湿地采样点基本情况

点位	所处功能区	
#1		
#6	核心区	
#7		
#2		植物园
#3	非核	野钓区
#4	心区	娱乐区
#5		双子湖

二、汉石桥湿地水质变化分析

如图 2.17 所示，汉石桥湿地 4～10 月总磷含量呈现波动趋势，4 月（0.42mg/L）、7 月（0.46mg/L）月均值高于 5 月（0.31mg/L）、9 月（0.38mg/L）、10 月（0.26mg/L）。总磷在空间分布上也存在差异，其中#6 含量最高（1.31mg/L），其次为#7（0.55mg/L）、#1（0.53mg/L），含量最低点为#5（0.02mg/L）。总氮在生态调查期间#6 最高（4.33mg/L），其次为#7（2.92mg/L）、#1（2.91mg/L），最低点为#5（0.24mg/L）。#6 仅在 7 月（1.23mg/L）和 10 月（3.25mg/L）氨氮高于其他采样点。#6 硝酸盐氮在 4～7 月含量高于其他采样点，其中 7 月氨氮含量最高（3.98mg/L），而 9～10 月硝酸盐氮下降，10 月硝酸盐氮在#7 最低（0.02mg/L）。DIP 含量在 6 月#6 最高（3.84mg/L）。

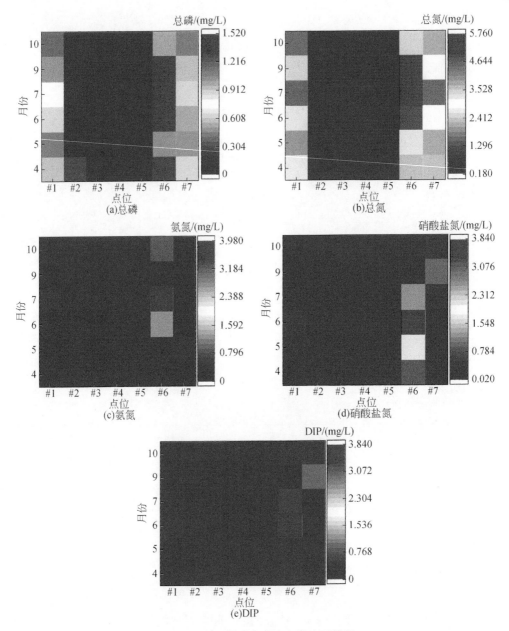

图 2.17 汉石桥湿地各个月份水质情况

三、汉石桥湿地浮游植物变化分析

(一) 浮游植物物种组成与空间分布

汉石桥湿地水体中浮游植物共检出 8 个门，即蓝藻门、隐藻门、甲藻门、金藻门、硅藻门、裸藻门、黄藻门和绿藻门，148 种（或属）（表 2.13）。各门的种类数相差较大，其中以绿藻门的种类最多，达 63 种，硅藻门次之，有 37 种，蓝藻门 18 种，裸藻门 15 种，甲藻门、隐藻门、黄藻门、金藻门的种类较少。

表 2.13　浮游植物的种类组成

指标	隐藻门	蓝藻门	甲藻门	金藻门	黄藻门	硅藻门	裸藻门	绿藻门	总计
种类数	3	18	7	2	3	37	15	63	148

从浮游植物不同调查时间来看，2013 年 4 月和 5 月各检出 7 个门，其中黄藻门在 4 月未检出，金藻门在 5 月未检出。从各样点种类数来看，2013 年 5 月有 5 个点（#3～#7）的浮游植物种类数比 4 月多；#2 比 4 月有一定减少；而 #1 无变化。

2013 年 6 月检出的浮游植物共计 98 种，隶属于 7 个门，即蓝藻门、隐藻门、甲藻门、金藻门、硅藻门、裸藻门、绿藻门，其中种类最多的为绿藻门，其次为硅藻门和裸藻门，再次是蓝藻门和甲藻门，种类最少的是金藻门和隐藻门。在空间分布上，40 种以上的样点有 4 个，占总样点数的 57%，30 种以上的样点有 2 个，30 种以下的样点有 1 个。7 月浮游植物共检出 110 种，隶属于 7 个门，其中蓝藻门 14 种，隐藻门 3 种，甲藻门 8 种，黄藻门 2 种，硅藻门 37 种，裸藻门 8 种，绿藻门 38 种。在空间分布上仍存在差异，其中 30 种以上的样点有 3 个，30 种以下的样点有 4 个。9 月浮游植物共检出 125 种，隶属于 7 个门，其中蓝藻门 17 种，隐藻门 6 种，甲藻门 12 种，黄藻门 4 种，硅藻门 40 种，裸藻门 8 种，绿藻门 38 种。在空间分布上仍存在差异，其中 30 种以上的样点有 4 个，30 种以下的样点有 3 个。10 月浮游植物共检出 49 种，隶属于 6 个门，其中蓝藻门 3 种，隐藻门 2 种，甲藻门 1 种，硅藻门 16 种，裸藻门 8 种，绿藻门 19 种。在空间分布上仍存在差异，其中 30 种以上的样点有 2 个，30 种以下的样点有 5 个。

（二）浮游植物优势度

2013 年 4 月各样点平均细胞密度为 3032 万 ind/L，从门类上看，蓝藻门的细胞密度最大，平均细胞密度为 2379 万 ind/L，其次为绿藻门和硅藻门，最小的是黄藻门，平均细胞密度为 0.1 万 ind/L。从空间分布上看，各点细胞密度存在较大差异，细胞密度最大的为 #6，高达 8717 万 ind/L，最小的为 #5，仅为 244 万 ind/L。核心区优势种主要包括蓝藻门 3 种，硅藻门 1 种，绿藻门 2 种。这些优势种主要为富营养化水体指示种，富营养化水体指示种的数量在核心区占有明显的优势，表明汉石桥湿地核心区处于富营养化状态，#2～#5 的优势种主要为隐藻、绿藻+硅藻、绿藻+隐藻（武士蓉等，2015）。

2013 年 5 月汉石桥湿地水体中浮游植物细胞密度与 4 月相比有一定减少，7 个采样点细胞密度平均为 1447 万 ind/L。在空间分布上，各采样点细胞密度最小的为 #5，在 684 万 ind/L 以下。从门类上看，仍以蓝藻门的细胞密度为最大，其次为绿藻门、硅藻门，最小的为黄藻门和甲藻门。浮游植物优势种与4月基本相同，核心区大多为富营养化水体指示种，这些种的细胞密度之和占总细胞密度的绝大多数，表明汉石桥湿地核心区水体处于富营养化状态；#2～#4的优势种为绿藻+硅藻、绿藻+甲藻，表明其处于富营养化状态；#5的优势种为甲藻、隐藻。

2013年6月汉石桥湿地水体中浮游植物细胞密度较高，平均为4103万ind/L，各门浮游植物细胞密度在研究区分布差异明显，其中密度最大的是绿藻门，平均为1261万ind/L，其次为蓝藻门、裸藻门和硅藻门，密度最小的是甲藻门，为5.81万ind/L。在空间分布上，细胞密度达到2000万ind/L的样点有4个；1000万～2000万ind/L的样点有2个；500万～1000万ind/L的样点有1个；细胞密度最小的是#7，仅为808万ind/L。从各点位优势种所对应的门类看，汉石桥湿地6月浮游植物群落结构类型大多为蓝藻+绿藻+裸藻+硅藻。

2013年7月汉石桥湿地水体中浮游植物细胞密度平均为2044万ind/L，各门浮游植物细胞密度在研究区分布差异明显，其中密度最大的是蓝藻门，平均为1351万ind/L，其次为绿藻门和硅藻门，密度最小的是甲藻门，为15万ind/L。在空间分布上，细胞密度达到2000万ind/L的样点有4个；1000万～2000万ind/L的样点有2个；500万～1000万ind/L的样点有1个。

2013年9月汉石桥湿地各门、各样点浮游植物细胞密度均值明显减少，降至1050万ind/L以下。细胞密度在空间分布上差异明显，其中在2000万ind/L以上的样点有4个；1000万～2000万ind/L的样点有1个；小于1000万ind/L的样点有2个。从门类上看，细胞密度最大的是蓝藻门，其次是绿藻门，最小的是甲藻门和金藻门。浮游植物细胞密度显著变化的原因是季节变化温度明显下降，藻类种群发生自然季节性交替变化。

2013年10月汉石桥湿地各门、各样点浮游植物细胞密度均值明显减少，降至125万ind/L以下。核心区浮游植物的优势种为蓝藻、硅藻、裸藻、绿藻等。

（三）浮游植物生物量

汉石桥湿地浮游植物生物量存在时空差异，4月和10月浮游植物生物量较小，分别为11.01mg/L和15.76mg/L，7月浮游植物生物量最大，是4月生物量的2倍多，为22.87mg/L。浮游植物的月均生物量在#6最大，为32.67mg/L，而#5的生物量最小，约为12.02mg/L（图2.18）。

四、汉石桥湿地浮游动物变化分析

（一）浮游动物种类组成

通过采集汉石桥浮游动物，共检出4类33种（表2.14），其中原生动物3种，轮虫

19种，枝角类6种，桡足类5种（图2.19）。

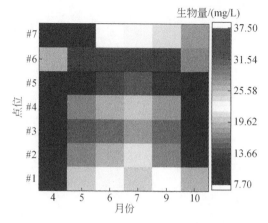

图 2.18　汉石桥湿地浮游植物生物量时空变化

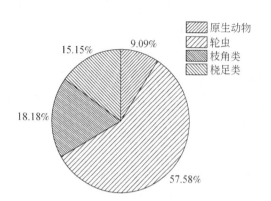

图 2.19　汉石桥湿地浮游动物物种数所占比例

表 2.14　汉石桥湿地浮游动物的种类组成

类型	种属
原生动物	钟虫属、表壳虫属、沙壳虫属
轮虫	长刺矩形龟甲轮虫、广布多肢轮虫、长肢多肢轮虫、萼花臂尾轮虫、角突臂尾轮虫、腹足腹尾轮虫、前节晶囊轮虫、唇形叶轮虫、卵形无柄轮虫、叶状帆叶轮虫、卵形彩胃轮虫、矩形龟甲轮虫、曲腿龟甲轮虫、冠饰异尾轮虫、竖琴须足轮虫、螺形龟甲轮虫、懒轮虫、真足哈林轮虫、韦氏同尾轮虫
枝角类	短尾秀体溞、多刺裸腹溞、长肢秀体溞、薄片宽尾溞、镰角锐额溞、脆弱象鼻溞
桡足类	英勇剑水蚤、广布中剑水蚤、长尾小剑水蚤、跨立小剑水蚤、近邻剑水蚤

（二）浮游动物数量及分布

在借鉴辽宁大伙房水库（綦志仁等，2004）并进行了适当修改的情况下，汉石桥湿地浮游动物数量评价水体营养类型的标准设定如下：浮游动物数量<1000ind/L为贫营养型；浮游动物数量在1000~3000ind/L为中营养型；浮游动物数量在3000~10 000ind/L为富营养型。按此标准进行水质状况评价，结果表明，7个采样点中非核心区的2个点为中营养型，浮游动物数量在3000ind/L以下；其他5个点为富营养型，浮游动物数量>3000ind/L。

2013年5月汉石桥湿地7个采样点浮游动物数量较高，数量在3000ind/L以上的有6个点，这6个点属于富营养型水体范畴。有1个点的数量在3000ind/L以下，但也达到了中营养型水体范畴。

2013年6~7月汉石桥湿地7个采样点浮游动物数量较高，特别是原生动物和轮虫在浮游动物总数量中占有很大比例。7个采样点的数量都在3000ind/L以上。按照浮游动物数量评价水体营养类型的标准，汉石桥湿地已达到富营养型。

2013 年 9 月汉石桥湿地浮游动物数量有所下降，数量大于 3000ind/L 的点有 6 个，低于 3000ind/L 的点有 1 个。按照浮游动物数量评价水体营养类型的标准，有 71% 的点处于富营养型。从类型上看，原生动物和轮虫的数量仍占主导地位，占浮游动物总数量的 99.7% ~ 99.9%。

2013 年 10 月汉石桥湿地浮游动物数量超过 3000ind/L 的点有 5 个，处于 2000 ~ 3000ind/L 的点有 2 个，表明汉石桥湿地水质有所好转。

2014 年 3 月汉石桥湿地浮游动物数量超过 3000ind/L 的点有 6 个，处于 2000 ~ 3000ind/L 的点有 1 个（图 2.20）。

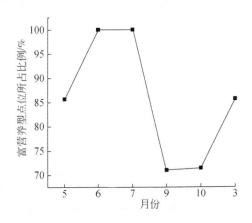

图 2.20　汉石桥湿地浮游动物富营养型点位所占比例

参 考 文 献

曹玉萍，王伟，张永兵 . 2003. 白洋淀鱼类组成现状 ［J］. 动物学杂志，3：65-69.

陈光，牛童，李万成，等 . 2015. 北京汉石桥湿地自然保护区鸟类多样性 ［J］. 湿地科学与管理，
　 11（3）：50-54.

付显婷，杨薇，赵彦伟，等 . 2020. 白洋淀浮游动物群落结构与水环境因子的关系 ［J］. 农业环境科学
　 学报，39（6）：1271-1282.

国家环境保护总局 . 2002. 地表水环境质量标准（GB 3838—2002）［S］. 北京：中国标准出版社 .

国家环境保护总局 . 2009. 水和废水监测分析方法 ［M］. 北京：中国环境科学出版社 .

国家林业局 . 2008a. 国家湿地公园评估标准（LY/T 1754—2008）［S］. 北京：中国林业出版社 .

国家林业局 . 2008b. 全国湿地资源调查技术规程（试行）［S］. 北京：林业部调查规划设计院 .

韩希福，王所安，曹玉萍，等 . 1991. 白洋淀重新蓄水后鱼类组成的生态学分析 ［J］. 河北渔业，6：
　 8-11.

湖南省质量技术监督局 . 2009. 淡水生物调查技术规范（DB43/T 432—2009）［S］. 北京：中国标准出
　 版社 .

金相灿，屠清瑛 . 1990. 湖泊富营养化调查规范 ［M］. 北京：中国环境科学出版社 .

李志明 . 2016. 基于浮萍遮光效应实验的汉石桥湿地生态模型构建［D］. 北京：北京师范大学硕士学位论文 .

刘丹丹，吴现兵，程伍群，等 . 2014. 白洋淀流域降水特性分析［J］. 南水北调与水利科技，12（5）：113-117.

罗念涛，王俊杰，张耀红 . 2016. 白洋淀地区鱼病特点与防治技术总结［J］. 河北渔业，7：36-39.

马晓利 . 2012. 不同食物链对富营养化水体的改善作用［D］. 保定：河北大学硕士学位论文 .

农业部 . 2007. 渔业生态环境监测规范 第 3 部分：淡水（SC/T 9102. 3—2007）［S］. 北京：中国标准出版社 .

农业部渔业局 . 2010. 淡水浮游生物调查技术规范（SC/T 9402—2010）［S］. 北京：中国标准出版社 .

綦志仁，谢文星，黄道明，等 . 2004. 大伙房水库的浮游动物［J］. 水利渔业，24（4）：57-59.

水利部 . 2013. 水环境监测规范（SL 219—2013）［S］. 北京：中国水利水电出版社 .

水利部 . 2014. 水库渔业资源调查规范（SL 167—2014）［S］. 北京：中国水利水电出版社 .

水利部 . 2016. 内陆水域浮游植物监测技术规程（SL 733—2016）［S］. 北京：中国水利水电出版社 .

吴新玲 . 2011. 引黄济淀对白洋淀鱼类种群影响分析［J］. 河北水利，11：40.

武士蓉，徐梦佳，赵彦伟，等 . 2013. 白洋淀湿地水质与水生物相关性研究［J］. 环境科学学报，33（11）：3160-3165.

武士蓉，徐梦佳，陈禹桥，等 . 2015. 基于水质与浮游生物调查的汉石桥湿地富营养化评价［J］. 环境科学学报，35（2）：411-417.

徐梦佳 . 2013. 基于联合模拟的白洋淀湿地健康动态评价［D］. 北京：北京师范大学硕士学位论文 .

徐梦佳，朱晓霞，赵彦伟，等 . 2012. 基于底栖动物完整性指数（B-IBI）的白洋淀湿地健康评价［J］. 农业环境科学学报，31（9）：1808-1814.

徐宗学，杨大文，李哲，等 . 2018. 水文学研究进展与展望［J］. 地理科学进展，37（1）：36-45.

杨薇，杨志峰，孙涛，等 . 2018. 湿地生态流量调控模型及效应［M］. 北京：科学出版社 .

杨薇，田艺苑，张兆衡，等 . 2019. 近 60 年来白洋淀浮游植物群落演变及生物完整性评价［J］. 环境生态学，1（8）：1-9.

杨薇，赵彦伟，刘强，等 . 2020. 白洋淀生态需水研究：进展及展望［J］. 湖泊科学，32（2）：294-308.

中国科学院南京地理与湖泊研究所 . 2015. 湖泊调查技术规程［M］. 北京：科学出版社 .

Gao Y C, Liu M F, Gan G J. 2011. Analysis of annual runoff trend and meteorological impact factors in Baiyangdian basin［J］. Resources Science, 33（8）：1438-1445.

Zhao Y W, Xu M J, Xu F, et al. 2014. Development of a zoning-based environmental-ecological-coupled model for lakes：A case study of Baiyangdian Lake in North China［J］. Hydrology and Earth System Sciences, 11：1693-1740.

Zhao Y W, Liu Y X, Wu S R, et al. 2016. Construction and application of an aquatic ecological model for an emergent-macrophyte-dominated wetland：A case of Hanshiqiao wetland［J］. Ecological Engineering, 96：214-223.

第三章 湿地生态要素对水环境变化的响应关系

湖泊湿地生态系统变化受到水文过程、水环境因子的强烈影响，湖泊湿地生态水文过程响应关系得到了众多学者关注。本章以典型湖泊湿地（河北白洋淀、北京汉石桥湿地、黄河三角洲湿地）为例，在水量、水质和水生态监测调查的基础上，采用时间序列分析、多元统计分析方法等开展了湿地生态水文响应关系分析，揭示了典型湖泊影响生态系统变化的关键水文、水环境因子，为客观准确阐释湿地生态系统变化的规律提供了科学依据。

第一节 响应关系分析方法

一、生态要素分析指标选择

反映生物要素特征的指标，除第二章提到的群落结构、丰富度、丰度、生物量、优势度之外，还包括生物多样性。生物多样性主要包括物种多样性、功能多样性、基因多样性等指标，也可以涉及 α 多样性和 β 多样性等，其间的关系如图 3.1 所示，具体描述如下。

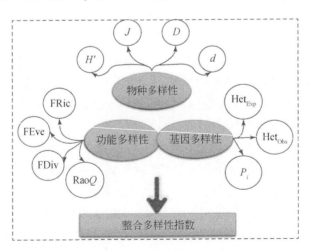

图 3.1 生物多样性指标

（一）物种多样性

常用的物种多样性指数包括四种，具体为 Shannon-Wiener 指数（H'，Magurran，1988）、Pielou 均匀度指数（J，Pielou，1975）、Simpson 多样性指数（D，Magurran，1988）和 Margalef 丰富度指数（d，Margalef，1968），计算方法如式（3.1）~式（3.4）所示。

$$H' = -\sum P_i \times \log_2 P_i \tag{3.1}$$

式中，P_i 为物种 i 的相对丰度。

$$J = \frac{H'}{\ln S} \tag{3.2}$$

式中，S 为物种数。

$$D = 1 - \sum P_i^2 \tag{3.3}$$

$$d = \frac{S-1}{\ln N} \tag{3.4}$$

式中，N 为所有类群的总个数。

（二）功能多样性

物种多样性多用各种指数来表征，反映生物群落的丰富度和均匀度，但是却无法直观地说明生态系统的生产力和稳定性。功能多样性是当前底栖动物研究的热点之一，即用不同类群的功能性状表征物种生物特征或其与环境因素的关系（McGill et al.，2006；Poff et al.，2006；Bello et al.，2010），功能多样性对于研究生态系统的生产力和恢复力具有重要意义。利用大型底栖生物的化性（voltinism）、成熟个体大小（size at maturity）、生活型（habit）、营养习性（trophic habit）、游泳能力（swimming ability）、呼吸（respiration）和耐盐度（salinity preference）7 个功能特征来计算其功能多样性指数（表3.1）。功能特征描述了大型底栖动物的生活史、摄食和栖息地偏好，增加了对功能多样性的理解。

表 3.1　与功能多样性有关的七个功能特性（代码为特性状态值）

特征	特征状态	代码
化性	半化性（<1 代/a）	1
	一化性（1 代/a）	2
	二化性或多化性（>1 代/a）	3
成熟个体大小	小（<9mm）	1
	中等（9~16mm）	2
	大（>16mm）	3

续表

特征	特征状态	代码
生活型	掘穴者	1
	攀爬者	2
	附着者	3
	匍匐者	4
	游泳者	5
	滑行者	6
营养习性	集食者	1
	滤食者	2
	刮食者（草食性、卷叶）	3
	捕食者	4
	撕食者	5
	寄食者	6
游泳能力	无	1
	弱	2
	强	3
呼吸	体壁	1
	枝状鳃	2
	气氧呼吸（呼吸管、气泡、气盾）	3
耐盐度	淡水	1
	微咸水	2
	咸水	3

　　功能多样性指数表征群落物种功能性状组成和结构特征。因此在表征功能多样性的不同组成部分时选用了四个独立的功能多样性指数，即功能丰富度（FRic）、功能均匀度（FEve）和功能离散度（FDiv）（Villéger et al.，2008；Laliberté and Legendre，2010），以及饶式二次熵（RaoQ）（Botta-Dukát，2005）。FRic 指数可量化群落功能生态位大小，体现群落空间资源利用程度。FEve 指数衡量群落内物种功能性状的丰度在多维性状空间分布均匀程度，反映了物种对综合资源的利用情况。FDiv 指数指示群落功能性状的离散状况，表征群落种间生态位互补程度，是计算在 i 维性状空间中，各个物种到加权重心（c）的加权距离总和（Naeem et al.，2016）。但是 FDiv 和 FEve 不能对群体中的单个特征进行计算。RaoQ 将每个物种看作多维性状空间中的点，主要计算物种距离的变异。功能多样性指数采用 R 软件中功能多样性扩展包（Laliberté et al.，2014）来计算。

$$\text{FEve} = \frac{\sum_{i=1}^{S-1} \min\left(\text{PEW}_i - \frac{1}{S-1}\right) - \frac{1}{S-1}}{1 - \frac{1}{S-1}} \tag{3.5}$$

式中，PEW_i 为分支长权重；S 为物种数。

$$\Delta|d| = \sum_{i=1}^{S} w_i \times |\text{dG}_i - \overline{\text{dG}}|$$

$$\text{FDiv} = \frac{\Delta d + \overline{\text{dG}}}{\Delta|d| + \text{dG}} \tag{3.6}$$

式中，dG_i 为物种 i 的欧氏距离；$\overline{\text{dG}}$ 为 S 个物种到重心的平均距离；Δd 为以丰度为权重的离散度；$\Delta|d|$ 为绝对丰度加权离散度；w_i 为物种 i 的相对丰度；S 为物种数。

$$\text{RaoQ} = \sum_{i=1}^{S} \sum_{j>1}^{S} d_{ij}P_iP_j \tag{3.7}$$

式中，d_{ij} 为物种 i 和物种 j 之间的距离；P_i 和 P_j 为物种 i 和物种 j 的相对丰度。

（三）基因多样性

基因多样性代表生物种内不同种群之间或一个种群内不同个体的遗传变异。常用的基因多样性指数包括观察杂合度（Het_{Obs}）、期望杂合度（Het_{Exp}）、核苷酸多样性（P_i）。观察杂合度指随机抽取的两个样本的等位基因不相同的概率。期望杂合度指理论计算得出的杂合度，其范围从 0（说明无多态性）到 1（说明无限多个等位形式具有相同的频率，是个极限值）。常用期望杂合度来衡量群体的遗传多样性的高低，期望杂合度值越高，反映群体的遗传一致性就越低，其遗传多样性就越丰富。核苷酸多样性指任意两序列间的平均核苷酸差异数，是衡量群体内核苷酸多态性水平高低的重要指标。基因多样性指数采用 POPGENE Version 3.2 软件进行计算。

（四）种类相似性

采用 Jaccard's 种类相似性指数（Simpson，1949）计算两个时期浮游动物的相似程度，计算公式如下：

$$S_J = \frac{c}{a+b-c} \tag{3.8}$$

式中，a、b 分别为不同时期浮游动物种类数；c 为两个时期都出现的浮游动物种类数；S_J 为浮游动物相似性指数。当 $0 \leqslant S_J < 0.25$ 时，为极度不相似；当 $0.25 \leqslant S_J < 0.5$ 时，为轻度相似；当 $0.5 \leqslant S_J < 0.75$ 时，为中度相似；当 $0.75 \leqslant S_J < 1$ 时，为极其相似；当 $S_J = 1$ 时，为完全相似。

（五）优势种的生态位指数

生态位是指种群在群落中的时空位置、功能和地位，在物种关系、生物多样性和群落结构等方面的研究中应用十分广泛（井光花等，2015）。生态位宽度和生态位重叠均是描述生态位特征的定量指标，能有效反映物种对环境的适应和环境对物种的影响及其相互作用（何雄波等，2018）。

1. 生态位宽度

采用以 Shannon-Wiener 多样性指数为基础的生态位宽度指数（Shannon and Weaver，1963），计算公式为

$$B_i = - \sum_{j=1}^{r} P_{ij} \ln P_{ij} \tag{3.9}$$

式中，P_{ij} 为种 i 在样点 j 的个体数占该种所有个体数比例；r 为采样点总数；B_i 为生态位宽度。

2. 生态位重叠

采用 Pianka（1973）生态位重叠指数，计算公式为

$$O_{ik} = \sum_{j=1}^{r} P_{ij} P_{kj} \bigg/ \sqrt{\sum_{j=1}^{r} P_{ij}^2 \sum_{j=1}^{r} P_{kj}^2} \tag{3.10}$$

式中，O_{ik} 为生态位重叠指数；P_{ij} 和 P_{kj} 为种 i 和 k 在样点 j 的个体数占其所有个体数比例；r 为样点总数。根据 Wathne 等（2000）的划分标准，$O_{ik} > 0.6$ 时，该种对间为高度重叠者；$0.3 \leq O_{ik} \leq 0.6$ 时，为中度重叠者；$O_{ik} < 0.3$ 时，为低度重叠者。

二、两因子之间的相关分析

相关性分析（correlation analysis）指对两个或多个具备相关性的变量进行分析，衡量变量因素的相关密切程度，基于 Pearson 系数的相关性分析可用来判断两组符合正态分布的定距变量间线性关系大小。本章通过相关性分析比较相关系数大小，以判断各要素间相关性强弱。

相关系数（$\rho_{X,Y}$）计算公式为

$$\rho_{X,Y} = \text{cov}(X,Y) / \sigma_X \sigma_Y \tag{3.11}$$

式中，cov（X，Y）为 X，Y 的协方差；σ_X 为 X 的标准差；σ_Y 为 Y 的标准差。

曲线回归（curvilinear regression）是对非线性关系变量进行回归分析的方法，其原理是以最小二乘法分析曲线关系数据变化特征。本章尝试建立各生态环境要素与其影响因子间定量关系，根据回归系数 R^2 判断模型拟合效果，R^2 或调整 R^2（Adj R^2）越接近于 1，模型拟合效果越好。

$$R^2 = 1 - \text{SSE}/\text{SST} = \text{SSR}/\text{SST} \tag{3.12}$$

式中，SSR 为回归平方和；SSE 为残差平方和；SST 为总离差平方和。

三、主成分分析法

在湿地生态水文响应关系分析中，需考察的问题往往涉及众多指标，而指标增多加大了问题分析的复杂性，在通常情况下，各个指标之间有一定的相关性。我们可以采用主成分分析（principal component analysis，PCA）法，将相关性很高的变量转化成彼此相互独立或不相关的变量，即用较少的指标代替原来较多的指标，而这些较少的指标应该既综合反映了原来较多指标的信息，又彼此之间无关。通常先对候选指标进行标准化处理，然后利用 PCA 提取主成分个数，经因子载荷矩阵旋转（采用最大方差旋转法）后选择载荷值>0.6的指标，再对指标的独立性进行分析，将待筛选指标进行正态分布检验，采用 Pearson 或 Spearman 相关分析筛选出独立性较好的指标，并结合专家经验分析以及指标实际重要程度，筛选出影响水生态系统健康的重要指标（申祺等，2020）。PCA 的基本原理如下：用 F_1（选取的第一个线性组合，即第一个综合指标）的方差来表达，即 Var（F_1）越大，表示 F_1 包含的信息越多。因此在所有的线性组合中选取的 F_1 应该是方差最大的，故称 F_1 为第一主成分。如果第一主成分不足以代表原来 P 个指标的信息，再考虑选取 F_2，即选第二个线性组合，为了有效地反映原来信息，F_1 已有的信息就不需要再出现在 F_2 中，用数学语言表达就是要求 cov（F_1，F_2）= 0，则称 F_2 为第二主成分。依此类推可以构造出第三，第四，…，第 p 个主成分。

研究应用主成分分析进行指标筛选的具体步骤如下。

（1）建立观察值矩阵

某一系统状态最初由 p 个指标来表征，这 p 个特征指标称为原特征指标，通过它们的观察了解系统的特性，它的每一组观察值表示为 p 维空间的一个向量 x_i，即 $x_i = x_{i1}$，x_{i2}，…，x_{ip}，这个 p 维空间称为原指标空间。对它进行了 n 次观察，所得矩阵为 $n \times p$ 观察矩阵 X。

$$X = \begin{pmatrix} x_{11} & \cdots & x_{1p} \\ \vdots & \ddots & \vdots \\ x_{n1} & \cdots & x_{np} \end{pmatrix} \tag{3.13}$$

式中，n 为样本个数；p 为指标个数。

（2）标准化处理

为使指标之间具有可比性，应对观察值进行标准化处理，通常采用的标准化方法为标准差标准化处理方法，对原始观察数据计算求出它们的标准化观察值矩阵 Y。

$$Y = \begin{pmatrix} y_{11} & \cdots & y_{1p} \\ \vdots & \ddots & \vdots \\ y_{n1} & \cdots & y_{np} \end{pmatrix} \qquad (3.14)$$

（3）计算相关系数矩阵

求它们的相关系数矩阵 R 以研究标准化观察值矩阵中各指标的相互关系。

$$R = \begin{pmatrix} r_{11} & \cdots & r_{1p} \\ \vdots & \ddots & \vdots \\ r_{n1} & \cdots & r_{np} \end{pmatrix} \qquad (3.15)$$

r_{ij} 的计算公式为 $r_{ij} = \dfrac{1}{n-1} \sum\limits_{i=1}^{n} y_{ji} y_{ij} (i, j = 1, 2, \cdots, p)$。

（4）求特征值和特征向量

根据特征方程 $|R - \lambda I| = 0$，计算特征值 $\lambda_i (i = 1, 2, \cdots, p)$。将特征值依大小顺序排列，$\lambda_1 > \lambda_2 > \cdots > \lambda_p$，则第 k 个主成分的方差贡献率为 $\beta_k = \lambda_k (\sum\limits_{j=1}^{p} \lambda_j)^{-1}$，前 k 个主成分的累计贡献率为 $\sum\limits_{j=1}^{k} \lambda_k (\sum\limits_{j=1}^{p} \lambda_j)^{-1}$。

（5）选择主成分

选择 m 个主成分，实际中通常所取主成分的累计贡献率达到 80% 以上，即 $\sum\limits_{j=1}^{k} \lambda_k (\sum\limits_{j=1}^{p} \lambda_j)^{-1} \geqslant 80\%$。

根据以上五个步骤，通过样本数据对定性选定的候选指标进行主成分分析，可确定最终的湿地健康评价体系指标。

四、冗余分析法

（一）冗余分析原理

冗余分析（redundancy analysis，RDA）是约束性排序线性模型，其排序轴是参与排序的环境变量的线性组合，解释变量对于响应变量的影响被集中在合成的排序轴上，可从统计学的角度来评价一个或一组变量与另一组多变量数据之间的相互关系。在统计学中，冗余分析是通过原始变量与典型变量之间的相关性，分析引起原始变量变异的原因。以原始变量为因变量，典型变量为自变量，建立线性回归模型，则相应的确定系数等于因变量与典型变量间相关系数的平方。其描述了由因变量和典型变量的线性关系引起的因变量变异在因变量总变异中的比例。

RDA 是基于对应分析发展而来的一种排序方法，将对应分析与多元回归分析结合，每一步计算均与环境因子进行回归，又称多元直接梯度分析。此分析主要用来反映菌群与环境因子之间的关系。RDA 主要基于线性模型进行分析，可以检测环境因子、样本、菌群三者之间的关系或者两两之间的关系。

RDA 的选择原则：使用 Species Table 数据进行去趋势对应分析 (detrended correspondence analysis，DCA)，看分析结果中 Axislengths 的第一轴的大小，如果大于 4.0，就应该选典范对应分析 (canonical correspondence analysis，CCA)，如果在 3.0 ~ 4.0，选 RDA 和 CCA 均可，如果小于 3.0，RDA 的结果要好于 CCA。

（二）冗余分析的步骤

冗余分析的步骤具体如下：执行选定物种与环境变量的线性回归（若仅存在一个环境解释变量，故此回归为一元线性回归；当存在多解释变量时，即为多元线性回归），将回归模型拟合的物种丰度值存储在拟合值矩阵，物种丰度的残差值存储在残差值矩阵。如此对物种组成矩阵中的所有物种重复相同的操作，最终获得包含所有物种丰度拟合值及残差值的两个矩阵。回归过程执行完毕后，使用 PCA，在拟合值矩阵中提取约束的排序轴，并在残差值矩阵中提取非约束的排序轴。

RDA 排序结果产生的约束轴的数量为 $\min\ [p，m，n-1]$；如果同时获得非约束排序结果（即 PCA），则非约束轴的数量为 $\min\ [p，n-1]$。其中，p 为响应变量数量；m 为定量解释变量数量以及定性解释变量（因子变量）的因子水平的自由度（即该变量因子水平数减 1）；n 为排序对象数量。

第二节 典型湿地大型水生植被群落与水环境因子关系

白洋淀湿地被誉为"华北明珠"，是浅水草型湖泊的典型代表，淀内面积 366.0km²，平均水深仅 2.84m，挺水植物、沉水植物群落广布，具有格局分布复杂性和水文过程多样性的特点。本节以白洋淀为典型湿地研究对象，分析了白洋淀湿地大型水生植被群落特征与水环境因子的响应关系。

一、大型水生植被的物种多样性及功能多样性变化

多样性指标的计算一般基于点位数据，因此多样性是在单个点位水平上计算的。α 多样性主要关注局部单一均匀生境下的物种数目，因此也被称为生境内的多样性。我们选取 14 个采样点位，计算了不同点位下 α 多样性的平均值±标准误。在 3 个水位区共记录了 25 科 39 属 51 种。其中，低水位区为 13 科 16 属 18 种，中水位区为 18 科 28 属 36 种，高水位区为 18 科 24 属 26 种。

我们研究了不同点位下的分类 α 多样性（图 3.2），中水位区的群落物种多度和丰富度显著高于低水位区（中水位，$S=13.95\pm1.40$，$H'=2.29\pm0.08$；低水位，$S=8.88\pm0.53$，$H'=1.98\pm0.05$），种群数量不平衡，优势种显著（中水位，$E_a=0.74\pm0.03$，$D=0.86\pm0.01$；低水位，$E_a=0.82\pm0.02$，$D=0.83\pm0.01$）。分类 α 多样性在低水位区和中水位区之间有显著差异，中水位区 S、H'、D 值显著高于低水位区（S，$F=14.767$，$p=0.003$；H'，$F=6.840$，$p=0.003$；D，$F=0.369$，$p=0.014$），低水位区 E_a 显著升高（$F=2.588$，$p=0.023$）。

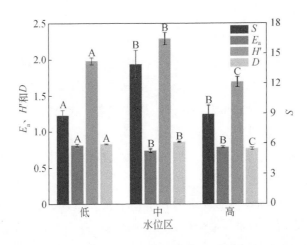

图 3.2　不同水位分类 α 多样性指数值（平均值±标准误）

S 为 Patrick 丰富度指数（物种数目）；E_a 为 Alatalo 均匀度指数；H' 为 Shannon-Wiener 指数；D 为 Simpson 多样性指数；值为平均值±标准误（$n=14$）；不同区域采用不同字母进行标记，条形图差异显著（t 检验，$p<0.05$）

高水位区群落物种多度和丰富度明显低于中水位区（高水位，$S=9.00\pm0.87$，$H'=1.69\pm0.07$；中水位，$S=13.95\pm1.40$，$H'=2.29\pm0.08$），物种数量相对平衡，没有显著的优势种（高水位，$E_a=0.79\pm0.02$，$D=0.77\pm0.02$；中水位，$E_a=0.74\pm0.03$，$D=0.86\pm0.01$）。S、H'、D 在高水位区时显著低于中水位区（S，$F=5.630$，$p=0.006$；H'，$F=1.600$，$p<0.001$；D，$F=5.829$，$p<0.001$；图 3.2），高水位区 E_a 略高于中水位区（$F=5.888$，$p=0.122$），E_a 值差异不显著。

与低水位区相比，高水位区群落物种数目的均匀性较高，优势种明显较少（高水位，$H'=1.69\pm0.07$，$D=0.77\pm0.02$；低水位，$H'=1.98\pm0.05$，$D=0.83\pm0.01$）。高水位区 H' 和 D 值显著低于低水位区（H'，$F=1.989$，$p=0.002$；D，$F=9.051$，$p=0.002$；图 3.2），但 S 和 E_a 值在高、低水位区之间的差异不显著（S，$F=4.173$，$p=0.901$；E_a，$F=2.085$，$p=0.229$）。

图 3.3 显示了不同点位下功能 α 多样性的情况，低水位区 RaoQ 值显著高于中水位区和高水位区（中水位，$p=0.024$；高水位，$p<0.001$），中水位区略高于高水位区 RaoQ 值

（$p=0.689$），但差异不显著。不同水位下 FEve 差异显著（$F=11.559$，$p<0.001$），中水位区 FEve 显著低于低水位区和高水位区（低水位，$p<0.001$；高水位，$p=0.037$），低水位区 FEve 显著高于高水位区（$p=0.021$）。FRic 和 FDiv 在不同水位状态之间没有显著差异（FRic，$F=1.765$，$p=0.183$；FDiv，$F=1.703$，$p=0.193$）。低水位区物种功能性状的生态位分化程度和均匀度最高（RaoQ $=2.71\pm0.06$；FEve $=0.80\pm0.01$；FRic $=5.09\pm0.55$；FDiv $=0.84\pm0.01$）。在中水位区，群落物种功能特征的均匀度最低（FEve $=0.72\pm0.01$），生态位分化程度高，物种丰富度高（RaoQ $=2.33\pm0.14$；FRic $=5.72\pm0.90$；FDiv $=0.81\pm0.02$）。高水位区群落物种功能特征的均匀度显著高于中水位区，生态位分化程度相近（FEve $=0.76\pm0.01$；RaoQ $=2.26\pm0.10$；FRic $=3.67\pm0.74$；FDiv $=0.84\pm0.01$）。

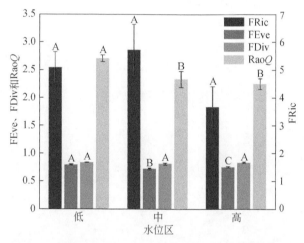

图 3.3　不同水位功能 α 多样性指数（平均值±标准误）

FRic 为功能丰富度，FEve 为功能均匀度，FDiv 为功能离散度，RaoQ 为饶式二次熵；$n=14$；

不同字母标记为差异显著（方差分析经过 LSD 检验，$p<0.05$）

二、大型水生植被与环境因子的关系

表 3.2 总结了前两个轴的 RDA 结果。在中水位区下，RDA 结果最弱，解释率较低（26%），说明环境因素对 α 多样性的影响较小，非环境因素对 α 多样性的影响占主导地位。

表 3.2　冗余分析结果　　　　　　　　　　（单位：%）

水位	解释率	
	轴1	轴2
低	60.01	4.80
中	25.07	0.93
高	60.96	1.68

低水位区和高水位区下，RDA 轴的解释率分别为 64.81% 和 62.64%。对于该区的大型植物群落，环境因素可以解释大部分 α 多样性的变化，因此环境因素是影响其分类和功能 α 多样性的主要因素。通过比较 RDA 前两个轴上环境因子的特征值（图 3.4），我们发现在高水位区和低水位区下，水位和水质是影响 α 多样性的主要因素，而对中水位区影响不大。

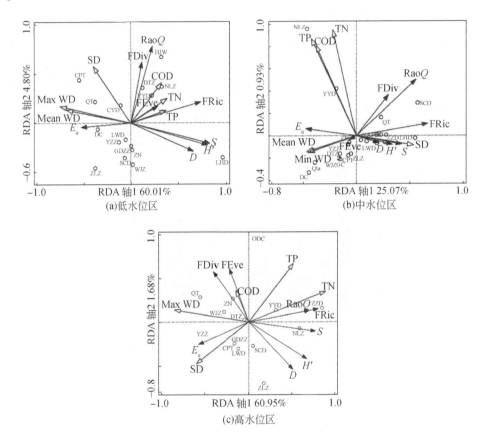

图 3.4 环境因子对 α 多样性指标影响的冗余分析

COD 为化学需氧量；D 为 Simpson 多样性指数；E_a 为 Alatalo 均匀度指数；FDiv 为功能离散度；FEve 为功能均匀度；FRic 为功能丰富度；H' 为 Shannon-Wiener 指数；Max WD 为最大水深；Mean WD 为平均水深；Min WD 为最小水深；RaoQ 为饶式二次熵；S 为 Patrick 指数；SD 为透明度；TN 为总氮；TP 为总磷；灰色圆圈为采样点名称缩写（烧车淀 SCD、南刘庄 NLZ、鸳鸯岛 YYD、寨南 ZN、王家寨 WJZ、扬庄子 YZZ、捞王淀 LWD、圈头 QT、藻苲淀 ZZD、光淀张庄 GDZZ、枣林庄 ZLZ、东田庄 DTZ、端村 DC、采蒲台 CPT、池鱼淀 CYD、莲花淀 LHD、胡家洼 HJW）

表 3.3 总结了分析中所有变量的特征值。在低水位区，最大水深、总氮和化学需氧量对分类和功能 α 多样性的影响较大（贡献率分别为 51.5%、14.2% 和 13.3%）。在中水位区，平均水深、透明度和总氮对 α 多样性的影响较大（贡献率分别为 47.7%、27.3% 和 16.8%）。在高水位区，总氮、最大水深和化学需氧量对 α 多样性表现出强烈的影响（贡

献率分别为 76% 、14.8% 和 4.2%)。总而言之，总氮强烈地影响了三种水位体系的 α 多样性。此外，水深对三种水位状态都有较强的影响，低水位促进沉水植物的生长，高水位抑制挺水植物的生长，中水位促进群落物种丰富度和多度。

表 3.3 RDA 分析中各变量的贡献率　　　　　　　（单位:%）

环境因子	贡献率		
	低	中	高
平均水深	9.9	47.7	<0.1
最大水深	51.5	<0.1	14.8
最小水深	<0.1	0.4	<0.1
透明度	9	27.3	3.7
总氮	14.2	16.8	76
总磷	2.2	6.9	1.3
化学需氧量	13.3	0.9	4.2

图 3.4 总结了三种水位体系的 α 多样性与 8 个 α 多样性指标和 7 个环境因子的关系。在低水位区，最大水深和平均水深主要对 E_a 产生正面影响，对 S、H' 和 D 产生负面影响 [图 3.4（a）]。总氮对 FRic 和 FEve 有较强的正面影响，化学需氧量对 FEve、FDiv 和 RaoQ 有较强的正面影响。在中水位区，平均水深和最小水深对 E_a 有显著的正面影响，对 S、H'、D 和 FRic 有显著的负面影响，而透明度则表现出相反的关系 [图 3.4（b）]。在高水位区，最大水深对 E_a 主要产生正面影响，对 S、H'、FRic 和 RaoQ 产生负面影响 [图 3.4（c）]。总氮对 FRic 和 RaoQ 有较强的正面影响，对 E_a 有负面影响。化学需氧量对 FDiv 和 FEve 有较强的正面影响，对 D 和 H' 有负面影响。

综上所述，在三个水位中总氮和 COD 对 α 多样性有显著积极影响，最大水深对 α 多样性有显著负面影响。

第三节　典型湿地浮游动物群落与水环境因子关系

一、浮游动物群落与水环境因子的相关性分析

（一）浮游动物群落与生态环境要素的相关性分析

浮游动物作为初级消费者和水生食物链的关键环节，通过"上行效应"和"下行效应"制约初级生产者和高营养水平消费者的群落结构，在水生生态系统的物质循环、能量

流动及信息传递中起着关键作用（Ye et al., 2013；Xiong et al., 2017；Liu et al., 2020）。又因其对水环境变化响应较为灵敏，且对不同环境因子适应能力具有种间差异性（Xiong et al., 2017），浮游动物的群落组成、丰度及优势种的变化常被认为是水环境变化的直接体现（Vereshchaka et al., 2019；Liu et al., 2020）。了解和掌握浮游动物群落结构特征与水环境因子的关系，更有利于制定或调整湖泊生态系统修复和保护方案（Florencio et al., 2020）。国内外对水生生态系统的浮游动物研究多集中于特定时间段的生态调查，分析其物种组成、群落结构、丰度、多样性指数等（王丽等，2016；MacLeod et al., 2018），也有学者用来指示水环境的变化并应用于湖泊、水库等的水质状况和健康状态评价（Stamou et al., 2019；Yao et al., 2020）。

选取"水位""总磷浓度""浮游动物种类""湿地面积""耕地面积"指标，分别代表水文、水质、水生生物与景观格局要素，进行生态环境要素间相关性分析（表3.4）。由表3.4可见，水文与水质、水生生物要素密切相关，相关系数分别为−0.865和0.800，且影响显著性较大。水质与水生生物存在一定相关性，水质下降时，水生生物种类减少，影响显著性较小。景观格局要素与水文要素的相关性较强，相关系数为0.800。

表3.4　各要素间相关性分析结果

表征指标	Spearman 检验	水位	总磷浓度	浮游动物种类	湿地面积	耕地面积
水位	相关系数	1.000	—	—	—	—
	Sig. 值（双侧）	—	—	—	—	—
总磷浓度	相关系数	−0.865	1.000	—	—	—
	Sig. 值（双侧）	0.039	—	—	—	—
浮游动物种类	相关系数	0.800	−0.623	1.000	—	—
	Sig. 值（双侧）	0.050	0.049	—	—	—
湿地面积	相关系数	0.800	−0.138	0	1.000	—
	Sig. 值（双侧）	0.050	0.954	1.000	—	—
耕地面积	相关系数	−0.594	0.052	−0.714	−0.300	1.000
	Sig. 值（双侧）	0.046	0.713	0.176	0.624	—

（二）水生态环境退化的影响因素

1. 气候条件变化的影响

以"降水量"和"蒸发量"代表气候条件，"总磷浓度"代表水质，"湿地与水面面积"和"浮游动物种类"代表水生态，采用曲线回归分析方法，得到了降水量、蒸发量变化与水质、水生态指标的关系（图3.5）。由图3.5可见，随着降水量的增加，总磷浓度显著下降［图3.5（a）］，湿地与水面面积增长［图3.5（b）］，浮游动物种类也会增加

[图3.5（c）]，表明降水量变化对水质、水生态有较为明显的影响。而随着蒸发量的增加，湿地与水面面积快速下降 [图3.5（d）]，但浮游动物种类变化的影响并不明显。庄长伟等（2011）、Gao 等（2011）的研究也表明，由气温升高等导致的降水量下降和蒸发量上升，叠加人类活动影响，引起白洋淀水位降低、入淀水量减少、湿地与水面面积下降、水质下降，浮游动物种类和数量也受到影响。刘志伟等（2019）对青藏高原湿地近30年的生态环境变化、董晓玉等（2019）对青海湿地变化和梁益同等（2018）对洪湖湿地变化的研究也得出类似结论。

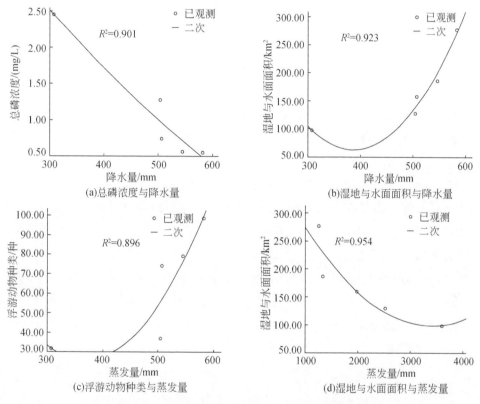

图3.5 气候条件指标与水质、水生态指标关系

2. 入淀水量变化的影响

以"总磷浓度"代表水质要素，"湿地与水面面积"和"浮游动物种类"代表水生态要素，采用曲线回归分析法，得到入淀水量变化与水质、水生态的关系（图3.6）。由图3.6可见，随着入淀水量增加，总磷浓度下降 [图3.6（a）]，湿地与水面面积上升 [图3.6（b）]，而浮游动物种类对水量变化的响应并不显著，表明水量仍然是白洋淀湿地变化的重要驱动因子，增加补水量是提升水环境质量的有效方法，但水生态是多种干扰源综合作用的结果，其响应具有滞后性。李涛（2013）对河北省平原湿地和夏热帕提·阿不来提等（2017）对黄河上游河道湿地变化的驱动因子的研究也得到基本一致的结论。

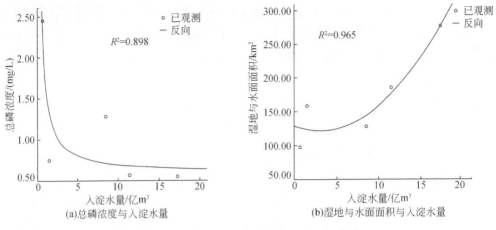

(a)总磷浓度与入淀水量　　　　　　　(b)湿地与水面面积与入淀水量

图3.6　入淀水量与水质和水生态指标关系

3. GDP 和人口数量的影响

保定市是白洋淀流域的主要城市，总面积占白洋淀上游总面积的78%，是 GDP 的主要贡献区。以保定市的 GDP 和人口数量代表上游的社会经济活动强度，采用曲线回归分析法，得到 GDP 和人口数量对白洋淀水质、水生态的关系（图3.7）。

由图3.7可知，随着 GDP 的增长，浮游动物种类下降 ［图3.7（a）］，湿地与水面面积呈减少趋势 ［图3.7（b）］，总磷浓度迅速上升 ［图3.7（c）］。随着人口数量的增加，浮游动物种类减少 ［图3.7（d）］，湿地与水面面积下降 ［图3.7（e）］，总磷浓度上升 ［图3.7（f）］，说明流域 GDP 增长与人口数量增长是水质、水生态变化的重要驱动因子，这源于 GDP 增长与人口数量增长导致的用水量与废水排放量的增长，以及对湿地人为侵占等活动的增加，魏帆等（2018）在围垦等人类活动对环渤滨海湿地变化的影响研究中也得到基本一致的结论。

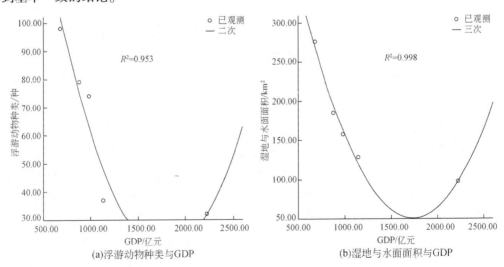

(a)浮游动物种类与GDP　　　　　　　(b)湿地与水面面积与GDP

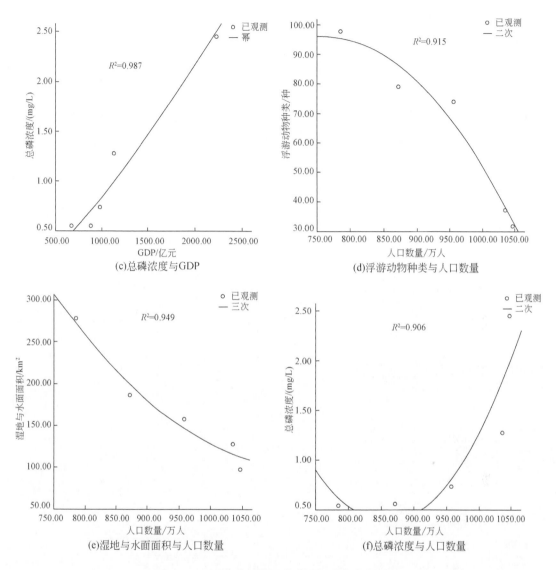

(c)总磷浓度与GDP

(d)浮游动物种类与人口数量

(e)湿地与水面面积与人口数量

(f)总磷浓度与人口数量

图3.7　GDP和人口数量与水质及水生态的关系

二、湿地浮游动物群落对水环境的响应

本节对不同时期和不同季节的白洋淀浮游动物进行多次生态调查，分析白洋淀浮游动物群落结构变化、优势种组成及其生态位指数，并结合水环境因子数据，采用冗余分析对白洋淀浮游动物群落结构与水环境因子的关系进行研究，探究白洋淀浮游动物群落结构变化的主要影响因子，以期为白洋淀水环境的恢复及科学管理提供理论依据。

（一）浮游动物群落优势种及生态位变化分析

2009 年和 2019 年浮游动物优势种分别为 12 种（11 种轮虫、1 种桡足类）和 7 种（均为轮虫）（表 3.5）。针簇多肢轮虫（S1）、角突臂尾轮虫（S2）和螺形龟甲轮虫（S8）是两个时期的共同优势种，但其优势度有差异。例如，2019 年角突臂尾轮虫（S2）优势度较 2009 年降低了 58.82%，而螺形龟甲轮虫（S8）优势度是 2009 年的 5.8 倍。矩形龟甲轮虫（S9）和萼花臂尾轮虫（S7）等富营养型指示种在 2019 年仍存在，但已不是优势种。

表 3.5　2009 年和 2019 年浮游动物优势种及优势度

优势种	编码	优势度（Y）	
		2009 年	2019 年
针簇多肢轮虫（*Polyarthra trigla*）	S1	0.221	0.280
角突臂尾轮虫（*Brachionus angularis*）	S2	0.119	0.049
刺盖异尾轮虫（*Trichocerca capucina*）	S3	0.050	/
腹足腹尾轮虫（*Gastropushy ptopus*）	S4	0.039	/
迈氏三肢轮虫（*Filinia maior*）	S5	0.030	/
暗小异尾轮虫（*Trichocerca pusilla*）	S6	0.029	/
萼花臂尾轮虫（*Brachionus calyciflorus*）	S7	0.028	——
螺形龟甲轮虫（*Keratella cochlearis*）	S8	0.025	0.145
矩形龟甲轮虫（*Keratella quadrata*）	S9	0.025	/
金鱼藻沼轮虫（*Limmias ceratophylli*）	S10	0.025	/
柱头轮虫（*Eosphora* sp.）	S11	0.024	/
无节幼体（*Nauplius*）	S12	0.054	——
螺形龟甲轮虫无脊变种（*Keratella cochlearis tecta*）	S13	/	0.118
异尾轮虫（*Trichicerca* sp.）	S14	/	0.082
裂痕龟纹轮虫（*Anuraeopsis fissa*）	S15	/	0.077
对棘异尾轮虫（*Trichocerca stylata*）	S16	/	0.026

注：/ 表示该物种未出现；—— 表示物种检出了但不是优势种。

不同时期白洋淀浮游动物优势种的生态位宽度值有显著差异（图 3.8，$p<0.01$），其中 2009 年为 1.147~2.400，而 2019 年增加到 2.149~2.530，共同优势种螺形龟甲轮虫（S8）、针簇多肢轮虫（S1）及角突臂尾轮虫（S2）的生态位宽度分别增加了 22.11%、8.75% 和 9.76%。

两个时期白洋淀浮游动物优势种生态位重叠值见表 3.6 和表 3.7。2009 年 12 个优势种间生态位重叠值为 0.090~0.915，平均值为 0.502，且属于高度、中度及低度重叠者的

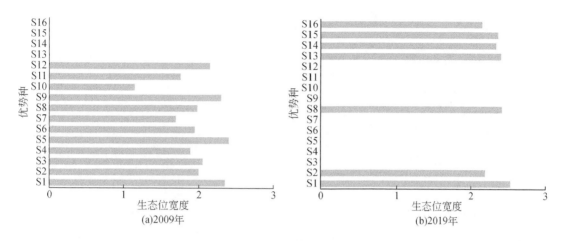

图 3.8　两个时期白洋淀浮游动物优势种生态位宽度值

占比分别为 31.82%、48.48% 和 19.70%。广生态位刺盖异尾轮虫（S3）与针簇多肢轮虫（S1）、腹足腹尾轮虫（S4）、无节幼体（S12）的生态位重叠度较高，分别为 0.735、0.915 和 0.781。针簇多肢轮虫（S1）、迈氏三肢轮虫（S5）和矩形龟甲轮虫（S9）等一些生态位宽度相近的种群之间同样表现出较高生态位重叠度，均大于 0.6。2019 年 7 个浮游动物优势种间的生态位重叠值为 0.370 ~ 0.906，平均值为 0.679，属于高度重叠者的占比高达 61.90%，其余均属中度重叠者。生态位宽度最宽的针簇多肢轮虫（S1）与螺形龟甲轮虫（S8）、螺形龟甲轮虫无脊变种（S13）、异尾轮虫（S14）、裂痕龟纹轮虫（S15）均有着较高重叠度（>0.8）。

表 3.6　2009 年白洋淀浮游动物优势种间生态位重叠值

物种	S1	S2	S3	S4	S5	S6	S7	S8	S9	S10	S11
S2	0.865										
S3	0.735	0.631									
S4	0.645	0.623	0.915								
S5	0.739	0.555	0.553	0.510							
S6	0.515	0.412	0.629	0.569	0.557						
S7	0.642	0.893	0.479	0.487	0.287	0.308					
S8	0.475	0.402	0.369	0.391	0.581	0.383	0.204				
S9	0.629	0.370	0.330	0.263	0.770	0.490	0.227	0.502			
S10	0.380	0.290	0.157	0.220	0.597	0.281	0.090	0.310	0.585		
S11	0.465	0.462	0.484	0.637	0.466	0.418	0.288	0.848	0.288	0.267	
S12	0.788	0.744	0.781	0.836	0.638	0.421	0.468	0.620	0.313	0.292	0.767

表 3.7 2019 年白洋淀浮游动物优势种间生态位重叠值

物种	S1	S2	S8	S13	S14	S15
S2	0.582					
S8	0.865	0.415				
S13	0.906	0.461	0.883			
S14	0.821	0.700	0.697	0.635		
S15	0.812	0.370	0.787	0.830	0.557	
S16	0.685	0.800	0.592	0.742	0.555	0.563

国内外研究表明，许多湖泊的浮游动物群落结构均是以轮虫类为主，个体较大的枝角类和桡足类占比较少（龚勋等，2019），如对鄱阳湖（吕乾等，2019）和呼伦湖（姜忠峰等，2014）浮游动物的调查均发现轮虫物种数占比高于 50%，本研究显示，白洋淀浮游动物中轮虫类为优势类群，这可能归因于轮虫独特的孤雌生殖方式，个体较小，发育时间短，使其能迅速适应水体理化环境从而快速繁殖生长（饶利华等，2013；郑金秀等，2014）；同时白洋淀 pH 为 7.65～8.61，介于 7～9，比较利于轮虫的生长（Bruno and Pejler，1987）；另外，白洋淀中蓝藻属于浮游植物优势种群（杨薇等，2019），其会限制枝角类和桡足类的生长（Zhang et al.，2013），且在本次调查中，白洋淀轮虫类物种数占比从 2009 年的 67.86% 降低为 2019 年的 55.81%，这一现象在我国其他湖泊中也有出现，杨佳等（2020）探究了近 20 年来太湖梅梁湾浮游动物群落结构的演变，发现轮虫类物种数占比从 63.11% 下降至 48.70%。

多项研究表明，湖泊中轮虫丰度占较大优势，枝角类和桡足类对丰度的贡献很小，且一般不形成优势（郭坤等，2017），调查发现，2019 年白洋淀浮游动物优势种均为轮虫类。相关研究指出，浮游动物优势种在年际间存在明显差异（聂雪等，2018），且浮游动物第一优势种的优势地位特别明显（吕乾等，2019），如聂雪等（2018）对沙湖 2012～2016 年浮游动物的调查显示，优势种从 7 种减少为 3 种，其共同优势种仅 1 种；沙湖各月份的浮游动物第一优势种密度均显著高于第二优势种密度（吕乾等，2019）。研究结果与上述报道一致，白洋淀浮游动物优势种从 2009 年的 12 种减少为 2019 年的 7 种，其共同优势种仅 3 种（针簇多肢轮虫、角突臂尾轮虫及螺形龟甲轮虫），且各时期第一优势种优势度均显著高于第二优势种优势度。上述优势种也在我国其他淡水湖泊中处于优势地位，如螺形龟甲轮虫是广布性种类，具有较强的生态适应性和耐污能力，也是鄱阳湖（聂雪等，2018）、呼伦湖（饶利华等，2013）浮游动物的优势种；耐污种针簇多肢轮虫是太湖（代培等，2019）、巢湖（李怀国等，2017）浮游动物的优势种。

（二）浮游动物群落对水环境因子的响应关系

除溶解氧无显著差异之外，2019 年白洋淀水质指标与 2009 年相比，均有显著提升

（$p<0.05$，图3.9）。总磷、总氮及氨氮等营养物质变化最为明显，与2009年相比，总磷从（0.40±0.60）mg/L减少到（0.05±0.04）mg/L；总氮从（6.37±8.60）mg/L减少到（2.19±1.88）mg/L；氨氮从（3.46±8.19）mg/L减少到（0.41±0.30）mg/L。

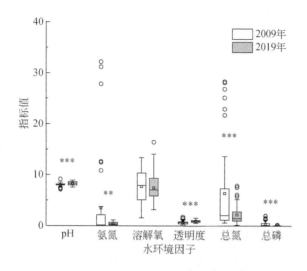

图3.9　2009年和2019年白洋淀的水质变化

pH无量纲，透明度单位为m，氨氮、溶解氧、总氮、总磷单位为mg/L；＊＊$p<0.05$，＊＊＊$p<0.01$

白洋淀水质指标在空间分布上的差异及变化较为显著（图3.10）。例如，在2009年，白洋淀南部和北部地区的pH为全淀区最低，但在2019年，南部和北部地区的pH为全淀范围内最高。两个时期里，白洋淀西部地区的总氮浓度始终高于东部地区，且府河入淀口（#9）和南刘庄（#8）的总氮浓度始终是全淀区最高。

白洋淀浮游动物的物种数及密度分布存在空间异质性（图3.11），2009年，浮游动物物种数在北部地区较高，最高值出现在鸳鸯岛（#7），检测出浮游动物30种，枣林庄

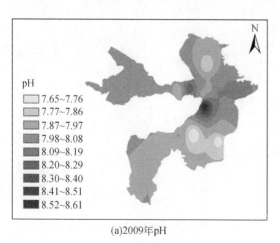

(a)2009年pH

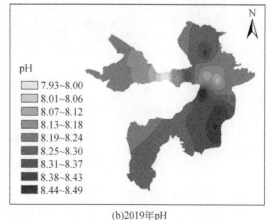

(b)2019年pH

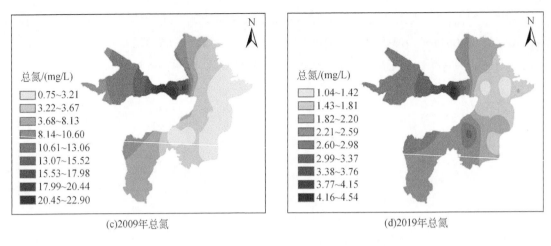

图3.10 2009年和2019年白洋淀水质指标空间分布

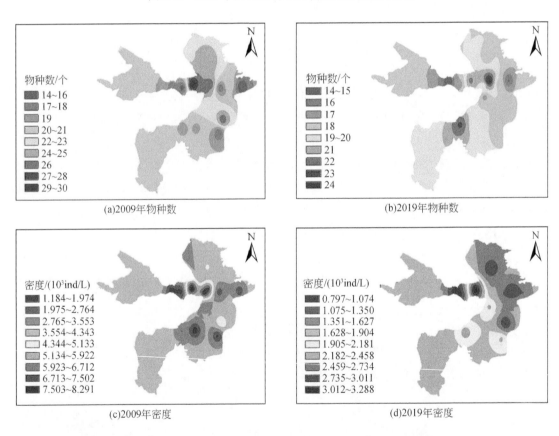

图3.11 两个时期白洋淀浮游动物物种数及密度的空间分布变化

（#3）检出物种数最少，仅14种；2019年，白洋淀南部和北部地区的浮游动物物种数较均衡，最高值出现在王家寨（#5），浮游动物为24种，其次是端村（#12），为22种，府河入淀口（#9）的浮游动物物种数最少，仅14种。和2009年相比，白洋淀北部地区的浮游动物密度大幅降低，密度最低值始终是府河入淀口（#9），减少了 60.44%；密度最高值均出现在鸳鸯岛（#7），降低了 32.69%。

对白洋淀浮游动物群落结构特征指标与水环境因子之间的关系进行了 RDA 排序（图 3.12）。2009 年前两个排序轴的特征值分别为 0.2805 和 0.1989，其解释率为 47.94%，浮游动物群落结构变化整体上由溶解氧和 pH 主导，总磷、总氮、氨氮也是重要的影响因子。7 种优势种（S1、S3、S4、S6、S8、S10、S11）与溶解氧和 pH 正相关，共同优势种 S1 和 S8 均与 pH、溶解氧和透明度正相关，与总氮、总磷和氨氮负相关；共同优势种 S2 与总氮、总磷和氨氮正相关，与透明度负相关。2019 年前两个排序轴的特征值分别为 0.4891 和 0.08398，其解释率为 57.308%，浮游动物群落结构仍存在明显的分化现象，整体上由 pH、总氮、溶解氧和透明度主导，3 个优势种（S8、S13、S15）和 pH、透明度正相关，与总磷负相关；3 个优势种（S1、S2、S14）与总氮、溶解氧正相关。

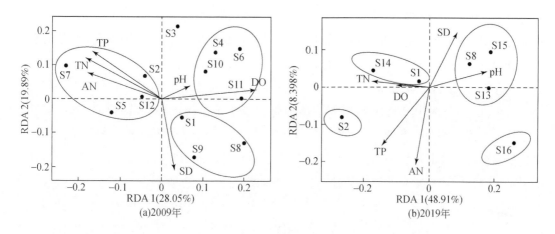

图 3.12 2009 年和 2019 年白洋淀浮游动物优势种生态位宽度与水环境因子的 RDA 排序

AN 为氨氮

浮游动物优势种常用来指示水质状态（Sládeček，1983），调查显示，白洋淀的污染指示种尤其是富营养水体指示种数量减少，非污染指示种数量增加，这在一定程度上体现了白洋淀富营养化程度的降低。浮游动物的自主运动能力较弱，具有随波逐流的特点，因此水环境的变化对浮游动物群落结构分布起着主导作用。在本研究中，两个时期内白洋淀的溶解氧变化不显著，因此其对针簇多肢轮虫（S1）的影响程度仍很高，针簇多肢轮虫（S1）始终是白洋淀优势度最高的物种；而营养指标总氮、总磷和氨氮均显著降低，使得主要受其影响的角突臂尾轮虫（S2）的优势度降低了 58.82%；另外，白洋淀透明度显著增加，促使受其影响的螺形龟甲轮虫（S8）的优势度增至 5.8 倍。本研究冗余分析结果显示，两个时期第一排序轴均反映了 pH、溶解氧和总氮对白洋淀浮游动物优势种分布的直接影响。总体而言，浮游动物的生态位在一定程度上反映了物种和所处水环境之间的关系，水环境因子的差异使得白洋淀浮游动物的动态分布具有复杂性。在两个时期，白洋淀浮游动物中生态位重叠值最低的种对均在富营养化指标（总氮、总磷、氨氮）及理化指标（pH、溶解氧）上明显分化，如角突臂尾轮虫（S2）是典型的富营养型指示种，其大量分布在采样点，金鱼藻沼轮虫（S10）均未出现，其生态适应性的不同导致时空分布的差异，从而造成两者间重叠度很低。因此，揭示浮游生物群落结构和水环境因子的关系可为湖泊生态恢复提供科学的理论支撑。

（三）浮游动物生态位分化对淡水生态系统演变的指示作用

生态位宽度反映物种占有空间资源的多少、分布范围和均匀程度，有研究发现，优势种生态位宽度侧重于物种的资源位点数量，与分布站点密切相关（Bruno and Pejler, 1987）。本次调查中，白洋淀浮游动物优势种表现出较强的一致性。2009 年生态位宽度较大的迈氏三肢轮虫（S5）和针簇多肢轮虫（S1）等在全淀均有分布，而生态位宽度最小的金鱼藻沼轮虫（S10）仅出现在中部和南部地区。2019 年，生态位宽度最大的优势种针簇多肢轮虫（S1）和螺形龟甲轮虫（S8）分布在全淀范围，而生态位宽度最小的对棘异尾轮虫（S16）在府河入淀口（#9）和南刘庄（#8）均未出现。生态位宽度较大的优势种分布站点较多，说明其对生境有较强的适应性，窄生态位的优势种群对环境的适应性较差，其分布范围在很大程度上受到环境因素的限制。有研究表明（Pandit et al., 2009），窄生态位物种主要对环境因素作出响应，广生态位物种主要对空间因素作出响应。和 2009 年相比，白洋淀部分富营养型优势种的生态位宽度较高，且大幅增加，表现出对环境更强的适应能力，部分富营养型优势种不再占优势，甚至未在 2019 年调查中发现。从生态位理论的角度看，群落的演替就是群落中的物种逐渐替换为生态位宽度较宽、适应能力强的物种的过程（汤雁滨等，2016）。总体来说，白洋淀浮游动物优势种生态位宽度的年际差异较大（p<0.01），种群之间利用资源的互补性较强，这可能与白洋淀水环境在时空尺度上的多样化及各优势种对环境适应能力的差异有关。

相关研究表明（Hardin, 1960；汤雁滨等，2016），生态位宽度较大的物种也会与其他许多优势种表现出较高的生态位重叠度。本次研究中，和 2009 年相比，2019 年白洋淀浮游动物优势种的平均生态位重叠指数增加了 35.26%，且属于高度重叠者的种对占比增加了 30.08%。生态位宽度最宽的针簇多肢轮虫（S1）与螺形龟甲轮虫（S8）、螺形龟甲轮虫无脊变种（S13）、异尾轮虫（S14）、裂痕龟纹轮虫（S15）均有着很高的重叠度，生态位重叠度均在 0.8 以上。这些现象说明白洋淀浮游动物物种间对资源的竞争增强。另外，白洋淀的浮游动物优势种存在较明显的生态位分化（图 3.9），如优势种角突臂尾轮虫（S2）和对棘异尾轮虫（S16）之间的生态位重叠度高达 0.8，但其存在明显的生态位分化现象。生态位分化通常被认为是有利于生态和功能相似的物种共存的关键过程（Angert et al., 2009；张梦嫚和吴秀芹，2018），其通过多种方式减少物种对有限资源或生存空间的竞争（Hardin，1960）。因此，生态位分化有助于促进物种共存和维持整个生物多样性（Chesson，2000；Penk et al.，2018）。

第四节　典型湿地底栖生物群落与水环境因子关系

滨海盐沼湿地受到陆地和海洋生态系统的共同影响，具有垂直岸线水盐、高程梯度变化及植被条带状分布格局的特征，发挥着独特的生态调节等作用。底栖动物栖息地相对固定、活动范围较小且生活周期较短、直接接触底泥，对环境变化特别是水盐条件具有很好的指示作用。本节分析了大型底栖动物群落对水环境因子的响应关系。

一、湿地沉积物盐度和含水量的变化

湿地生态修复工程是挽救湿地生态，改善湿地生态结构、过程和功能的重要手段。通过生态补水等措施直接保证了湿地生态系统的水量或水位需求，是改善湿地生态系统状况、促进其正向演变的有力保障。通过采取一系列淡水恢复措施，三个淡水恢复区的沉积物盐度和沉积物含水量都有显著差异（盐度，$F_{2,35} = 8.125$，$p = 0.001$；含水量，$F_{2,35} = 7.322$，$p = 0.002$；图 3.13）。Ⅲ区的沉积物盐度显著高于Ⅰ区（$p = 0.001$）和Ⅱ区（$p = 0.024$），但Ⅰ区和Ⅱ区（自 2010 年两区均有淡水输入）差异不显著（$p = 0.487$）。相比之下，Ⅰ区的含水量明显高于Ⅱ区（$p = 0.043$）和Ⅲ区（$p = 0.002$），但Ⅱ区和Ⅲ区（分别自 2010 年、2012 年输入淡水）没有显著差异（$p = 0.441$）。

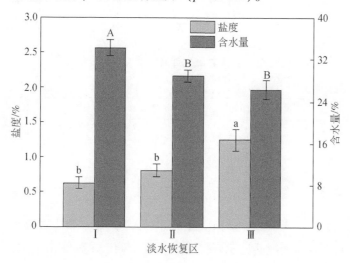

图 3.13　各淡水恢复区的沉积物盐度和含水量

不同字母标记为差异显著（方差分析经过 Tukey's HSD 检验，$p < 0.05$），以下同

二、湿地大型底栖动物生物多样性变化

早期研究中,物种数和物种多样性一直是恢复评价中最常见的指标（Pacini et al.,2009；Campbell et al., 2011）。有研究指出,生物多样性是多维的,并强调与单一维度方法相比,应基于两个或更多的维度进行分析（Korb et al., 2016；Naeem et al., 2016）。不同维度的多样性在恢复退化湿地的过程中可能会产生不同的特征,这是因为不同维度的多样性对环境梯度或压力的反应趋势和速率均不同（Wilsey et al., 2005；Gallardo et al.,2011；Nakamura et al., 2017）。在本研究中,关注生物多样性的多维性,强调基因多样性、物种多样性和功能多样性,以期提供更有价值的建议。

（一）基因多样性

三个基因多样性指标（Het_{Obs}、Het_{Exp} 和 P_i）在三个淡水恢复区之间产生了相似的情况（表3.8）。大型底栖动物的基因多样性在 I 区最高,其次是 II 区,在 III 区最低,但是 II 区的观察杂合度值较低。与上述结果相一致, I 区和 II 区之间的种群差异最小（F_{st}）, I 区和 III 区之间以及 II 区和 III 区之间的种群差异较大（表3.9）。

表3.8　各淡水恢复区大型底栖动物群落基因多样性

淡水恢复区	观察杂合度（Het_{Obs}）	期望杂合度（Het_{Exp}）	核苷酸多样性（P_i）
I	0.2329	0.2703	0.0037
II	0.0648	0.1725	0.0023
III	0.0705	0.0770	0.0004

表3.9　各淡水恢复区大型底栖动物基因分化（F_{st}）

淡水恢复区	I	II
II	0.1702	
III	0.5829	0.6771

（二）物种多样性

经野外调查采样,三个淡水恢复区共记录了 32 个大型底栖动物物种,隶属于 4 纲、3 门（表3.10）。其中,在 I 区共记录到 22 个物种,包括 4 个甲壳纲,17 个昆虫纲和 1 个腹足纲。在 II 区共记录到 21 个物种,包括 1 个多毛纲、5 个甲壳纲和 15 个昆虫纲。在 III 区共记录到 15 个物种,包括 2 个多毛纲、3 个甲壳纲和 10 个昆虫纲。

表 3.10 2014～2016 年各淡水恢复采集的大型底栖动物

门	纲	物种	Ⅰ区	Ⅱ区	Ⅲ区
环节动物	多毛纲	沙蚕属（*Nereis* sp.）			√
		背蚓虫（*Notomastus latericeus*）		√	√
节肢动物	甲壳纲	中华蜾蠃蜚（*Corophium sinense*）	√	√	√
		脊尾白虾（*Exopalaemon carinicauda*）		√	√
		玻璃钩虾科（Hyalidae）	√		
		细鳌虾（*Leptochela gracilis*）		√	
		新米虾属（*Neocaridina* sp.）	√	√	
		秀丽白虾（*Exopalaemon modestus*）		√	√
		长臂虾科（Palaemonidae）	√		
	昆虫纲	尖音牙虫属（*Berosus* sp.）	√	√	
		蠓科（Ceratopogonidae）	√	√	√
		羽摇蚊（*Chironomus plumosus*）	√	√	√
		青步甲（*Chlaenius* sp.）		√	
		残枝长跗摇蚊（*Cladotanytarsus mancus*）	√	√	
		螅科（Coenagrionidae）	√		
		划蝽科（Corixidae）	√	√	
		指突隐摇蚊（*Cryptochironomus rostratus*）		√	
		二叉摇蚊属（*Dicrotendipes* sp.）	√		√
		长足虻科（Dolichopodidae）	√		
		分齿异腹摇蚊（*Einfeldia dissidens*）	√	√	√
		恩菲摇蚊属（*Einfeldia* sp.）	√	√	
		雕翅摇蚊属（*Glyptotendipes* sp.）	√		
		德永雕翅摇蚊（*Glyptotendipes tokunagai*）			√
		鳞翅目（Lepidoptera）	√		√
		蜻科（Libellulidae）	√		
		软铗小摇蚊（*Microchironomus tener*）	√	√	√
		小划蝽（*Micronecta grisea*）		√	√
		多足摇蚊属（*Polypedilum* sp.）	√	√	√
		泥龙虱（*Rhantus* sp.）	√	√	
		绒铗长足摇蚊（*Tanypus vilipennis*）		√	
		长跗摇蚊（*Tanytarsus* sp.）	√	√	√
软体动物	腹足纲	凸旋螺（*Gyraulus convexiusculus*）	√		

各淡水恢复区大型底栖动物的 Shannon-Wiener 指数（H'）差异显著（$F_{2,35}=5.563$，$p=0.008$，图 3.14）。Ⅰ区的 H' 值显著高于Ⅱ区和Ⅲ区（Ⅱ区，$p=0.016$；Ⅲ区，$p=$

0.021），但是Ⅱ区和Ⅲ区之间没有显著差异（$p=0.993$）。Pielou 均匀度指数（J）在三个淡水恢复区间没有显著差异（$F_{2,32}=1.727$，$p=0.195$）。Simpson 多样性指数（D）在不同淡水恢复区间差异显著（$F_{2,32}=3.820$，$p=0.033$），Ⅰ区和Ⅲ区的 D 值显著高于Ⅱ区（$p=0.031$）。Margalef 丰富度指数（d）在不同淡水恢复区间也显著不同（$F_{2,34}=5.364$，$p=0.010$），Ⅰ区的值明显高于Ⅱ区（$p=0.049$）和Ⅲ区（$p=0.011$），但Ⅱ区和Ⅲ区之间的差异不显著（$p=0.782$）。

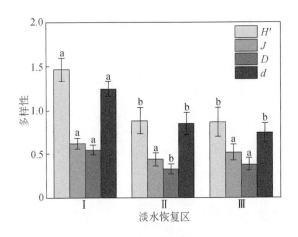

图 3.14　各淡水恢复区大型底栖动物的物种多样性（平均值±标准误）

H' 为 Shannon-Wiener 多样性指数；J 为 Pielou 均匀度指数；D 为 Simpson 多样性指数；d 为 Margalef 丰富度指数

（三）功能多样性

首先对大型底栖动物群落的功能性状进行了主成分分析（图 3.15），主成分轴 1（PC1）显著解释了恢复区的功能性状的变化特征（86.7%~97.9%）。三个恢复区域大型底栖动物的功能性状无显著差异（化性，$F_{2,58}=1.840$，$p=0.168$；成熟个体大小，$F_{2,58}=1.004$，$p=0.373$；生活型，$F_{2,58}=0.354$，$p=0.704$；营养习性，$F_{2,58}=0.404$，$p=0.669$；游泳能力，$F_{2,58}=0.179$，$p=0.837$；呼吸，$F_{2,58}=0.504$，$p=0.607$；耐盐度，$F_{2,58}=1.662$，$p=0.199$）。多数大型底栖动物的功能性状为二代或多代 [图 3.15（a）]、成熟个体较小 [图 3.15（b）]、掘穴者 [图 3.15（c）] 以及集食者 [图 3.15（d）]。Ⅰ区内所研究的大型底栖动物多不会游泳或游泳能力弱，而Ⅱ区和Ⅲ区的大型底栖动物游泳能力较强 [图 3.15（e）]，这与Ⅱ区和Ⅲ区较高的水位一致。同时，这与Ⅰ区大型底栖动物多以气盾或呼吸管（气生）的呼吸方式 [图 3.15（f）]，而Ⅱ区和Ⅲ区的大型底栖动物以鳃和体壁的呼吸方式相呼应 [图 3.15（f）]。Ⅰ区的大型底栖动物耐盐度低于Ⅱ区和Ⅲ区的大型底栖动物 [图 3.15（g）]。

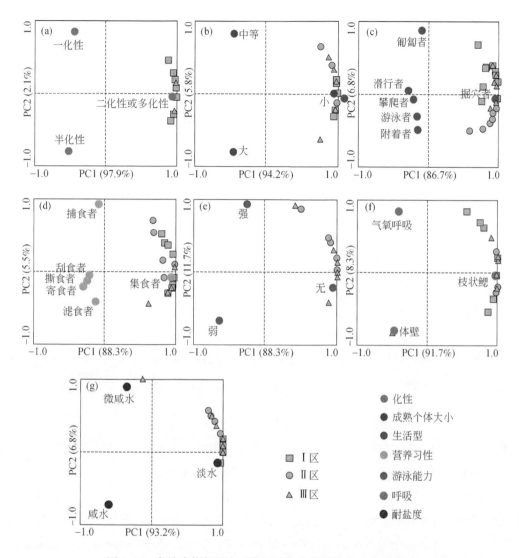

图 3.15　各淡水恢复区大型底栖动物功能性状的主成分分析

（a）化性；（b）成熟个体大小；（c）生活型；（d）营养习性；（e）游泳能力；（f）呼吸；（g）耐盐度

进一步分析表明，三个淡水恢复区的大型底栖动物功能多样性无显著差异（图 3.16；FRic，$F_{2,58} = 0.082$，$p = 0.922$；FEve，$F_{2,50} = 0.526$，$p = 0.594$；FDiv，$F_{2,44} = 1.080$，$p = 0.349$；RaoQ，$F_{2,58} = 2.319$，$p = 0.108$）。

（四）综合生物多样性

以往研究（Ricotta，2005；Nakamura et al.，2017）发展了量化不同维度多样性的相对重要性指标，反映某一特定维度的多样性对于捕捉生物群落整体生物多样性的相对贡献。在本研究中，共包含 3 个多样性维度，11 个多样性指标（即 Het_{Obs}、Het_{Exp}、P_i、H'、J、

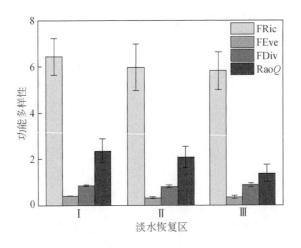

图 3.16　各淡水恢复区大型底栖动物的功能多样性

FRic 为功能丰富度；FEve 为功能均匀度；FDiv 为功能离散度；RaoQ 为饶式二次熵

D、d、FRic、FEve、FDiv 或 RaoQ）。首先进行主成分分析，基于主成分分析轴上不同维度的多样性指标的解释比例计算各维度的相对重要性，计算公式如式（3.16）所示：

$$\mathrm{IV}_i = \sum_{j=1}^{n} (r_{ij}^2 \times R_j^2) \tag{3.16}$$

式中，IV_i 为特定多样性指标 i 的相对重要性；n 为主成分分析总轴数；r_{ij} 为该多样性指标 i 和主成分 j 轴之间的相关性；R_j 为主成分 j 轴的解释比例。IV 为 0 ~ 1 的无量纲值，较高的 IV 值代表该多样性指标对于群落生物多样性解释的贡献值较高。

在此基础上，构建了大型底栖动物的综合生物多样性（holistic biodiversity，HB）指数，该指数同时考虑了生物多样性的三个选定维度（基因多样性、物种多样性和功能多样性）的多个多样性指标及其不同多样性指标的相对重要性。使用最小–最大标准化方法对大型底栖动物的多样性指标进行标准化，然后结合其相对重要性得到无量纲的综合生物多样性指数：

$$\mathrm{SM}_i = \frac{\mathrm{BM}_i - \min(\mathrm{BM}_i)}{\max(\mathrm{BM}_i) - \min(\mathrm{BM}_i)} \tag{3.17}$$

$$\mathrm{HB} = \sum_{i=1}^{n} \mathrm{SM}_i \times \mathrm{IV}_i \tag{3.18}$$

式中，SM_i 为多样性指标 i 的标准化值；BM_i 为多样性指标 i 的绝对值；n 为多样性指标的总数（$n = 11$）。

研究发现，在主成分分析中，PC1 和 PC2 累计解释多样性特征的 69%，而 PC1 ~ PC4 累计解释多样性特征的 89%。因此，我们使用四个轴来计算相对重要性，J、D、RaoQ、d 和 H' 值与 PC1 负相关，与 PC2 正相关。此外，$\mathrm{Het}_{\mathrm{Obs}}$、$\mathrm{Het}_{\mathrm{Exp}}$、$P_i$、FRic、FDiv 和 FEve 与

PC1 和 PC2 均呈负相关。RaoQ 指数与其他多样性指数均显著性相关，其他功能多样性指标（FRic、FDiv 和 FEve）与物种多样性指标呈弱相关或无显著相关性（表 3.11）。不同多样性指标的相对重要性差别较大，如物种多样性指标的相对重要性为 0.20 ~ 0.33，功能多样性指标为 0.09 ~ 0.21，基因多样性指标为 0.25 ~ 0.28。总体而言，除 J 外，其他物种多样性指标的相对重要性略高于基因多样性指标，功能多样性指标的相对重要性最低［图 3.17（b）］。

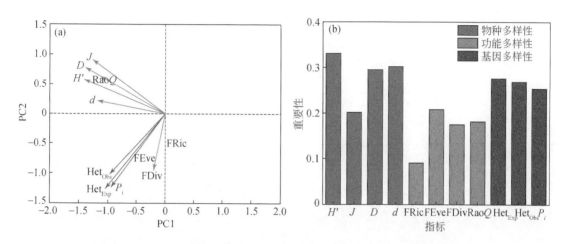

图 3.17 （a）11 个多样性指标的主成分分析，（b）多样性指标的相对重要性

各多样性指标的含义参见表 3.8、图 3.14 和图 3.16

表 3.11 大型底栖动物不同多样性指标间的 Pearson 相关性

指标	H'	J	D	d	FRic	FEve	FDiv	RaoQ	Het_{Obs}	Het_{Exp}	P_i
H'	1	0.856**	0.973**	0.686**	0.095	0.402*	0.229	0.552**	0.451**	0.386*	0.386*
J		1	0.918**	0.354**	-0.050	0.074	-0.074	0.412**	0.344*	0.256	0.256
D			1	0.625**	0.081	0.285	0.129	0.573**	0.468**	0.414*	0.414*
d				1	0.257	0.692**	0.519**	0.579**	0.442**	0.513**	0.513**
FRic					1	0.370*	0.533**	0.337*	0.306	0.227	0.227
FEve						1	0.776	0.396**	0.247	0.384*	0.384*
FDiv							1	0.354*	0.126	0.269	0.269
RaoQ								1	0.318	0.325	0.325
Het_{Obs}									1	0.521**	0.521**
Het_{Exp}										1	1.000**
P_i											1

注：各多样性指标的含义参见表 3.8、图 3.14 和图 3.16。

**，$p<0.01$；*，$p<0.05$。

三个淡水恢复区的大型底栖动物的综合生物多样性指数具有显著差异（图 3.18；$F_{2,35} = 28.652$，$p<0.001$）。Ⅰ区大型底栖动物的综合生物多样性指数显著高于Ⅱ区（$p<0.001$）和Ⅲ区（$p<0.001$）。Ⅱ区和Ⅲ区的综合生物多样性指数无显著差异（$p=0.111$）。

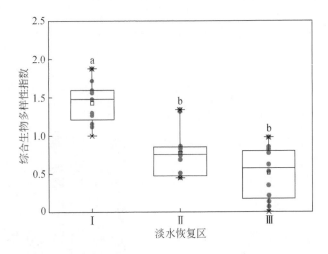

图 3.18 各淡水恢复区大型底栖动物的综合生物多样性指数

三、大型底栖动物群落对湿地生态补水的响应

淡水恢复区大型底栖动物基因多样性在低沉积物盐度、高沉积物含水量时最大，反之最小（图 3.19）。但由于受样本量的限制，未进行回归拟合分析。

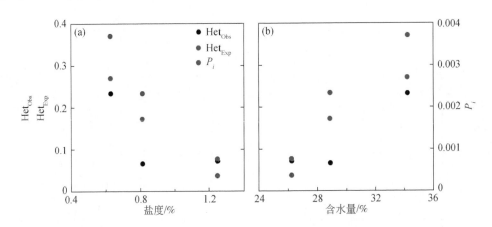

图 3.19 各淡水恢复区基因多样性指标与（a）沉积物盐度和（b）沉积物含水量之间的关系

针对淡水恢复区大型底栖动物物种多样性指标和沉积物盐度、沉积物含水量关系，分

析发现，总体上物种多样性各指标值随沉积物盐度的降低、沉积物含水量的增加而增加（图3.20），但物种多样性指标与沉积物盐度的拟合优度高于其与沉积物含水量的拟合优度（表3.12）。

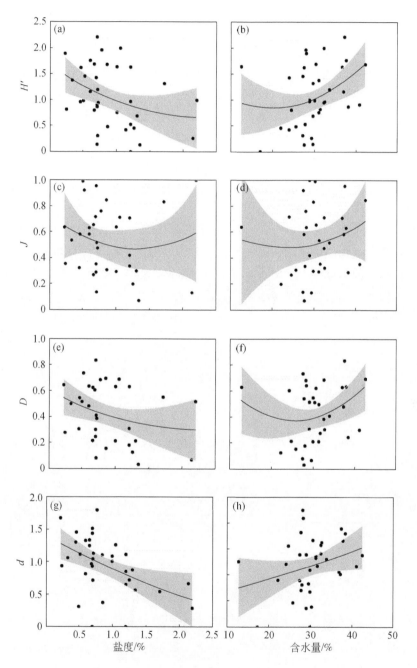

图3.20 淡水恢复区大型底栖动物物种多样性指标与（a，c，e，g）沉积物盐度、（b，d，f，h）沉积物含水量之间的关系

多样指标含义参见图3.14。阴影区域为95％置信区间，回归方程和统计数据见表3.12

表 3.12 淡水恢复区大型底栖动物物种多样性指标与沉积物盐度、

沉积物含水量的多项式拟合回归结果

物种多样性指标	沉积物	$Y=A+BX+CX^2$			R	R^2	F_{df}	P
		A	B	C				
H'	盐度	1.68	−0.9	0.200	0.35	0.07	$43.55_{3,35}$	<0.001
	含水量	1.53	−0.07	0.002	0.36	0.08	$43.85_{3,35}$	<0.001
J	盐度	0.73	−0.4	0.150	0.19	−0.03	$42.96_{3,32}$	<0.001
	含水量	0.78	−0.03	0.0006	0.2	−0.03	$43.10_{3,32}$	<0.001
D	盐度	0.6	−0.27	0.060	0.29	0.02	$40.29_{3,32}$	<0.001
	含水量	0.98	−0.05	0.0009	0.31	0.03	$40.98_{3,32}$	<0.001
d	盐度	1.40	−0.57	0.060	0.47	0.17	$70.07_{3,34}$	<0.001
	含水量	0.43	0.01	0.0001	0.29	0.03	$58.24_{3,34}$	<0.001

注：Y 为物种多样性指数，X 为沉积物盐度或沉积物含水量。

淡水恢复区大型底栖动物的功能多样性各个指标与沉积物盐度、沉积物含水量的关系差别较大，且与物种多样性不一致，如图 3.21 所示。功能多样性指标与沉积物盐度的关系与物种多样性的关系多呈现单峰模式，且响应趋势存在"U"形 [图 3.21 (a, b, f)] 或倒"U"形 [图 3.21 (c, e 和 g)]，数据拟合优度较低（表 3.13）。

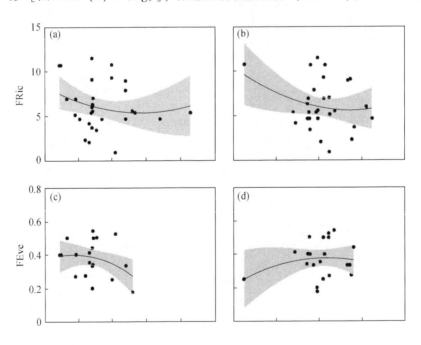

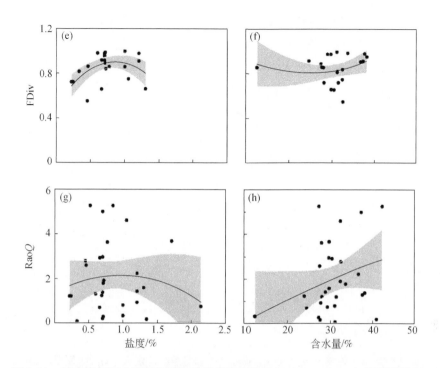

图 3.21 淡水恢复区大型底栖动物功能多样性指标与（a, c, e, g）沉积物盐度、
（b, d, f, h）沉积物含水量间的关系

多样指标含义参见图 3.15。阴影区域为 95% 置信区间，回归方程和统计数据见表 3.13

表 3.13 淡水恢复区大型底栖动物功能多样性指标与沉积物盐度、
沉积物含水量的多项式拟合回归分析结果

功能多样性指标	沉积物	$Y=A+BX+CX^2$			R	R^2	F_{dr}	P
		A	B	C				
FRic	盐度	8.58	−4.60	1.990	0.23	−0.02	$47.37_{3.28}$	<0.001
	含水量	14.65	−0.48	0.010	0.27	0.001	$48.52_{3.28}$	<0.001
FEve	盐度	0.36	0.16	−0.180	0.35	0.03	$84.12_{3.20}$	<0.001
	含水量	0.04	0.02	−0.0003	0.25	−0.04	$77.96_{3.20}$	<0.001
FDiv	盐度	0.51	0.91	−0.530	0.50	0.17	$375.55_{3.20}$	<0.001
	含水量	1.51	−0.03	0.006	0.28	−0.03	$303.53_{3.20}$	<0.001
RaoQ	盐度	1.35	1.69	−0.870	0.15	−0.05	$14.52_{3.28}$	<0.001
	含水量	−1.10	0.12	−0.0007	0.30	0.02	$16.24_{3.28}$	<0.001

注：Y 为功能多样性，X 为沉积物盐度或沉积物含水量。

进一步分析了大型底栖动物的综合生物多样性指数与沉积物盐度、沉积物含水量的关系，发现综合生物多样性随着沉积物盐度的增加而明显下降 [图 3.22（a）]，但随着沉积物含水量的增加而显著增加 [图 3.22（b）]。总的来说，这意味着淡水恢复增加了综合生物多样性。沉积物盐度、沉积物含水量与综合生物多样性之间的回归关系与其与基因多样性和物种多样性间的回归关系整体一致（图 3.19 和图 3.20）。相反，沉积物盐度或沉积物含水量与综合生物多样性、功能多样性之间的回归关系不一致（图 3.21）。

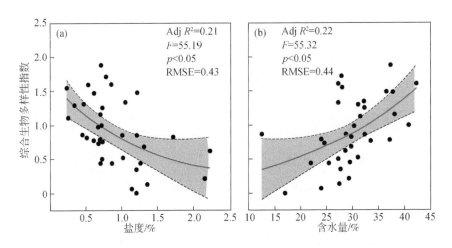

图 3.22　淡水恢复区大型底栖动物综合生物多样性指数与（a）沉积物盐度和
（b）沉积物含水量的关系

阴影区域代表 95% 置信区间。RMSE 为均方根误差（root-mean-square error）

综合生物多样性指数解释了 50% 的淡水恢复区大型底栖动物群落生物量的变化特征，并显示最高生物量出现在中等水平综合生物多样性（0.4～1.25）（图 3.23）。而淡水恢复区综合生物多样性较高时，大型底栖动物的生物量快速降低。

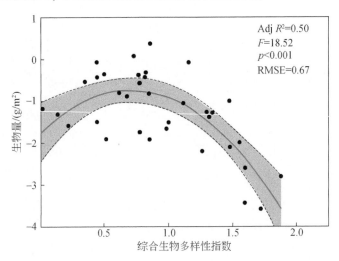

图 3.23　综合生物多样性与生态系统功能关系的多项式回归结果（以底栖生物生物量的对数表示）

阴影区域代表底栖生物对数的 95% 置信区间生物量。RMSE 为均方根误差

淡水恢复和物种多样性间存在显著正相关性，这与以往的研究结论一致（Poff and Zimmerman，2010；Yang et al.，2016）。Li M 等（2016）、Li S Z 等（2016）研究发现在恢复期为 16 年的黄河三角洲淡水恢复区，大型底栖动物群落的物种丰富度高于恢复期较短的地区。生态恢复技术可以通过引进具有高基因多样性的植物或种子来恢复退化湿地的基因多样性（Reynolds et al.，2012）。在我们的研究中发现，基因多样性在淡水恢复后也得到改善，并且在恢复期较长的区域，基因多样性会更高，这与 Sujii 等（2017）的结果一致。尽管随着淡水恢复，基因多样性和物种多样性增加，但功能多样性却没有改善。功能多样性多用来表征群落内不同生物个体的功能特性差异，反映生态位的差异（Díaz and Cabido，2001）。我们发现，淡水恢复区的大型底栖动物由于多次淡水补给改善生态环境，其特征趋于同质化，且以淡水物种为主。这是因为淡水恢复区生态环境更适合淡水物种的栖息，并逐渐占主导地位（Zedler，1983；Yang et al.，2017）。

研究的三个维度的多样性在不同恢复年限下的响应特征也不一致。例如，Ⅱ区大型底栖动物的基因多样性明显高于Ⅲ区，而Ⅱ区和Ⅲ区大型底栖动物的物种多样性没有显著差异，这与 Lindegren 等（2018）的结果一致。由于生物多样性不同维度的反应不一致，难以根据单一维度的变化评估淡水恢复的效益。综合生物多样性综合了生物多样性的多个维度及其相对重要值，提供了生物多样性评估的综合解决方案。此外，综合生物多样性作为无量纲指数，可以比较不同恢复年限、不同恢复区域的效益。

四、淡水恢复区湿地生态补水的建议

黄河三角洲淡水恢复工程旨在恢复退化湿地的生态结构和功能（Cui et al.，2009）。基于多维度生物多样性的分析可以为湿地淡水恢复的管理提供建议。虽然综合生物多样性指数与沉积物盐度和沉积物含水量的回归拟合相关性较弱，但淡水恢复对综合生物多样性有积极影响。综合生物多样性指数涵盖了三个维度的多样性，且不同维度的多样性对淡水恢复的响应趋势和速度不一致，导致较弱的回归结果。此外，淡水恢复引起的环境变化进一步影响生物群落的生态位变化和不同物种之间的相互作用，这反过来进一步影响生物群落的生物多样性（Crain et al.，2004；Mor et al.，2018）。

研究发现，具有相同淡水恢复年限的区域（Ⅰ区和Ⅱ区）大型底栖动物群落多样性的响应特征并不一致。这可能是因为Ⅱ区更靠近海洋，这使它在涨潮时更容易受到盐水的渗透，这与 Li S Z 等（2016）的观点一致。我们建议未来淡水恢复退化湿地时，在考虑恢复水量、补水时间的同时，还应考虑该退化湿地本土特征可能造成的影响，如海拔和距海距离是否会影响退化湿地生态系统的维持、恢复与改善。

生物量是表征自然生态系统功能的一个重要指标（Chisholm et al.，2013；Thompson et al.，2015）。以往的研究通常侧重于生态系统功能和物种多样性之间的关系，多以物种数反映物种多样性。大多数实验和野外调查显示，生态系统功能与物种多样性显著正相关，但具有较高的变异性（Cardinale et al.，2011）。物种多样性和生态系统功能之间关系的高变异性促使生态学家寻找生物多样性的其他维度与生态系统功能之间的关系（Reiss et al.，2009；Thompson et al.，2015）。一些研究表明，功能多样性比物种多样性能更好地解释生态系统功能的变化（Cadotte et al.，2011；Flynn et al.，2011）。我们发现，综合生物多样性指数解释了生态系统功能变化特征的50%，且具有单峰特征，不同于以往发现的物种多样性和生态系统功能间的饱和反应特征（Cardinale et al.，2011）。这可能是因为三个淡水恢复区具有不同的恢复历史和不同的本土环境，大型底栖动物在三个淡水恢复区表现出不同的群落组成、基因多样性和物种多样性。同时我们发现，当综合生物多样性指数位于0.4~1.25时，大型底栖动物生物量最高。超过此水平后，生态系统功能随着综合生物多样性指数的增加而下降。该单峰现象与物种数和浮游动物生物量之间的关系一致（Thompson et al.，2015）。

进一步从大型底栖动物群落的组成结构分析造成这一现象的原因，发现淡水补给的恢复措施提高了物种数，但淡水恢复区的大型底栖动物生物量通常低于未恢复区或潮间带的生物量（Li M et al.，2016；Li S Z et al.，2016；Yang et al.，2017）。这是因为淡水恢复区的大型底栖动物群落往往是由 r–选择的物种主导（Chiu and Kuo，2012），这类物种通常繁殖较快，具有较高丰度，但个体较小，往往生物量较低。因此，我们认为在生物多样性和生态系统功能间存在权衡，应通过对生物群落的组成、丰度和生物量的对比分析，不同维度生物多样性的响应特征分析，试图寻找满足综合生物多样性和生态系统功能均最优的状态。在未来的管理保护和生态恢复中，同时需更加关注恢复措施的持续时间、实施时间以及退化湿地的本土特征，以进行适应性恢复管理。

参 考 文 献

代培，刘凯，周彦锋，等．2019. 太湖五里湖湖滨带浮游动物群落结构特征［J］．水生态学杂志，40（1）：55-63.

董晓玉，李长慧，杨多林，等．2019. 气候变化对湿地影响的研究［J］．安徽农业科学，47（23）：7-10.

龚勋，封圆圆，赵海涛，等．2019. 倒天河水库和碧阳湖夏秋轮虫群落结构特征及水质评价［J］．安徽农业科学，47（12）：104-107.

郭坤，彭婷，罗静波，等．2017. 长湖浮游动物群落结构及其与环境因子的关系［J］．海洋与湖沼，（1）：40-49.

何雄波，李军，沈忱，等．2018. 闽江口主要渔获鱼类的生态位宽度与重叠［J］．应用生态学报，29（9）：3085-3092.

李怀国，杨长明，王育来．2017. 巢湖水质现状及浮游生物群落结构特征［J］．安徽农业科学，45（22）：13-16.

李涛．2013. 河北省重要自然湿地退化与关联因子研究［D］．石家庄：河北师范大学硕士学位论文．

梁益同, 蔡晓斌, 陈伟亮. 2018. 气候变化对洪湖湿地的影响研究 [J]. 气象科技进展, 8 (5): 34-35.

姜忠峰, 李畅游, 张生. 2014. 呼伦湖浮游动物调查与水体富营养化评价 [J]. 干旱区资源与环境, (1): 161-165.

井光花, 程积民, 苏纪帅, 等. 2015. 黄土区长期封育草地优势物种生态位宽度与生态位重叠对不同干扰的响应特征 [J]. 草业学报, 24 (9): 43-52.

刘艳, 郑越月, 敖艳艳. 2019. 不同生长基质的苔藓植物优势种生态位与种间联结 [J]. 生态学报, 39 (1): 286-293.

刘志伟, 李胜男, 韦玮, 等. 2019. 近三十年青藏高原湿地变化及其驱动力研究进展 [J]. 生态学杂志, 38 (3): 856-862.

吕乾, 胡旭仁, 聂雪, 等. 2019. 夏季丰水期水位波动过程中鄱阳湖 1 个碟形子湖内浮游动物群落的演替特征 [J]. 生态学报, 40 (4): 1-7.

聂雪, 胡旭仁, 刘观华, 等. 2018. 鄱阳湖子湖泊浮游动物多样性及水质生物评价 [J]. 南昌大学学报 (理科版), 42 (2): 161-167.

饶利华, 吴芝瑛, 徐骏, 等. 2013. 杭州西湖轮虫的群落结构及与水体环境因子的关系 [J]. 湖泊科学, 24 (6): 138-146.

申祺, 魏杰, 武玮, 等. 2020. 大汶河水生态环境健康状况与土地利用的相关性 [J]. 生态学杂志, 39 (1): 224-233.

汤雁滨, 廖一波, 寿鹿, 等. 2016. 南麂列岛潮间带大型底栖动物群落优势种生态位 [J]. 生态学报, 36 (2): 489-498.

王丽, 王保栋, 陈求稳, 等. 2016. 三峡三期蓄水后长江口海域浮游动物群落特征及影响因子 [J]. 生态学报, 36 (9): 2505-2512.

王乙震, 罗阳, 周绪申, 等. 2015. 白洋淀浮游动物生物多样性及水生态评价 [J]. 水资源与水工程学报, 26 (6): 97-103.

魏帆, 韩广轩, 张金萍, 等. 2018. 1985—2015 年围填海活动影响下的环渤海滨海湿地演变特征 [J]. 生态学杂志, 37 (5): 1527-1537.

武士蓉, 徐梦佳, 陈禹桥, 等. 2015. 基于水质与浮游生物调查的汉石桥湿地富营养化评价 [J]. 环境科学学报, 35 (02): 411-417.

夏热帕提·阿不来提, 刘高焕, 刘庆生, 等. 2017. 近 30 年刘家峡以下黄河上游河道湿地演变规律与驱动力分析 [J]. 地球信息科学学报, 19 (8): 1116-1131.

杨佳, 周健, 秦伯强, 等. 2020. 太湖梅梁湾浮游动物群落结构长期变化特征 (1997—2017 年) [J]. 环境科学, 41 (3): 1246-1255.

杨薇, 田艺苑, 张兆衡, 等. 2019. 近 60 年来白洋淀浮游植物群落演变及生物完整性评价 [J]. 环境生态学, 1 (8): 1-9.

袁勇, 严登华, 王浩, 等. 2013. 白洋淀湿地入淀水量演变归因分析 [J]. 水利水电技术, 44 (12): 1-4, 23.

张梦嫚, 吴秀芹. 2018. 近 20 年白洋淀湿地水文连通性及空间形态演变 [J]. 生态学报, 38 (12): 4205-4213.

郑金秀,池仕运,李聃,等.2014.富营养化对浅水湖泊轮虫种群结构影响研究 [J].生态环境学报, 23 (12):1694-1971.

郑挺,林元烧,曹文清,等.2012.北部湾北部生态系统结构与功能——浮游动物空间生态位及其分化 [J].生态学报,34 (13):3635-3649.

庄长伟,欧阳志云,徐卫华,等.2011.近33年白洋淀景观动态变化 [J].生态学报,31 (3): 839-848.

Angert A L, Huxman T E, Chesson P, et al. 2009. Functional tradeoffs determine species coexistence via the storage effect [J]. Proceedings of the National Academy of Sciences of the United States of America, 106 (28): 11641-11645.

Bello F D, Lavorel S, Díaz S, et al. 2010. Towards an assessment of multiple ecosystem processes and services via functional traits [J]. Biodiversity and Conservation, 19: 2873-2893.

Botta-Dukát Z. 2005. Rao's quadratic entropy as a measure of functional diversity based on multiple traits [J]. Journal of Vegetation Science, 16 (5): 533-540.

Bruno B, Pejler B. 1987. Rotifer occurrence in relation to pH [J]. Hydrobiologia, 147 (1): 107-116.

Cadotte M W, Carscadden K, Mirotchnick N. 2011. Beyond species: functional diversity and the maintenance of ecological processes and services [J]. Ecological Applications, 48: 1079-1087.

Campbell N, Neat F, Burns F, et al. 2011. Species richness, taxonomic diversity, and taxonomic distinctness of the deep-water demersal fish community on the Northeast Atlantic continental slope [J]. ICES Journal of Marine Science, 68: 365-376.

Cardinale B J, Matulich K L, Hooper D U, et al. 2011. The functional role of producer diversity in ecosystems [J]. American Journal of Botany, 98: 572-592.

Chesson P. 2000. Mechanisms of maintenance of species diversity [J]. Annual Review of Ecology and Systematics, 31 (1): 343-366.

Chisholm R A, Muller-Landau H C, Rahman K A. 2013. Scale-dependent relationships between tree species richness and ecosystem function in forests [J]. Journal of Ecology, 101 (5): 1214-1224.

Chiu M C, Kuo M H. 2012. Application of r/K selection to macroinvertebrate responses to extreme floods [J]. Ecological Entomology, 37 (2): 145-154.

Crain C M, Silliman B R, Bertness S L, et al. 2004. Physical and biotic drivers of plant distribution across estuarine salinity gradients [J]. Ecology, 85: 2539-2549.

Cui B S, Yang Q C, Yang Z F, et al. 2009. Evaluating the ecological performance of wetland restoration in the Yellow River Delta, China [J]. Ecological Engineering, 35: 1090-1103.

De Juan S, Thrush S F, Demestre M. 2007. Functional changes as indicators of trawling disturbance on a benthic community located in a fishing ground (NW Mediterranean Sea) [J]. Marine Ecology Progress Series, 334: 117-129.

Dézerald O, Srivastava D S, Cereghino R, et al. 2018. Functional traits and environmental conditions predict community isotopic niches and energy pathways across spatial scales [J]. Functional Ecology, 32 (10): 2423-2434.

Díaz S, Cabido M. 2001. Vive la différence: plant functional diversity matters to ecosystem processes [J]. Trends in Ecology and Evolution, 16 (11): 646-655.

Florencio M, Fernández-Zamudio R, Lozano M, et al. 2020. Interannual variation in filling season affects zooplankton diversity in Mediterranean temporary ponds [J]. Hydrobiologia, 847: 1195-1205.

Flynn D F, Mirotchnick N, Jain M, et al. 2011. Functional and phylogenetic diversity as predictors of biodiversity-ecosystem-function relationships [J]. Ecology, 92 (8): 1573-1581.

Gallardo B, Gascon S, Quintana X, et al. 2011. How to choose a biodiversity indicator: redundancy and comple-mentarity of biodiversity metrics in a freshwater ecosystem [J]. Ecological Indictors, 11 (5): 1177-1184.

Gao Y C, Liu M F, Gan G J. 2011. Analysis of annual runoff trend and meteorological impact factors in Baiyangdian basin [J]. Resources Science, 33 (8): 1438-1445.

Grinnell J. 1917. The niche relationships of the California thrasher [J]. The Auk, 34 (4): 427-433.

Hardin G. 1960. The competitive exclusion principle [J]. Science, 131: 1292-1297.

Korb S K, Bolshakov L V, Fric Z F, et al. 2016. Cluster biodiversity as a multidimensional structure evolution strategy: checkerspot butterflies of the group Euphydryas aurinia (Rottemburg, 1775) (Lepidoptera: Nymphalidae) [J]. Systematic Entomology, 41: 441-457.

Laliberté E, Legendre P. 2010. A distance-based framework for measuring functional diversity from multiple traits [J]. Ecology, 9129-9305.

Laliberté E, Legendre P, Shipley B. 2014. FD: Measuring functional diversity (FD) from multiple traits, and other tools for functional ecology [J]. R Package Version 1.0-12.

Le Coz M, Chambord S, Souissi S, et al. 2018. Are zooplankton communities structured by taxa ecological niches or by hydrological features? [J]. Ecohydrology, e1956.

Li M, Yang W, Sun T, et al. 2016. Potential ecological risk of heavy metal contamination in sediments and mac-robenthos in coastal wetlands induced by freshwater releases: a case study in the Yellow River Delta, China [J]. Marine Pollution Bulletin, 103: 227-239.

Li S Z, Cui B S, Xie T, et al. 2016. Diversity pattern of macrobenthos associated with different stages of wetland restoration in the Yellow River Delta [J]. Wetlands, 36: 57-67.

Lindegren M, Holt B G, Mackenzie B R, et al. 2018. A global mismatch in the protection of multiple marine biodiversity components and ecosystem services [J]. Scientific Reports, 8: 4099.

Liu P, Xu S L, Li J H, et al. 2020. Urbanization increases biotic homogenization of zooplankton communities in tropical reservoirs [J]. Ecological Indicators, 110: e105899.

MacArthur R H. 1958. Population ecology of some warblers of northeastern coniferous forests [J]. Ecology, 39: 599-619.

MacLeod J, Keller W, Paterson A M. 2018. Crustacean zooplankton in lakes of the far north of Ontario, Canada [J]. Polar Biology, 41 (6): 1257-1267.

Magurran A E. 1988. Ecological Diversity and Its Measurement [M]. Princeton NJ: Princeton University Press.

Margalef R. 1968. Perspectives in Ecological Theory [M]. Chicago, IL: University of Chicago Press.

McGill B J, Enquist B J, Weiher E, et al. 2006. Rebuilding community ecology from functional traits [J].

Trends in Ecology and Evolution, 21: 178-185.

Mor J R, Ruhí A, Tornés E, et al. 2018. Dam regulation and riverine food- web structure in a Mediterranean River [J] . Science of the Total Environment, 625: 301-310.

Naeem S, Prager C, Weeks B, et al. 2016. Biodiversity as a multidimensional construct: a review, framework and case study of herbivory's impact on plant biodiversity [J] . Proceedings of the Royal Society B: Biological Sciences, 283 (1844): 20153005.

Nakamura G, Vicentin W, Súarez Y R. 2017. Functional and phylogenetic dimensions are more important than the taxonomic dimension for capturing variation in stream fish communities [J] . Austral Ecology, 43: 2-12.

Nei M. 1978. Estimation of average heterozygosity and genetic distance from a small number of individuals [J] . Genetics, 89 (3): 583-590.

Oksanen J, Blanchet F, Kind R, et al. 2019. Vegan: community ecology package [J] . R Package Version 2. 5-4.

Pacini A, Mazzoleni S, Battisti C, et al. 2009. More rich means more diverse: extending the 'environmental heterogeneity hypothesis' to taxonomic diversity [J] . Ecological Indictors, 9: 1271-1274.

Pandit S N, Kolasa J, Cottenie K. 2009. Contrasts between habitat generalists and specialists: an empirical extension to the basic metacommunity framework [J] . Ecology, 90: 2253-2262.

Penk M R, Ian D, Kenneth I. 2018. Temporally variable niche overlap and competitive potential of an introduced and a native mysid shrimp [J] . Hydrobiologia, 823 (1): 109-119.

Pianka E R. 1973. The structure of lizard communities [J] . Annual Review of Ecology and Systematics, 4 (1): 53-74.

Pielou E C. 1975. Ecological Diversity [M] . New York: Wiley.

Poff N L, Olden J D, Vieira N K M, et al. 2006. Functional trait niches of North American lotic insects: traits-based ecological applications in light of phylogenetic relationships [J] . Journal of the North American Benthological Society, 25: 730-755.

Poff N L, Zimmerman J K H. 2010. Ecological responses to altered flow regimes: a literature review to inform the science and management of environmental flows [J] . Freshwater Biology, 55: 194-205.

Reiss J, Bridle J R, Montoya J M, et al. 2009. Emerging horizons in biodiversity and ecosystem functioning research [J] . Trends in Ecology and Evolution, 24: 505-514.

Reynolds L K, Mcglathery K J, Waycott M. 2012. Genetic diversity enhances restoration success by augmenting ecosystem services [J] . PLoS One, 7 (6): e38397.

Ricotta C. 2005. Through the jungle of biological diversity [J] . Acta Biotheoretica, 53 (1): 29-38.

Seiferling I, Proulx R, Wirth C. 2014. Disentangling the environmental heterogeneity species diversity relationship along a gradient of human foot print [J] . Ecology, 95: 2084-2095.

Shah J A, Pandit A K. 2013. Application of diversity indices to crustacean community of Wular Lake, Kashmir Himalaya [J] . International Journal of Biodiversity Conservation, 5: 311-316.

Shannon C E, Weaver E. 1963. The Mathematical Theory of Communication [M] . Urbana: University of Illinois Press.

Simpson E H. 1949. Measurement of diversity［J］. Nature, 163（4148）: 688.

Sládeček V. 1983. Rotifers as indicators of water quality［J］. Hydrobiologia, 100（1）: 169-201.

Stamou G, Katsiapi M, Moustaka- Gouni M, et al. 2019. Trophic state assessment based on zooplankton communities in Mediterranean lakes［J］. Hydrobiologia, 844: 83-103.

Sujii P S, Schwarcz K D, Grando C, et al. 2017. Recovery of genetic diversity levels of a Neotropical tree in Atlantic forest restoration plantations［J］. Biological Conservation, 211: 110-116.

Tews J, Brose U, Grimm V, et al. 2004. Animal species diversity driven by habitat heterogeneity/diversity: the importance of keystone structures［J］. Journal of Biogeography, 31: 79-92.

Thompson P L, Davies T J, Gonzalez A. 2015. Ecosystem functions across trophic levels are linked to functional and phylogenetic diversity［J］. PLoS One, 14（7）: e0220213.

Vereshchaka A L, Anokhina L L, Lukasheva T A, et al. 2019. Long- term studies reveal major environmental factors driving zooplankton dynamics and periodicities in the Black Sea coastal zooplankton［J］. PeerJ, 7（25）: e7588.

Villéger S, Mason N W, Mouillot D. 2008. New multidimensional functional diversity indices for a multifaceted framework in functional ecology［J］. Ecology, 89: 2290-2301.

Wathne J A, Haug T, Lydersen C. 2000. Prey preference and niche overlap of ringed seals *Phoca hispida* and harp seals *P. groenlandica* in the Barents Sea［J］. Marine Ecology Progress Series, 194: 233-239.

Wilsey B J, Chalcraft D R, Bowles C M, et al. 2005. Relationships among indices suggest that richness is an in- complete surrogate for grassland biodiversity［J］. Ecology, 86: 1178-1184.

Xiong W, Ni P, Chen Y, et al. 2017. Zooplankton community structure along a pollution gradient at fine geographical scales in river ecosystems: the importance of species sorting over dispersal［J］. Molecular Ecology, 26（16）: 4351-4360.

Yang W, Li X X, Sun T, et al. 2017. Macrobenthos functional groups as indicators of ecological restoration in the northern part of China's Yellow River Delta Wetlands［J］. Ecological Indictors, 82: 381-391.

Yang W, Sun T, Yang Z F. 2016. Does the implementation of environmental flows improve wetland ecosystem services and biodiversity? A literature review［J］. Restoration Ecology, 24（6）: 731-742.

Yao C, He T R, Xu Y Y, et al. 2020. Mercury bioaccumulation in zooplankton and its relationship with eutrophication in the waters in the karst region of Guizhou Province, Southwest China［J］. Environmental Science and Pollution Research, 27: 8596-8610.

Ye L, Chang C Y, García- Comas C, et al. 2013. Increasing zooplankton size diversity enhances the strength of top- down control on phytoplankton through diet niche partitioning［J］. Journal of Animal Ecology, 82（5）: 1052-1060.

Zedler J B. 1983. Freshwater impacts in normally hypersaline［J］. Marshes Estuaries, 6: 346-355.

Zhang J, Xie P, Tao M, et al. 2013. The impact of fish predation and cyanobacteria on zooplankton size structure in 96 subtropical lakes［J］. PLoS One, 8（10）: e76378.

第四章 | 典型湿地水生态系统结构稳定性评估

生态系统结构完整逐步成为湿地系统生态保护与修复的目标之一，而食物网结构提供了物种与生态过程间的一种显示耦合连接方法，常被认为是理解湖泊生态系统内在结构的有力工具。本章以白洋淀浅水草型湖泊湿地及入淀河流为典型研究区，基于数据收集、野外调查、物种鉴定和碳氮稳定同位素分析，构建了白洋淀湿地水域及其入淀河流的食物网营养结构模型，分析了其营养结构的时空变化及差异以及水文水质变化对食物网结构的影响，阐释了湿地生态系统食物网结构的变化趋势，以期为未来湿地生态系统保护和恢复提供基础数据与科学支撑。

第一节 湿地生态系统食物网营养结构模型构建方法

一、水生态系统食物网定量化构建方法

生态系统的食物网描述了物种间的相互作用关系及能量在物种间的流动过程，对食物网的研究是群落生态学和生态系统生态学的结合，一方面包括群落中相互作用的物种种群动态（如群落中出现的物种，它们之间的链接关系以及相互作用强度），另一方面包括物种间的相互作用对生态系统过程的影响（如生产力和能量流动）等。食物网提供了物种与生态过程间的一种显示耦合连接方法，因其强有力的系统思维，被认为是理解湖泊生态系统的基础，且复杂营养级交互作用的系统理论和数据为研究水生态系统结构、过程和功能提供了有力工具。定量食物网的研究方法主要有胃肠含物分析法、稳定同位素分析法、生物化学标记方法、DNA 条形码技术及综合确定法等，将食性定量分析与拓扑特征、生产力相结合，进一步分析食物网的营养结构及能量流动。

（一）胃肠含物分析法

胃肠含物分析法是一种传统物理性食物网科学的研究方法（高小迪等，2018），对于水生生物学而言，仍是研究鱼类食性的标准方法。通过对鱼类等水生生物个体中的胃、肠的饵料生物进行种类鉴定、计数、称重等，以数量、体积或重量的相对比例作为参数进行定量分析，具体包括出现频率法、计数法、体积法、重量法及主观观测法等（Hyslop，

1980)。其优点在于能够直观地反映生物所摄食饵料的组成和分类特征。然而胃肠含物分析方法只能反映短时间内（<24h）消费者的摄食情况，其"分辨率"会受到消化程度的直接影响，无法判断某种食物出现的偶然性和必然性，且对于个体较小的生物鉴定分析比较困难。

（二）稳定同位素分析法

稳定同位素分析法，其应用原理是生物圈中重同位素和轻同位素含量存在自然差异，两者参与生物新陈代谢过程的速率不同，生命体新陈代谢作用引发同位素分馏效应，即沿着食物链传递，生物体易于富集较重的稳定同位素（Fry et al., 1987）。稳定同位素是指某元素中不发生或极不易发生放射性衰变的同位素，其作为一种天然的示踪物，因准确、灵敏和安全等特点被应用于湿地生物营养关系的研究中。在追踪不同时空尺度下食物来源、捕食–被捕食关系、食物网连通性、营养生态位宽度和摄食行为等研究中发挥着极其重要的作用（Gery, 2006）。对动物组织中的碳、氮稳定同位素分析可提供其在一段时间内的综合摄食信息，生物组织中的碳稳定同位素比值（$^{13}C/^{12}C$）与其食物较接近（分馏值为 $0 \sim 1‰$），可以提供长期的摄食信息，用来确定消费者的食物来源；而氮稳定同位素比值（$^{15}N/^{14}N$）会在生物体形成比其食物高出 $3‰ \sim 4‰$ 的富集效应，用来估算消费者的营养级（全为民，2007）。

稳定同位素含量采用稳定同位素比值的形式表示，即某一元素的重同位素原子丰度与轻同位素原子丰度之比，如 $^{15}N/^{14}N$ 和 $^{13}C/^{12}C$ 等，考虑到稳定同位素在自然界中含量极低，用绝对量表达比较困难，因此采用相对测量法，将所测样品的稳定同位素比值与相应的标准物质的稳定同位素比值作比较，即 $\delta^{13}C$ 和 $\delta^{15}N$ 值。

$$\delta^{15}N = \left(\frac{^{15}N/^{14}N_{sample}}{^{15}N/^{14}N_{atmosphere}} - 1 \right) \times 1000 \qquad (4.1)$$

$$\delta^{13}C = \left(\frac{^{13}C/^{12}C_{sample}}{^{13}C/^{12}C_{VPDB}} - 1 \right) \times 1000 \qquad (4.2)$$

式中，$^{15}N/^{14}N_{sample}$ 为所测样品的氮稳定同位素比值；$^{13}C/^{12}C_{sample}$ 为所测样品的碳稳定同位素比值；$^{15}N/^{14}N_{atmosphere}$ 为标准大气氮稳定同位素比值；$^{13}C/^{12}C_{VPDB}$ 为国际标准物质 VPDB（Vienna Pee Dee Belemnite）的碳稳定同位素比值。VPDB 在美国国家标准和技术研究院提供的 NBS-19 国际标准物质方解石为标准的条件下，其稳定同位素比值是 1.95‰。氮稳定同位素分析标准为空气，$^{15}N/^{14}N$ 为 $(3676.5 \pm 8.1) \times 10^{-6}$。

目前湿地生态系统中稳定同位素技术发展迅速，主要用于体型小的水生生物的食物源分析，揭示动物个体发育过程中食性和生态位的转变，也用于示踪不同来源有机质在食物网中的流动途径，定量分析各初级生产者在食物网中的贡献率，提高复杂群落食物网研究的准确性。在食物网构建方面，根据稳定同位素组成能够判定消费者营养级的连续值，定量分析食物网的动态变化过程，指示湿地生态系统的群落演替。但是在研究方法上，单依靠稳定同位素方法也存在如下一些问题：利用稳定同位素计算消费者食源时只考虑同位素的加权平均值，不能反映动物实际摄食的食物种类和动物的专食性或广食性特征；此外，稳定同位素基线和营养分馏值受各种因素影响，使得食物网的构建存在一定偏差。

（三）生物化学标记方法

生物化学标记方法（黄亮等，2009；Kelly and Scheibling，2012）主要是指脂肪酸标记，脂类是一种多相分子，在水生生物中有许多重要的功能（Sargent，1976）。生物体内甘油三酯中的脂肪酸主要来自所摄入的食物。同时，脂肪酸在生物体内的代谢过程中比较稳定，经生物消化吸收后基本结构不变，因此脂肪酸可用作其食物来源的重要标记。脂肪酸分析可识别浮游细菌对消费者食物组成的贡献。当消费者稳定同位素信号重叠的情况下，脂肪酸可以轻易区分细菌、硅藻和其他初级生产者，适合表征具有细菌和微藻共存的底栖食物网有机质来源。目前运用脂肪酸和稳定同位素结合技术成功标记了许多生物的食源组成（崔莹，2012），广泛用于研究土壤动物（甲螨和跳虫）和海洋生物的营养关系，在湿地生态系统食物网研究中也得到越来越多的重视和发展。

（四）DNA 条形码技术

DNA 条形码技术是 21 世纪兴起的一项基于一段或几段短的、通用的标准 DNA 序列实现快速准确鉴定物种的技术，已被广泛应用于海洋生物系统分类、种间亲缘关系鉴定、分子遗传多样性及肠道微生物多样性、食性分析等领域（Chelsky et al.，2011）。DNA 条形码技术依据自然界中生物基因序列的唯一性，通过提取胃肠含物中的 DNA，使用通用引物扩增目的片段，纯化聚合酶链式反应（poly-merase chain reaction，PCR）产物后进行基因测序，将序列结果与基因库进行比对分析，从而获取相关物种信息。DNA 条形码作为补充技术可以大幅度提高胃肠含物分析的分辨率水平。DNA 高通量条形码（DNA Metabarcoding）是基于 DNA 识别和高通量测序的结合，将整个混合样本的 DNA 片段扩增后再进行高通量测序，结合生物学信息自动识别出混合样品中的多个物种，可减少采样的工作量，最大限度地提高对半消化/已消化的组织残留物的物种鉴定水平，但其成本较高，存在无法与公共基因库比对目标生物群体序列的可能，且该方法定量分析仅限于饵料的出现频率，无法从数量、质量各方面评估饵料生物的组成。

（五）综合确定法

目前，国内外发展了综合文献分析、胃肠含物分析及稳定同位素数据的综合确定法，将其整合到一个综合的贝叶斯稳定同位素混合模型中以改进对食物网中消费者的食源估计。首先，从食物网拓扑结构和食源比例的相关文献中寻找先验知识；其次，根据先验知识和胃肠含物分析确定食物网拓扑结构和相关的不确定性；最后，结合先验知识和稳定同位素数据，基于贝叶斯稳定同位素混合模型，准确估计食物网中所有消费者的食源组成，具体过程见图 4.1。

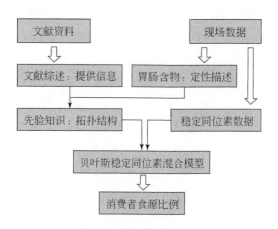

图 4.1　食物网定量化的综合确定法

二、食物网稳定同位素混合模型

稳定同位素分析越来越多地应用于生态学和生物学等领域，如生物觅食和资源分配领域。同位素混合模型使研究人员能够估计混合物（消费组织）中来源（食源项目）的比例贡献，从而推断食源组成，大大促进了食物网研究的进展。许多解决同位素混合模型的方法已经被提出，一些现有的模型，如 IsoError，可以包含可变性，但是受到源数量的限制；随后发展的模型，如 IsoSource，可以处理多个源，但它们不能包含不确定性和变化；同时，这些模型的输出代表了一系列可行的解决方案，而没有量化哪些解决方案是最有可能的；此外，这些模型没有考虑到营养富集因子（TEF）的变化。

贝叶斯推理提供了规避上述局限性的方法，在模型中加入了更多的可变性来源，同时允许多种食源来源，然后生成作为真实概率分布的潜在食源解决方案。贝叶斯方法在稳定同位素混合模型中的应用，可以准确反映自然变化和不确定性，从而生成可靠的概率估计，这将使研究人员能够解决一系列新问题，并以更大的洞察力来处理当前的问题。

基于此，Parnell 等（2010）构建了一个基于贝叶斯框架的稳定同位素混合模型，并开发了开源 R 包：SIAR（Stable Isotope Analysis in R），可从 R 官网上下载获得。SIAR 是基于贝叶斯框架的稳定同位素混合模型，它基于马尔可夫链-蒙特卡罗方法，使用狄利克雷（Dirichlet）先验分布对每种食物来源所占的比例进行合理的模拟。SIAR 在很多方面与 MixSIR 相似，但也从根本上存在差异，SIAR 和 MixSIR 中实现的拟合算法存在相对较小的差异（SIAR 使用马尔可夫链-蒙特卡罗方法，而 MixSIR 使用样本重要性重采样），此外 SIAR 包含了 MixSIR 所缺少的总体剩余误差项。

结合各典型生物的碳氮稳定同位素含量，利用基于贝叶斯框架的稳定同位素混合模型在 R 软件上构建湿地食物网营养结构模型。输入每个初级生产者和消费者的碳氮稳定同位素含量与营养富集因子（TEF）均值及标准差。每经过一个营养级的传递，稳定同位素自然丰度均有一个增加值。即

$$\delta = \delta_{食物} + TEF \tag{4.3}$$

参考相关参考文献（Minagawa and Wada，1984），确定氮的 TEF 在 2‰~5‰，平均值为 3.4‰，碳的 TEF 在 0~1‰，平均值为 0.4‰。不同初级生产者的碳稳定同位素比值存在一定差异，因此消费者的 $\delta^{13}C$ 可以反映其消化吸收食物的 $\delta^{13}C$，之间的差异在 0~1‰。动物取食过程中氮稳定同位素比值（$\delta^{15}N$）会产生富集，传递过程中，消费者的 $\delta^{15}N$ 会比食物的 $\delta^{15}N$ 高（3.4±1.1）‰。总之，基于营养富集规律，稳定同位素碳可用来确定动物的食源及示踪食物网的主要碳流途径，稳定同位素氮主要用于估算动物消费者的营养级。

模型采用马尔可夫链-蒙特卡罗模拟，利用狄利克雷先验分布产生每个食物来源的贡献率的95%置信区间范围，模型运行次数设为10 000次。主要模型结构如式（4.4）~式（4.7）所示。

$$X_{ij} \sim N(s_{ij}, \sigma_{ij}^2) \tag{4.4}$$

$$s_{ij} = \frac{\sum_{m=1}^{M_i} p_{ik_i[m]} Q_{jk_i[m]} (s_{jk_i[m]} + c_{jk_i[m]})}{\sum_{m=1}^{M_i} p_{ik_i[m]} Q_{jk_i[m]}} \tag{4.5}$$

$$c_{jk_i[m]} \sim N(\Lambda_j, \tau_{jk_i[m]}^2) \tag{4.6}$$

$$p_{ik_i[1]}, \cdots, p_{ik_i[M_i]} \sim Dirichlet(\alpha_{i1}, \cdots, \alpha_{iM_i}) \tag{4.7}$$

式中，X_{ij} 为稳定同位素 j 在消费者 i 中的含量，服从正态分布，均值为 S_{ij}，标准差为 σ_{ij}^2；$c_{jk_i[m]}$ 为在食物链中从食物资源 $k_i[m]$ 到消费者 i 的营养富集因子；$k_i[m]$ 为消费者 i 的第 m 个食物资源；$p_{ik_i[m]}$ 为食物资源 $k_i[m]$ 对消费者 i 的食源贡献率；$s_{jk_i[m]}$ 为稳定同位素 j 在消费者 i 的食物资源 $k_i[m]$ 中的均值；$Q_{jk_i[m]}$ 是稳定同位素 j 在食物资源 $k_i[m]$ 中的测定含量；a_{i1}，$\cdots$，a_{iM_i} 为服从狄利克雷先验分布的参数；Λ_j 和 $\tau_{jk_i[m]}^2$ 为在多个食物链中稳定同位素 j 的营养富集因子的均值和先验分布变量。

利用模型输出消费者所具有的每个食物来源的贡献率范围，按照食源累计贡献率50%的置信区间的下限大于5%来确定捕食者与被捕食者之间是否存在捕食关系，构建食物网营养结构模型。

三、食物网复杂性评估指标

复杂程度较高的食物网表明，生态系统对外部干扰具有更大的恢复力（Peralta-

Maraver et al., 2017）。食物网营养结构拓扑特征具有不同的生态学意义，从多角度为食物网复杂性的评估提供支撑（Dunne et al., 2008）。Network3D 软件（Yoon et al., 2004；Williams, 2010）和 R 软件中的 cheedar 程序包（Hudson et al., 2013）均可基于消费者的食源偏好计算食物网营养结构的多项拓扑指标。以 Network3D 软件为例进行详细介绍，首先为食物网创建一个 $n \times n$ 矩阵（其中 n 是功能群数量），以消费者为例，以食源为行，描述每个消费者的食源偏好。利用这些矩阵作为 Network3D 软件的输入数据，生成湿地食物网营养结构，每个节点代表一个功能群，每个链接的宽度与食源有机体的重要性成正比。同时，Network3D 软件计算出一系列具有生态意义的食物网营养结构拓扑指标，主要包括物种、链接、链长和统筹指标，以综合评估湿地食物网复杂性。

（一）物种指标

在食物网结构研究中，"物种"往往指的是营养物种，即在食物网中共享相同捕食者和猎物的功能群类群。根据其捕食与被捕食特征将物种分为基础、中间、顶级、草食性及杂食性等功能群类型，其具体定义及生态学含义见表 4.1。此外，食物网中猎物与消费者的比例为（基础物种比例+中间物种比例）／（中间物种比例+顶级物种比例）。

表 4.1　食物网物种指标定义及生态学含义

物种指标	定义	生态学含义
顶级物种比例（FracTop）	没有捕食者物种的比例	顶级捕食者可能通过较低的营养水平引起间接的自上而下的影响，如营养级联
中间物种比例（FracIntermed）	中间物种（捕食者和被捕食者均有）的比例	中间物种的比例影响着下层和上层营养层之间食物网的连通性。中间物种的比例与连通度和杂食性水平正相关
基础物种比例（FracBasal）	基础物种（没有被捕食者）的比例	少量基础物种在食物网的基部形成漏斗状
草食性物种比例（FracHerbiv）	只消耗基础物种的物种比例	—
杂食性物种比例（FracOmniv）	从基础物种和较高营养水平取食的物种的比例	杂食性动物的比例越高，提高杂食性的可能性越大。随着食物链的延长和营养水平的增加，杂食性变得越来越普遍

（二）链接指标

这一类包括对食物网链接密度和连通度的度量，均是基于食物网中的功能群数量（S）和链接数（L）。它们是许多群落稳定性理论和结构理论的核心，在群落生态学中起着关键作用。三种功能群类群（顶级、中间、基础功能群）两两之间的链接比例也属于该类指标（表 4.2）。

表 4.2 食物网链接指标定义及生态学含义

复杂性指标	定义	生态学含义
功能群数量（S）	食物网中营养节点的数量	物种多样性可能反映了潜在生态过程（如生产力和稳定性）的综合影响
链接数（L）	食物网中非零链接的数量	链接丰富度对食物网的复杂性和能量流动的路径数量有影响
链接密度（L/S）	每个物种的平均链接数（捕食者或被捕食者链接）	每个物种之间的平均链接数揭示了食物网中物种之间的联系
连通度（L/S^2）	食物网中的链接饱和，链接数/物种数^2	连通度是衡量食物网复杂性的基本指标。根据食物网结构（随机与非随机）或相互作用强度如何分布，连通度与食物网鲁棒性可能是负相关，也可能是正相关
平均聚类系数（MeanClusterCoeff）	相邻种的平均聚类；两个类群与同一类群相链接的概率	聚类程度越高的食物网包含的类群相互联系越紧密。与连通度相似，聚类也会影响食物网的稳定性

（三）链长指标

食物链是食物网矩阵中从任何功能群到基础功能群的独特路径。一些指标基于食物链捕获食物网的复杂性，如平均短加权营养级、平均最短食物链、平均特征路径长度等，其具体定义及生态学含义见表 4.3。

表 4.3 食物网链长指标定义及生态学含义

链长指标	定义	生态学含义
平均短加权营养级（MeanSWTL）	平均短加权营养水平	营养水平是食物网垂直结构的中心特征，与食物链的长度有关。营养水平的高度反映了维持顶级捕食者生存的生态过程
平均最短食物链（MeanShortChn）	从任何物种到任何基础物种平均最短的链长度	食物链的稳定性取决于它们的长度。短链比长链更稳定。在更多产的生态系统中，食物链可能会延长
平均特征路径长度（CharPathLen）	种对间的平均最短链路集（其中链路被视为无向链路）	其值与食物网复杂性负相关

（四）统筹指标

对食物网结构的统筹描述中，Schoener（1989）引入了一般性（generality）和脆弱性（vulnerability）指标，分别代表了每个消费者的平均猎物数量和每个猎物的平均消费者数量。Williams 和 Martinez（2000）进一步量化了一般性和脆弱性指标的可变性，即一般性标准差（GenSD）和脆弱性标准差（VulSD）（表 4.4）。

表 4.4　食物网统筹指标定义及生态学含义

统筹指标	定义	生态学含义
一般性标准差（GenSD）	平均每个功能群的被捕食者/资源数量的标准差，不包括同类相食	若 VulSD 高于 GenSD，则表示对于给定功能群，其消费者数量比资源数量的变化性更大，反之则更小
脆弱性标准差（VulSD）	每个功能群的平均捕食者/消费者数量的标准差	

四、食物网稳定性定量化评估模型与方法

生态系统稳定性是一个多维度的概念（Donohue et al., 2013），具有不同的层次，主要包括变异性、抵抗力、弹性、持久性和鲁棒性，其中基于生态系统数学模型则包含局域稳定性（local stability）、全局稳定性、李雅普诺夫稳定性和结构稳定性。目前发展的食物网稳定性理论分析的定量化方法主要包括渐进稳定性（局域稳定性）、弹性、持久性、结构稳定性、时间稳定性、次生灭绝力、鲁棒性、入侵抵抗力等（Landi et al., 2018）。其中相互作用强度矩阵法、环重法及次生灭绝法受到国内外广泛关注。

（一）相互作用强度矩阵法

以 Moore、de Ruiter、Neutel 为代表的生态学家，采用理论食物网的数学方法与野外监测食物网的实测数据相结合，进一步与 May（1973）建立的局域稳定性数学分析方法结合，发展出一套以食物网生物要素的相互作用强度矩阵为体系的量化食物网稳定性的方法体系，该体系集合了食物网 L-V（Lotka-Volterra）模型和面向过程模型，以相互作用强度矩阵（interaction strength matrix，所有相互作用强度的大小和排列方式）和分室（compartment，某些物种的集合，集合内部相互作用强，集合之间相互作用无或极弱）反映食物网稳定性（陈云峰等，2013）。

基于 L-V 竞争模型，建立湿地生态系统食物网 L-V 模型。其中，生产者或消费者种群动态为

$$\dot{X}_i = X_i \left[b_i + \sum_{j=1}^{n} c_{i,j} X_j \right] \tag{4.8}$$

式中，$\dot{X}_i$ 为物种 i 的增长率，即 $\dot{X}_i = \mathrm{d}X_i/\mathrm{d}t$；$X_i$、$X_j$ 为种群 i、种群 j 的种群密度；b_i 为内禀增长率（净增长率，出生率减去死亡率）或物种的特定死亡率（非捕食死亡率，包括内禀死亡率和种内竞争死亡率）；$c_{i,j}$ 为种群 i 与种群 j 的相互作用系数（捕食者对被捕食者的影响或被捕食者对捕食者的影响，当 $i=j$ 时，代表种内竞争相互作用）。

碎屑者种群动态为

$$\dot{X}_d = R_d + \sum_{i=1}^{n} \sum_{j=1}^{n} (1 - a_i) C_{ij} X_j X_i + \sum_{i=1}^{n} d_i X_i - \sum_{j=1}^{n} C_{dj} X_d X_j \qquad (4.9)$$

式中，$\dot{X}_d$ 为碎屑者种群的增长率，即 $\dot{X}_d = \mathrm{d}X_d/\mathrm{d}t$；$R_d$ 为落叶、根系分泌物进入土壤的速率；a_i 为种群 i 的同化效率；C_{ij} 为种群 j 对种群 i 的取食系数；C_{dj} 为种群 j 对碎屑者种群的消费系数；X_i、X_j、X_d 为种群 i、种群 j、碎屑者种群 d 的种群密度；d_i 为种群 i 的特定死亡率（非捕食死亡率，包括内禀死亡率和种内竞争死亡率）。

食物网面向过程模型定量描述了捕食者取食被捕食者后生物量的流转过程。其中，假定各物种处于平衡态，各物种生物量保持恒定，即物种增长的生物量与因自然死亡和被其他物种捕食的生物量相等，即

$$F_j a_j p_j = d_j B_j + M_j \qquad (4.10)$$

式中，F_j 为物种 j 对被捕食者的捕食率；d_j 为物种 j 的特定死亡率；B_j 为物种 j 的生物量，对于多年多次野外取样，其生物量的平均值可以近似代替平衡态时的生物量，即 $X_j^* = B_j$；a_j 为同化效率；p_j 为生产效率，即同化的生物量以一定的比率（生产效率）转化为捕食者的生物量；M_j 为物种 j 被其他功能群捕食的损失生物量。

对于杂食性物种，则

$$F_{ij} = \frac{w_{ij} B_j}{\sum_{k=1}^{n} w_{kj} B_k} F_j \qquad (4.11)$$

联系食物网 L-V 模型，则

$$F_{ij} = C_{ij} X_i X_j \qquad (4.12)$$

式中，F_{ij} 为捕食者物种 j 对某一被捕食者 i 的取食率；F_j 为捕食者物种 j 对其所有被捕食者的取食率；w_{ij} 为捕食者物种 j 对其某一被捕食者的取食偏好系数；B_k 为被捕食者 k 的生物量。

在平衡点处，采用泰勒展开式将二维模型降为一维，构建雅可比矩阵，即群落矩阵。具体计算过程如下：

在平衡点处，生产者或消费者物种动态变化的泰勒展开式为

$$g(\dot{X}_i) = f_i(X_1^*, X_2^*, \cdots, X_n^*) + (X_1 - X_1^*) \frac{\partial f_i}{\partial X_1} + (X_2 - X_2^*) \frac{\partial f_i}{\partial X_2} + \cdots + (X_n - X_n^*) \frac{\partial f_i}{\partial X_n}$$

$$(4.13)$$

由于定义物种处于平衡态，则

$$f_i(X_1^*, X_2^*, \cdots, X_n^*) = 0 \qquad (4.14)$$

令 $x_i = X_i - X_i^*$，则 $\dot{x}_i = \dot{X}_i$，式（4.13）写成矩阵形式为

$$\begin{bmatrix} \dot{x}_1 \\ \dot{x}_2 \\ \vdots \\ \dot{x}_n \end{bmatrix} = \begin{bmatrix} \dfrac{\partial f_1}{\partial X_1} & \dfrac{\partial f_1}{\partial X_2} & \cdots & \dfrac{\partial f_1}{\partial X_n} \\ \dfrac{\partial f_2}{\partial X_1} & \dfrac{\partial f_2}{\partial X_2} & \cdots & \dfrac{\partial f_2}{\partial X_n} \\ \vdots & \vdots & \ddots & \vdots \\ \dfrac{\partial f_n}{\partial X_1} & \dfrac{\partial f_n}{\partial X_2} & \cdots & \dfrac{\partial f_n}{\partial X_n} \end{bmatrix} \times \begin{bmatrix} X_1 \\ X_2 \\ \vdots \\ X_n \end{bmatrix} \tag{4.15}$$

式中，各偏导数组成的矩阵即为雅可比矩阵，即群落矩阵 A。将 $\partial f_i / \partial X_j$ 展开，则

$$A = \begin{bmatrix} \left(r_1 + \sum\limits_{i=1}^{j} C_{1i}X_1^*\right) + C_{11}X_1^* & C_{12}X_1^* & \cdots & C_{1n}X_1^* \\ C_{21}X_2^* & \left(r_2 + \sum\limits_{i=2}^{j} C_{2i}X_2^*\right) + C_{22}X_2^* & \cdots & C_{2n}X_2^* \\ \vdots & \vdots & \ddots & \vdots \\ C_{n1}X_n^* & C_{n2}X_n^* & \cdots & \left(r_n + \sum\limits_{i=1}^{j} C_{ni}X_n^*\right) + C_{nn}X_n^* \end{bmatrix}$$

$$\tag{4.16}$$

该矩阵上三角元素 $C_{ij}X_i^*$ 代表物种 j（捕食者）对物种 i（被捕食者）的相互作用强度。下三角元素 $C_{ji}X_j^*$ 代表物种 i（被捕食者）对物种 j（捕食者）的相互作用强度。当平衡态时，$r_i + \sum\limits_{j=1}^{n} C_{ij}X_j = 0$，因此对角线又可以写为 $C_{ii}X_i^*$，表示物种 i 的种内作用强度。因此

$$C_{ii}X_i^* = -s_i d_i \tag{4.17}$$

式中，s_i 为种内竞争死亡率占特定死亡率的比例（$0 \leqslant s_i \leqslant 1$）。

结合消费者物种动态式（4.8），则可将矩阵 A 转化成

$$A = \begin{bmatrix} -s_1 d_1 & C_{12}X_1^* & \cdots & C_{1n}X_1^* \\ a_2 p_2 C_{21}X_2^* & -s_2 d_2 & \cdots & C_{2n}X_2^* \\ \vdots & \vdots & \ddots & \vdots \\ a_n p_n C_{n1}X_n^* & a_n p_n C_{n2}X_n^* & \cdots & -s_n d_n \end{bmatrix} \tag{4.18}$$

此时，物种 j 对物种 i 的作用强度（α_{ij}）为当平衡态时（$\dot{X}_i = 0$），物种 j 密度轻微变化后，物种 i 密度的瞬时变化率，即

$$\alpha_{ij} = \left(\frac{\partial \dot{X}_i}{\partial X_j}\right)^* \tag{4.19}$$

结合面向过程模型，对于式（4.19），则上三角元素中捕食者 j 对被捕食者 i 的相互作

用强度为

$$\alpha_{ij} = C_{ij}X_i^* = -\frac{F_{ij}}{B_j} \tag{4.20}$$

下三角元素中被捕食者 i 对捕食者 j 的相互作用强度为

$$\alpha_{ji} = a_j p_j C_{ij}X_j^* = \frac{a_j p_j F_{ij}}{B_i} \tag{4.21}$$

对角线种内相互作用强度为

$$\alpha_{ii} = C_{ii}X_i^* = -s_i d_i \tag{4.22}$$

食物网稳定性状态的判断方法如下：如果矩阵 A 的所有特征值（实数或复数的实部）均小于 0，则表明食物网模型中所有物种都朝着平衡态方向发展，即可判断系统趋于稳定。s 值越小，食物网越稳定。这种方法假设系统处于平衡状态，并受到小扰动。

另外，可用恢复时间（Recovery time）来量化食物网稳定性，其定义为雅可比矩阵主特征值的实部的负倒数，即

$$\text{Recovery time} = -1/\text{real}(\lambda_{\max}) \tag{4.23}$$

恢复时间越长，食物网稳定性越差。

（二）环重法

在真实的食物网中，相互作用的强度是以营养循环的方式组织的，长反馈环包含了相对较多的弱链接。环重的定义为食物网矩阵中相互作用强度绝对值的几何平均值，环重分析可以作为探索复杂群落结构和组织的有用工具（Neutel et al., 2007）。

通过将经验模式的食物网与随机对照的食物网区分开，最大环重已被证明能够表征和解释食物网的自然组织。食物网的复杂性是由自然的生产力梯度造成的，并确定了控制整个食物网稳定性的反馈环。食物网的复杂性增加，但并不是它们本身的复杂性，而是反馈环上的链接强度的组织（以杂食性环的最大环重衡量）决定了它们的稳定性。

生物群落中种群间相互作用强度形成了对系统稳定性至关重要的模式，捕食者和被捕食者之间相互作用强度的非随机模式大大增强了系统稳定性。这种模式提高了食物网的稳定性，因为它减少了最大环重，从而减少了食物网矩阵稳定性所需的种内相互作用的量。这种模式是由生物量金字塔形成的，这是大多数生态系统的共同特征，长环的低环重稳定了复杂的食物网。

环重定义为环中雅可比元素绝对值（即相互作用强度）的几何平均值：

$$w^{(k)} = \left| \frac{\alpha_{i_1 i_2} \alpha_{i_2 i_3} \cdots \alpha_{i_k i_1}}{d_{i_1} d_{i_2} \cdots d_{i_k}} \right|^{1/k} \tag{4.24}$$

式中，$w^{(k)}$ 是一个长度为 k 的环按比例缩放的环重，可以有不同长度为 k 的环，因此有不同的环重。

$$a = \frac{\left\{ \left| \sum\limits_{j \in M} \sum\limits_{i \in \Delta_j} \alpha_{ij} \right| \left(\sum\limits_{j \in M} \sum\limits_{i \in \Delta_j} \alpha_{ij} \right) \right\}^{1/2}}{L(d_1 \cdots d_n) \dfrac{1}{n}} \tag{4.25}$$

式中，L 是捕食链接的总数；M 是所有捕食者物种的指数集合；Δ_j 是 j 的被捕食者种类的指标集；d_i 是平衡状态下 i 的自然总死亡率（定义为正），是一个比例因子，用于使该指标与稳定性指标相比较，后者也与这些死亡率相关。由于正、负相互作用强度存在约两个数量级的系统差异，将负自顶向下效应和正自底向上效应的几何平均值分开考虑。取平均值的精确方式对结果模式没有影响。

杂食性最大环重与食物网稳定性密切相关（图 4.2），杂食性最大环重越大，相应的食物网稳定性越差。

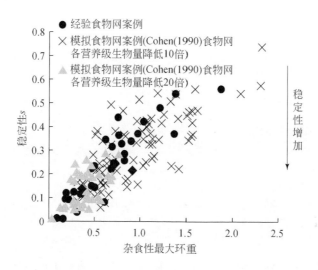

图 4.2　杂食性最大环重与食物网稳定性 s 的关系（Cohen et al., 1990；Neutel et al., 2007）

在所有的食物网中，环重随着环长而减少；所有食物网中杂食性最大环重是环长为 3 个时（自上而下 2 个，自下而上 1 个）。Neutel 等（2007）通过测量被锁定在杂食性动物中的三个相互作用的"物种"的反馈环的环重，捕捉到食物网的稳定性。这是在一个限制其稳定性的捕食者-被捕食效应网络中最重的三链接反馈环。捕食-被捕食群落（至少一个三链接环）的稳定性受长度为 3 的（正反馈）杂食性环的最大环重限制，生态形式上描述为

$$\max_{E_3} \left\{ \left(\frac{f_{23}}{d_3} \frac{f_{12}}{d_2} e_{13} \frac{f_{13}}{d_1} \frac{B_3}{B_1} \right)^{1/3} \right\} \tag{4.26}$$

式中，E_3 是长度为 3 的杂食性环的集合；下标 1、2 和 3 分别指环中的底部被捕食者、中间捕食者和顶部捕食者；f_{ij} 是捕食者 j 对其处于平衡状态的被捕食者 i 的质量比捕食率；e_{ij} 是捕食者 j 将食物从被捕食者 i 转化为生物量的效率；d_i 是平衡态时物种 i 的特定死亡率

（即非捕食者死亡率）；B_j 是捕食者 j 的平衡生物量。

式（4.26）清楚地揭示了生物体特性和生物量结构如何影响环重，从而影响稳定性。较低的顶部底部生物量比例（B_3/B_1）有助于降低环重，同样，顶部捕食者对中间和底部被捕食者（$f_{23}f_{13}$）的偏好也是如此。例如，如果杂食动物按照被捕食者的生物量捕食，中间和底部被捕食者的低生物量比值可以增强后一种效果。捕食者和被捕食者的比例越低，食物网就越稳定（图4.3）。捕食者-被捕食者生物量比值被定义为食物网中直接决定式（4.26）的生物量比值（即决定最大杂食性环重的环中相互作用强度）。

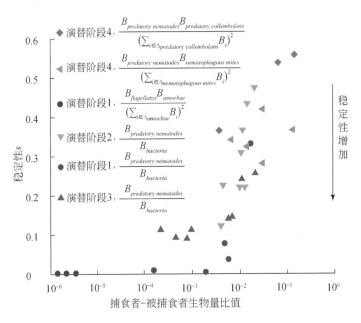

图4.3 捕食者-被捕食者生物量比值与食物网稳定性 s 的关系（Cohen et al.，1990；Neutel et al.，2007）
不同形状和颜色的图例代表了不同的捕食者-被捕食者生物量比值表达式和食物网所处的生态系统演替阶段（演替阶段1-土壤层为裸土、矿质层；演替阶段2-土壤层为稀疏草丛、矿物层；演替阶段3-土壤层为草本植被茂密、腐殖质富集层；演替阶段4-土壤层为林下木本植被，有机凋落物层

结果表明，在生态系统演替过程中，生物量的增加与减少是一种交替变化的模式：生物量在最高营养水平上积累，导致最大环重的增加和稳定性的下降。新的结构是由一个新的顶级捕食者的入口创造的，这导致下层营养层对较低被捕食者的捕食压力降低，从而降低最大环重，增加稳定性。在最高营养水平上进一步积累的生物量使一个新的杂食性环最重，增加最大环重和再次降低稳定性。这些反馈环的环重在演替过程中由于生物量的增加而保持在相对较低的水平，复杂性并不会增强不稳定性；在这些杂食性环中，低捕食者-被捕食者生物量比值在保持稳定性方面至关重要。

（三）次生灭绝法

次生灭绝是指当某个物种移除后，剩余的物种由于直接或间接的作用失去能量输入或能量输入不足以维持生存而发生的灭绝（Dunne et al.，2002）。对食物网进行物种移除有"拓扑研究的序列移除"及"动力学研究的序列移除"两种方式（赵磊，2017）。基于食物网的拓扑特性进行物种移除后的拓扑分析，并模拟物种移除后次生灭绝的情况，其模拟步骤如下：

1）将食物网视为二元网络（binary network），即物种 i 被物种 j 捕食则将元素 a_{ij} 记为 1，不存在捕食关系则记为 0，以此得到整个食物网的捕食关系矩阵 A；

2）计算节点 i 的链接数 D_i，包括流入和流出，即 $D_i = \sum_i a_{ji} + \sum_j a_{ij}$；

3）依据节点的链接数和生物量，根据不同的序列移除某个具有链接数或生物量最大或最小值的节点，即将其所在矩阵中的行和列的元素均设置为 0；

4）计算发生次生灭绝的节点，即列向量之和为 0 的节点（需排除生产者）；

5）重复步骤 4）直到再也没有次生灭绝发生；

6）重复步骤 2）~5），直到食物网崩塌，即不存在任何物种。

动力学研究的序列移除是按不同的移除序列逐步进行物种移除。每次移除后模拟 1000 个步长单元，并记录这 1000 个步长单元内物种灭绝的数目为次生灭绝数（secondary extinction，SE）。模拟过程中，若一个物种的生物量低于 10^{-30} gC/m^2，则认为该物种灭绝。当遇到两个及以上的物种在序列中处于同一位置时，随机选择其中一个。移除序列会在每次移除前按照当前的食物网结构和碳流动来重新计算并重新排序。为保证能量循环的完整性，碎屑分类群不计入移除序列，模拟会一直进行到食物网中只剩下碎屑。

通过累计次生灭绝曲线的形式进行食物网稳定性分析，见图 4.4（a）。累计次生灭绝

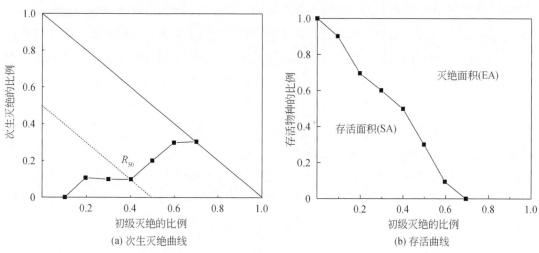

图 4.4 次生灭绝法中食物网稳定性的三种度量方式：SE、R_{50} 与 SA（赵磊，2017）

曲线的横坐标为累计移除的物种数所占总物种数的比例，纵坐标为累计发生的次生灭绝数所占总物种数的比例。该曲线越陡峭，说明次生灭绝数越多，食物网越不稳定。由此发展出半数稳健性 R_{50}、存活面积等表征稳定性的指标（Dunne et al.，2002）。半数稳健性 R_{50} 指的是使食物网中超过 50% 的物种灭绝所需要的初级灭绝数目，若 R_{50} 值较低，说明次生灭绝较多，生态系统稳定性较低。当出现 R_{50} 介于两个物种之间，即移除上一个物种后不到半数灭绝，而移除下一个物种后超过半数灭绝时，可通过线性插值来计算 R_{50} 的实际值。

存活曲线是指存活物种比例随初级灭绝比例的变化曲线［图4.4（b）］，可用于统计不同移除序列下食物网随着原生灭绝的进行而存活（即仍有物种没有灭绝）的情况。存活面积是指在存活曲线以下部分的面积，设总物种数为 S，初级灭绝为 p，经过初级灭绝和次生灭绝后的存活物种数为 N_ρ，则存活面积（SA）为

$$SA = \frac{\sum_{\rho=1}^{s} N_\rho}{S^2} \tag{4.27}$$

SA 的值满足 SA+EA＝1，其中 EA 指的是灭绝面积。SA 与稳定性呈现正相关，SA 的值越大，稳定性越高。

第二节　白洋淀食物网各营养级结构变化分析

水生食物网由多个营养水平构成，各营养级生物的结构变化及它们之间的上行/下行作用对食物网营养结构有着十分重要的影响。浮游植物是水域生态系统的重要组成部分，是生态系统中重要的初级生产者，且是水中溶解氧的主要供应者，它启动了水域生态系统中的食物网，在水域生态系统的能量流动、物质循环和信息传递中起着至关重要的作用；浮游植物能对水体营养状态的变化迅速做出响应，其群落结构及丰度的时空变化特征与环境因子关系密切。浮游动物是湖泊生态系统中重要的次级消费者，在水域生态系统食物网中起着承上启下的作用，是影响湖泊生态系统结构和功能以及对人类干扰反应敏感的关键种类。相对于浮游植物，浮游动物具有较大生物量和较长的生活史，可反映长期对营养物质的同化作用和环境变化，浮游动物在湖泊营养状态评估和富营养湖泊的生态治理上具有重要的地位。大型水生植物作为浅水湖泊生态系统的重要生物组成部分，能够调节水体的理化环境，并在湖泊演化和生态平衡中起到关键的调节作用。大型底栖动物活动区域较小、生活习性稳定，对外界干扰反应较为敏感，能影响水体中物种循环和能量流动的方式，是维持生态系统健康的关键，并对水质监测具有重要的指导作用。鱼类是湖泊中的主要消费者，鱼类资源情况和水域生态系统的生态平衡与经济生产力息息相关。

一、白洋淀食物网中各营养级结构的时间变化

通过文献调研及野外采样等方法，系统调查和分析了近60年白洋淀各营养级物种数的变化情况（图4.5）。整体而言，近60年来，白洋淀各营养级物种数均呈现不断减少的趋势，在一定程度上反映了白洋淀生态环境质量的恶化。

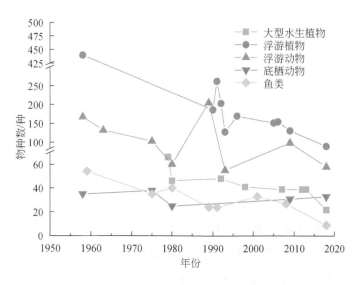

图4.5 近60年白洋淀各营养级物种数的变化

1958年调查显示浮游植物的物种数高达440种，隶属7门129属（王乙震，2015）；近60年内其大体上呈现逐年减少的趋势，白洋淀在1971~1972年的部分时段发生干淀，在1983~1987年连续五年干淀，这对浮游植物种群产生很大影响。20世纪90年代初期，随着淀区水位的恢复，白洋淀浮游植物物种数恢复到约263种，随后又持续下降（高芬，2008）。2018年所调查到浮游植物物种数最少，仅90种，隶属7门89属。

近60年白洋淀浮游动物的门类没有明显变化，但属种和种群数量变化很大（沈嘉瑞和张崇洲，1964；沈嘉瑞和宋大祥，1965；邢晓光，2007）。1958年调查发现浮游动物85属167种，其中原生动物38属、轮虫60种、枝角类29种；1975年调查发现浮游动物103种，其中原生动物、轮虫、枝角类分别减少到24属、49种和23种；1980年调查发现浮游动物50属60种，较20世纪50年代有大幅减少；1989年调查发现浮游动物物种数达205种，是近60年最高，其和浮游植物物种数变化趋势一致，均在20世纪90年代初期较多，随后急剧减少；2018年调查发现浮游动物物种数仅31属58种。

1958年调查发现底栖动物35种，蚌类是优势种；1975年调查发现底栖动物38种，

由于水质污染，蚌类种群数量减少；1980 年调查发现底栖动物 25 种，物种数较之前大幅减少（Xu et al., 1998）；2009 年及 2018 年调查分别发现底栖动物 31 种和 33 种，与历史年份的物种数变化不大，但具体种类及优势种发生了改变。

20 世纪 50 年代，白洋淀有较好的水体自然流动过程，白洋淀鱼类资源丰富，1960 年郑葆珊等记载有鱼类 54 种，隶属 11 目 17 科 50 属，以鲤、黑鱼、黄颡鱼等大型鱼类为主，且存有青鱼、鲂等溯河性鱼类；1975～1976 年调查发现鱼类 5 目 11 科 33 属 35 种；1980 年调查发现鱼类 40 种，隶属 8 目 14 科 37 属；1989～1991 年调查发现鱼类 24 种，隶属 5 目 11 科 23 属；2001～2002 年调查发现鱼类 33 种，隶属 7 目 12 科 30 属；2008 年调查发现鱼类 27 种；2018 年采集到的鱼类仅 3 科 9 种（程伍群等，2018）。白洋淀鱼类物种数呈现逐渐减少的趋势。

白洋淀大型水生植物包括挺水植物、沉水植物、浮叶植物和漂浮植物等，1979 年调查发现大型水生植物 66 种，挺水植物、沉水植物、浮叶植物和漂浮植物分别为 28 种、20 种、13 种和 5 种；1980 年调查发现大型水生植物 46 种，挺水植物、沉水植物、浮叶植物和漂浮植物分别为 19 种、17 种、5 种和 5 种；1991～1993 年调查发现大型水生植物 48 种，挺水植物、沉水植物、浮叶植物和漂浮植物分别为 21 种、15 种、8 种和 4 种；1998 年调查发现大型水生植物 41 种，挺水植物、沉水植物、浮叶植物分别为 18 种、15 种、8 种，未发现漂浮植物；2007 年和 2012 年调查均发现大型水生植物 39 种，挺水植物、沉水植物、浮叶植物、漂浮植物分别为 16 种、14 种、6 种、3 种；2013～2015 年调查发现大型水生植物 39 种，挺水植物、沉水植物、浮叶植物、漂浮植物物种数有波动，分别为 15 种、13 种、9 种、2 种；2018 年调查仅发现大型水生植物 22 种，挺水植物、沉水植物、浮叶植物和漂浮植物分别为 7 种、9 种、3 种和 3 种，优势种为芦苇、狭叶香蒲、莲、金鱼藻属等。近 60 年来，大型水生植物物种数总体呈逐渐降低趋势。图 4.5 显示白洋淀各营养级生物的物种数均呈现减少趋势，可能是由于采样方法不同、人类活动干扰、物种入侵与消失等变化，总体表现出白洋淀生态系统物种多样性降低。

二、白洋淀食物网中各营养级结构的空间变化

本节选取白洋淀淀区的烧车淀、南刘庄、端村、枣林庄、采蒲台、光淀张庄、王家寨、鸳鸯岛、杨庄子、寨南、捞王淀、东田庄、圈头、府河入淀口 14 个典型国控站点作为采样点（图 4.6），采样点的布设基本覆盖了整个淀区。于 2018 年 6 月、11 月及 2019 年 4 月、7 月、10 月进行野外采样及监测，采集浮游生物、大型植被、底栖生物及鱼类样品。初步分析白洋淀流域初级生产者和初级消费者的结构。

图 4.7 给出了白洋淀淀区和三条有水入淀河流（府河、白沟引河及孝义河）的浮游生

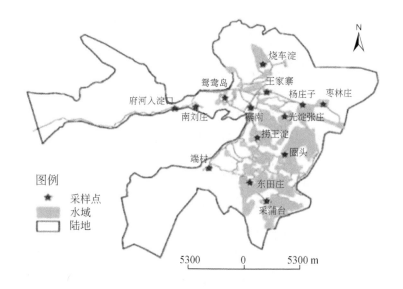

图4.6 白洋淀淀区采样点布设

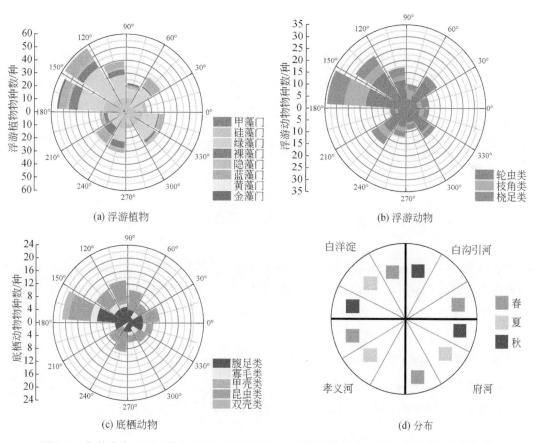

图4.7 白洋淀淀区和三条入淀河流的浮游生物、底栖动物物种数及物种组成的变化情况

物及底栖动物物种数及物种组成的变化情况。可以发现，淀区浮游植物物种数在夏季最高，有 58 种，包括甲藻门、硅藻门、绿藻门、裸藻门、隐藻门、蓝藻门共 6 个门，以绿藻门居多，为 29 种；白沟引河的浮游植物物种数在夏季最高，为 33 种，包括甲藻门、硅藻门、绿藻门、裸藻门、隐藻门、蓝藻门、黄藻门共 7 个门，以绿藻门居多，共 18 种；孝义河的浮游植物物种数在秋季最高，为 31 种，包括甲藻门、硅藻门、绿藻门、裸藻门、隐藻门、蓝藻门共 6 个门，以硅藻门最多，为 11 种；府河的浮游植物物种数在夏季最高，为 30 种，包括硅藻门、绿藻门、裸藻门、隐藻门、蓝藻门共 5 个门，以硅藻门居多，为 13 种。

淀区浮游动物物种数在秋季最高，为 34 种，轮虫类、枝角类和桡足类分别为 18 种、9 种、7 种，白沟引河的浮游动物物种数在夏季最高，为 16 种，轮虫类、枝角类和桡足类分别为 13 种、0 种、3 种，孝义河的浮游动物物种数在夏季最高，为 18 种，轮虫类、枝角类和桡足类分别为 12 种、3 种、3 种，府河的浮游动物物种数在夏季最高，为 15 种，轮虫类、枝角类和桡足类分别为 12 种、1 种、2 种。

淀区底栖动物物种数在秋季最高，有 21 种，高于春、夏季的 12 种和 12 种，且包括腹足类、寡毛类、甲壳类、双壳类，这四类分别为 10 种、2 种、7 种和 2 种；白沟引河的底栖动物物种数在春秋季最高，均为 10 种，以腹足类和昆虫类为主；孝义河的底栖动物物种数在秋季最高，有 9 种，以腹足类和昆虫类为主；府河的底栖动物物种数在秋季最高，有 8 种，腹足类、寡毛类和昆虫类分别为 5 种、1 种和 2 种。

第三节　白洋淀湿地食物网结构演变趋势

一、白洋淀食物网关键功能群的划分及组成

在白洋淀各营养级分析的基础上，分析白洋淀生态系统食物网结构在长时间尺度上的演变过程。湿地食物网功能群常用的划分依据为：栖息环境相似或相同；生物个体大小相似（大型、中型、小型）；主要的食物组成及摄食方式相似（肉食性、杂食性、草食性、滤食性）；历年调查资料的数据可得性。

表 4.5 给出了白洋淀淀区食物网的功能群划分及组成情况，共划分了 12 个功能群，其中初级生产者包括沉水植物、浮游植物和碎屑等；肉食性鱼类包括乌鳢、翘嘴红鲌等，它们是淡水食物网中的顶级种，位于食物网中的最高营养级。

表4.5 白洋淀关键功能群划分及组成

编号	功能群	英文名	缩写编码	物种组成
1	碎屑	Detritus	Detr	颗粒和溶解的有机物
2	沉水植物	Submerged macrophyte	SubM	龙须眼子菜、菹草、金鱼藻、狐尾藻、轮叶黑藻等
3	浮游植物	Phytoplankton	Phyt	蓝藻、绿藻、硅藻、隐藻、裸藻、金藻、甲藻7个门
4	浮游动物	Zooplankton	Zoop	枝角类、桡足类、轮虫、原生动物
5	小型底栖动物	Micro zoobenthos	MicZ	寡毛类、摇蚊幼虫等
6	软体动物	Mollusk	Moll	中华圆田螺、铜锈环棱螺、赤豆螺等
7	草食性鱼类	Herbivorous fish	HerF	草鱼、鳊
8	滤食性鱼类	Filter-feeding fish	FilF	鲢、鳙
9	野杂鱼	Fingerling	Fing	白条、麦穗鱼、棒花鱼、鳑鲏等
10	小型杂食性鱼类	Small omnivorous fish	SomF	鲫、黄颡鱼
11	大型杂食性鱼类	Large omnivorous fish	LomF	鲤
12	肉食性鱼类	Carnivorous fishes	CarF	乌鳢、翘嘴红鲌、鳜

二、白洋淀食物网功能群的营养级变化

营养级能够确定消费者在食物链中所处的相对位置。有研究发现，湖泊环境的时空异质性会使生物营养级发生变动，营养级的变动往往意味着水生态环境发生大的改变，具有较高营养水平的生物体更容易杂食（Jennings and Mackinson，2003）。图4.8 给出了近60年白洋淀食物网各功能群营养级的演变情况。

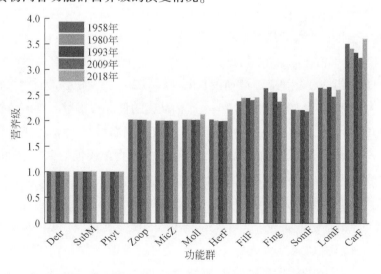

图4.8 近60年白洋淀食物网各功能群营养级的演变情况

白洋淀食物网中，肉食性鱼类功能群始终位于白洋淀食物网的顶端，营养级为 3.240～3.676，大型杂食性鱼类功能群次之，营养级为 2.480～2.664，此外，在 20 世纪 50 年代、80 年代及 90 年代，野杂鱼功能群营养级普遍高于剩下的其他鱼类消费者功能群营养级，但 21 世纪初滤食性鱼类功能群营养级更高，2018 年小型杂食性鱼类营养级大幅增长，成为白洋淀食物网中除肉食性鱼类和大型杂食性鱼类外，营养级第三高的消费者功能群。除大型杂食性鱼类和野杂鱼功能群外，其他鱼类消费者功能群（肉食性鱼类、小型杂食性鱼类、滤食性鱼类、草食性鱼类）在 2018 年的营养级均高于历史年份，大型杂食性鱼类功能群营养级在 20 世纪 90 年代最高，野杂鱼功能群营养级在 20 世纪 50 年代最高；滤食性鱼类功能群营养级在 20 世纪 50 年代最低，其他鱼类消费者功能群营养级均在 21 世纪初最低。总的趋势是 21 世纪初大部分鱼类消费者功能群营养级较历史年份降低，而 21 世纪10 年代大部分鱼类消费者功能群营养级增加，且高于历史年份。

总体而言，白洋淀食物网大部分消费者功能群（肉食性鱼类、小型杂食性鱼类、滤食性鱼类、草食性鱼类、软体动物）营养级均在 2018 年达到最高，大型杂食性鱼类功能群营养级在 1993 年最高，野杂鱼功能群营养级在 1958 年最高。同时发现，除滤食性鱼类外，其他鱼类消费者功能群营养级均在 2009 年最低，有研究表明，与历史资料相比，某些鱼类消费者营养级下降，这些鱼种摄食饵料生物营养级下降是其营养级降低的一个主要原因。

三、白洋淀食物网功能群的食源组成变化

基于文献调研获得的先验知识，结合胃肠含物分析及稳定同位素分析，通过贝叶斯稳定同位素混合模型对白洋淀食物网功能群的食源组成进行定量化。图 4.9 给出了近 60 年白洋淀食物网功能群的食源组成变化情况。

近 60 年来，对于白洋淀食物网的初级消费者，碎屑和浮游植物是浮游动物的主要资源，2018 年的食源组成变化显著，碎屑的贡献大幅减少，浮游植物的贡献大幅增加，高达 88%；碎屑、浮游植物和沉水植物均对小型底栖动物的食源有贡献，浮游植物的贡献始终约为 20%，2018 年沉水植物的贡献由历史年份的 1% 左右增至 19%，伴随着碎屑贡献从 79% 左右减少至 60%；除三种基础资源外，软体动物的食源还包括少量小型底栖动物，碎屑的贡献呈现轻微下降，2009 年浮游植物的贡献增多，而沉水植物相反，2018 年小型底栖动物的贡献由历史年份的 2% 增至 13%；沉水植物曾几乎是草食性鱼类的唯一资源，碎屑、浮游植物和浮游动物的贡献基本可忽略不计，2018 年草食性鱼类的食源变得更加均衡，以沉水植物（34%）和浮游植物（32%）为主，浮游动物和碎屑的贡献也较高，分别增至 23% 和 11%；浮游植物和浮游动物始终是滤食性鱼类的主要资源，值得注意的是，2018 年碎屑的贡献有所增加（26%），伴随着浮游植物的贡献减少（28%）。

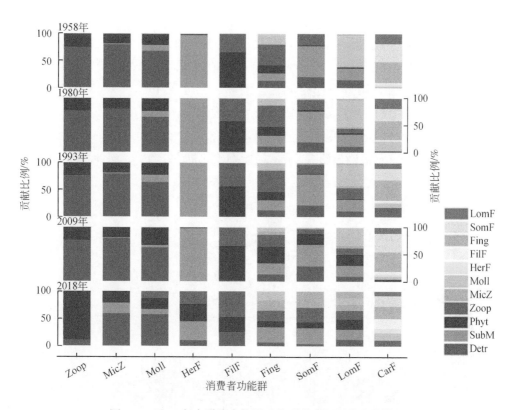

图 4.9 近 60 年白洋淀食物网功能群的食源组成变化情况

　　野杂鱼和小型杂食性鱼类的食源既包括基础资源也包括初级消费者，21 世纪初之前，浮游动物的贡献在野杂鱼食源组成中相对最高，约 40%，2009 年转变成浮游植物（31%），2018 年是沉水植物（28%）；沉水植物始终是小型杂食性鱼类的主要资源，但其贡献自 21 世纪初开始降低，2009 年碎屑和浮游植物的贡献分别增加至 29% 和 19%，2018 年沉水植物、浮游动物和小型底栖动物的贡献均在 25%~30%。

　　除基础资源和初级消费者外，野杂鱼在大型杂食性鱼类的食源中也占有一席之地，2018 年为 11%，同时可以发现，软体动物的贡献显著减少，浮游植物、浮游动物和小型底栖动物逐渐成为重要的食源组成，和沉水植物一样。白洋淀食物网的顶级消费者肉食性鱼类主要靠捕食其他各种鱼类来生存，同时，浮游植物和软体动物也是其食源中的一部分，2018 年草食性鱼类和滤食性鱼类的贡献增加，分别为 8% 和 19%，而野杂鱼、小型杂食性鱼类及大型杂食性鱼类的贡献有所降低，2018 年依次为 21%、21% 和 7%。除大型杂食性鱼类功能群的捕食行为呈现出有规律的逐年代变化外，软体动物、野杂鱼、小型杂食性鱼类及肉食性鱼类的捕食行为在 21 世纪初开始表现出较显著的改变，而浮游动物、小型底栖动物、食草性鱼类及滤食性鱼类这四种消费者功能群的捕食行为在 2018 年呈现较大的调整，不同的消费者功能群对外界环境改变响应的时间及具体的适应性行为存在显著差异。

四、白洋淀食物网营养结构模型及主要资源变化

结合文献调研、野外调查及稳定同位素分析，构建了 1958 年、1980 年、1993 年、2009 年及 2018 年的白洋淀生态系统食物网营养结构模型。图 4.10 和图 4.11 分别给出了近 60 年白洋淀食物网营养结构模型和主要资源变化情况。在历史年份（1958 年、1980 年和 1993 年），碎屑和沉水植物始终是白洋淀食物网的主要资源，其贡献率分别在 30% 和

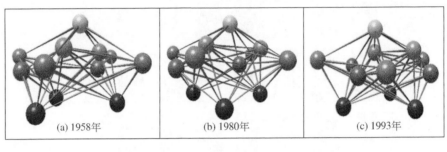

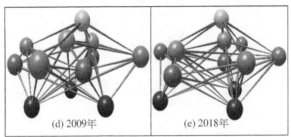

图 4.10 近 60 年白洋淀食物网营养结构模型的演变过程

代表了基础资源（红色）、中间消费者（橙色）和顶部捕食者（黄色），以及它们之间的相互作用

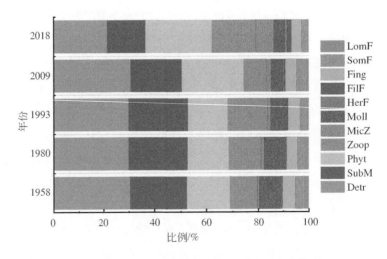

图 4.11 近 60 年白洋淀食物网主要资源变化情况

23%。而2009年的白洋淀食物网显示，浮游植物的贡献率增加，沉水植物的贡献率降低，基础资源贡献率排序为碎屑（30.66%）>浮游植物（23.69%）>沉水植物（19.96%）。2018年，基础资源对白洋淀食物网的贡献率排序变化为浮游植物（25.34%）>碎屑（21.35%）>沉水植物（15.19%），浮游植物成为当前白洋淀食物网的主要资源。总体而言，近60年时间尺度背景下，白洋淀食物网从以"碎屑-沉水植物"为主要资源转变为以"浮游植物-碎屑"为主要资源，且三种基础资源（碎屑、沉水植物、浮游植物）总贡献率变化与浮游动物-底栖动物总贡献率变化呈动态消长关系。

五、白洋淀食物网拓扑特征变化

表4.6给出了近60年白洋淀食物网典型拓扑特征变化情况。近60年白洋淀食物网结构呈现较复杂的变化。连通度、链接密度、平均聚类系数及平均特征路径长度均是反映食物网复杂性的拓扑指标，前三个指标与食物网复杂性正相关，平均特征路径长度和食物网复杂性负相关，计算的拓扑特征显示白洋淀食物网的连通度、链接密度及平均聚类系数有相同的演化特征，其值在1980年和2018年相同，且高于其他三个年份，平均特征路径长度值在1980年和2018年相同，且低于其他三个年份，这四个复杂性拓扑指标一致表明，白洋淀食物网可能在1980年和2018年较其他年份更复杂一些。

表4.6 1958年、1980年、1993年、2009年、2018年白洋淀食物网典型拓扑特征变化情况

拓扑特征	1958年	1980年	1993年	2009年	2018年
功能群数量	12	12	12	12	12
链接数	40	41	40	40	41
链接密度	3.333	3.417	3.333	3.333	3.417
连通度	0.278	0.285	0.278	0.278	0.285
平均聚类系数	0.190	0.215	0.203	0.212	0.215
平均特征路径长度	1.409	1.394	1.409	1.409	1.394
顶级物种比例	0.083	0.083	0.083	0.083	0.083
中间物种比例	0.667	0.667	0.667	0.667	0.667
基础物种比例	0.250	0.250	0.250	0.250	0.250
草食性物种比例	0.167	0.167	0.250	0.250	0.167
杂食性物种比例	0.667	0.667	0.583	0.583	0.667
一般性标准差	0.707	0.721	0.738	0.738	0.721
脆弱性标准差	0.834	0.840	0.834	0.860	0.840
平均短加权营养级	1.953	1.950	1.939	1.891	1.950
平均最短食物链	1.833	1.833	1.833	1.750	1.833

2018 年食物网中草食性和杂食性物种比例均与 1958 年、1980 年一致，而 1993 年和 2009 年食物网中草食性物种比例增加，杂食性物种比例下降；营养水平的高度反映了维持顶级捕食者的生态过程，越高越好，平均短加权营养级在 1958 年、1980 年、2018 年这三个年份基本相同，1993 年和 2009 年有所降低；在生产力更高的生态系统中，食物链可能会延长，平均最短食物链值在 2009 年有所降低，其他四个年份相同；这些指标反映出白洋淀食物网在 2009 年生产力最低，其次是 1993 年，并存在对生态系统恢复的响应。

统筹拓扑指标中的一般性标准差是指平均每个功能群的被捕食者/资源数量的标准差，脆弱性标准差是指每个功能群的平均捕食者/消费者数量的标准差，近 60 年白洋淀食物网的一般性标准差是 1993 年、2009 年（两个年份相同）>1980 年、2018 年（两个年份相同）>1958 年，脆弱性标准差是 2009>1980 年、2018 年（两个年份相同）>1958 年、1993 年（两个年份相同），且近 60 年白洋淀食物网的脆弱性标准差均高于一般性标准差，表明对于白洋淀食物网功能群，其消费者数量比资源数量的变化性更大。

总体而言，在近 60 年过程中，当前（2018 年）白洋淀食物网状态已经恢复到 1980 年的水平，1993 年和 2009 年是处于状态较差并有一定响应变化的时期，1993 年略优于 2009 年。

第四节　白洋淀与入淀河流食物网结构空间差异

湖泊和入湖河流之间存在天然的有机联系，入湖河流是湖泊水文条件变化的主要驱动力，其水文条件的差异直接或间接地影响湿地生态系统的群落组成及结构；水文变化会通过改变基础资源、群落组成及相互作用强度来影响食物网营养结构和拓扑特征。本节以白洋淀流域为例，研究白洋淀淀区及其入淀河流的食物网结构的空间差异。

一、白洋淀河湖生态系统功能群的碳氮稳定同位素分析

对白洋淀淀区及三条入淀河流均进行了浮游生物、大型植被、底栖生物和鱼类的样品采集及碳氮稳定同位素分析，以期探究河湖生态系统对水文连通的生态响应及河湖生态系统的空间差异。采样点布设情况见图 4.12，在每条河流上沿上游布设 3 个采样点，入淀河流生物的功能群划分及组成仍然按照第三节的划分依据进行划分，共包括 12 个功能群。

图 4.13 给出了 2018~2019 年白洋淀流域食物网功能群的碳氮稳定同位素分布情况，2018 年白洋淀所有采集到的生物的 $\delta^{13}C$ 为 $-34.80‰ \sim -23.22‰$，$\delta^{15}N$ 为 $6.37‰ \sim 18.14‰$。所有的 $\delta^{13}C$ 和 $\delta^{15}N$ 之间存在显著差异（$F=697.4$，$p=0$）。肉食性鱼类功能群有最高的 $\delta^{15}N$ 均值，且鱼类的 $\delta^{13}C$ 和 $\delta^{15}N$ 均值显著高于浮游动物和底栖动物；基础资源的 $\delta^{13}C$ 为 $-34.80‰ \sim -26.16‰$，浮游动物-底栖动物的 $\delta^{13}C$ 为 $-32.40‰ \sim -28.88‰$，鱼

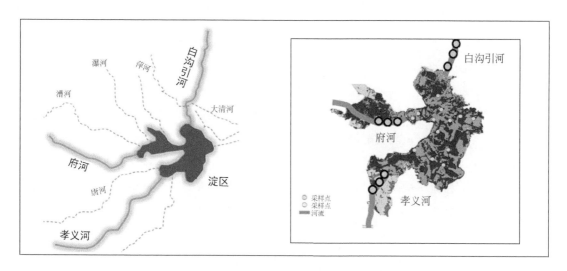

图4.12 白洋淀淀区及三条入淀河流采样点布设情况

类的 $\delta^{13}C$ 为 $-29.93‰ \sim -23.22‰$，尽管基础资源和消费者的 $\delta^{13}C$ 和 $\delta^{15}N$ 值有部分重叠，但它们的功能群簇是分开的，从特定的功能群簇观察发现，基础资源的变化范围（8.64‰）高于浮游动物–底栖动物的变化范围（3.52‰），也高于鱼类的变化范围（6.71‰），即基础资源的 $\delta^{13}C$ 变量高于消费者的 $\delta^{13}C$ 变量，揭示了消费者对不同食源的同化（Viana et al., 2015）。

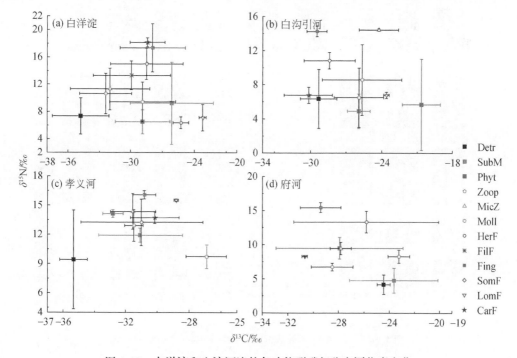

图4.13 白洋淀和入淀河流的各功能群碳氮稳定同位素变化

基础资源的 $\delta^{15}N$ 为 6.51‰~9.25‰，浮游动物和底栖动物的 $\delta^{15}N$ 为 9.41‰~11.31‰，鱼类的 $\delta^{15}N$ 为 6.37‰~18.14‰；$\delta^{15}N$ 的种间范围均值从基础资源的 7.70‰增加到浮游动物–底栖动物的 10.45‰，进一步增加到鱼类的 12.89‰，此外，白洋淀生物的 $\delta^{13}C$ 和 $\delta^{15}N$ 值以金字塔的形式分布。基础资源在金字塔的底部，浮游动物和底栖动物分布在金字塔的中部，大多数鱼类在金字塔的顶部，这种分布被认为反映了当前白洋淀生态环境中营养结构的真正雏形。因此，鱼类功能群处于高营养水平，浮游动物和底栖动物处于较低营养水平。总体来说，对于鱼类消费者而言，白洋淀中氮稳定同位素平均值最高的是肉食性鱼类，而三条入淀河流中最高的是野杂鱼。白洋淀和白沟引河中基本食物来源的碳稳定同位素分布较好，有利于消费者食物来源的识别和 SIAR 模型的产出，孝义河和府河的情况较差。

二、白洋淀河湖生态系统食物网各消费者的食源组成变化

结合胃肠含物分析及稳定同位素分析，通过贝叶斯稳定同位素混合模型对白洋淀淀区及三条入淀河流的食物网功能群的食源组成进行定量化。图 4.14 给出了白洋淀淀区和入淀河流的各功能群食源组成变化，三条入淀河流中均未发现草食性鱼类和滤食性鱼类消费者功能群，且府河也缺乏肉食性鱼类，这影响了消费者的食源组成，进而影响了食物网的

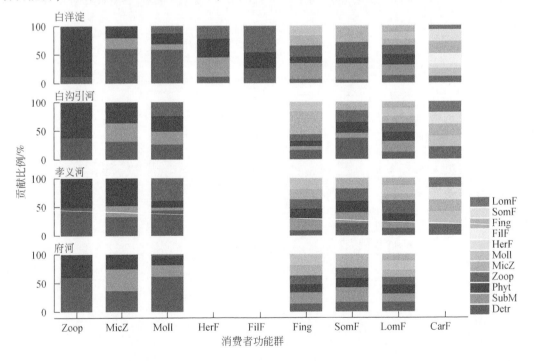

图 4.14　白洋淀淀区和入淀河流的各功能群食源组成变化

营养结构。在淀区及三条河流中，浮游动物的食源组成均以浮游植物和碎屑为主，但在淀区和白沟引河中浮游动物以浮游植物为主要食源，在孝义河中，两者比例比较均衡，而在府河中，以碎屑为主；对于小型底栖生物，在淀区中，碎屑是其主要资源，在白沟引河中，碎屑、沉水植物和浮游植物的占比较平衡，在孝义河中，浮游植物贡献率较高，但在府河中，沉水植物的贡献率最高；对于软体生物，浮游植物仍然是其主要食源成分，浮游动物的占比在孝义河和白沟引河中较突出，但在淀区和府河中软体生物食源占比较少；三条河流中均未出现草食性鱼类和滤食性鱼类消费者功能群；野杂鱼、杂食性鱼类及肉食性鱼类的食源更加丰富，其在不同的空间，食源偏好有些变化和调整。

三、白洋淀河湖生态系统食物网营养结构差异分析

图4.15和图4.16分别给出了白洋淀淀区和入淀河流的食物网营养结构模型及主要食源变化。对白洋淀淀区和三条入淀河流而言，碎屑和浮游植物均是其食物网主要的资源，在府河中，沉水植物也是其主要资源之一，而在淀区、白沟引河和孝义河中，浮游动物是其另一主要资源。总体而言，在淀区食物网中，初级生产者食源贡献率排序为浮游植物（25.34%）＞碎屑（21.35%）＞沉水植物（15.18%）；淀区的中间消费者食源贡献率排序为浮游动物（17.21%）＞小型底栖动物（6.76%）＞软体动物（4.61%）；在入淀河流食物网中，初级生产者食源贡献率排序为碎屑（28.19%）＞浮游植物（23.70%）＞沉水植物（12.89%）；河流的中间消费者食源贡献率排序为浮游动物（12.55%）＞小型底栖动物（8.62%）＞软体动物（6.84%）。

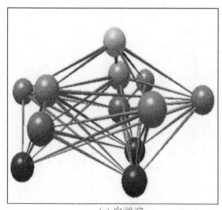 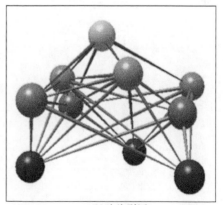

(a) 白洋淀　　　　　(b) 白沟引河

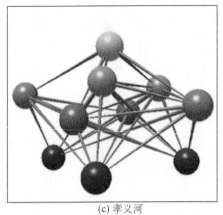 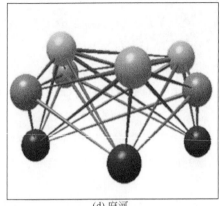

(c) 孝义河　　　　　　　　　　(d) 府河

图 4.15　白洋淀和入淀河流的食物网营养结构模型差异

代表了基础资源（红色），中间消费者（橙色）和顶部捕食者（黄色），以及它们之间的相互作用

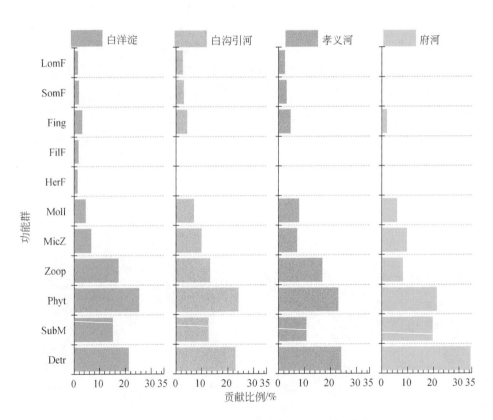

图 4.16　白洋淀和入淀河流食物网主要食源变化

四、白洋淀河湖生态系统食物网拓扑特征差异分析

图 4.17 给出了白洋淀和入淀河流的各功能群营养级变化情况，可以看到，在白洋淀流域中，大部分鱼类消费者的营养级普遍是淀区高于入淀河流。在淀区中，肉食性鱼类位于最高营养级，在三条入淀河流中，最高营养级功能群是野杂鱼。肉食性鱼类在淀区的营养级为 4.57，在白沟引河和孝义河中分别为 2.079 和 3.170；野杂鱼在府河、孝义河和白沟引河中的营养级分别为 4.11、4.28、3.86；在淀区中，滤食性鱼类和小型杂食性鱼类的营养级也较高，分别为 4.05 和 3.64，小型杂食性鱼类的营养级在府河、白沟引河和孝义河中依次为 3.49、3.30 和 3.03，在孝义河中大型杂食性鱼类的营养级也较高，为 3.70。

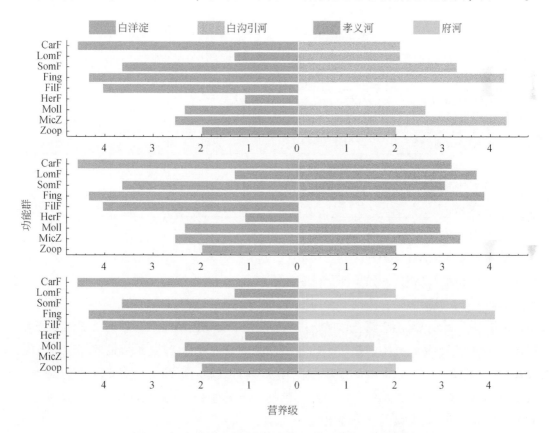

图 4.17 白洋淀和入淀河流的各功能群营养级变化情况

表 4.7 给出了 2018～2019 年白洋淀和三条入淀河流的食物网拓扑特征变化情况，淀区食物网拓扑特征和河流食物网拓扑特征存在较大的空间差异。白洋淀食物网的功能群数量为 12，显著高于入淀河流食物网的功能群数量，且府河食物网的功能群数量最低，食物网的链接数和链接密度的趋势与功能群数量一致，均是淀区最高，府河最低，这从一定角

度说明了淀区食物网的复杂性；同时，淀区食物网的连通度及平均聚类系数均最低，且平均特征路径长度最高，这三个也是反映食物网复杂性的指标，说明入淀河流的食物网在某些方面较淀区食物网表现得更复杂。

表 4.7　白洋淀和三条入淀河流的食物网拓扑特征变化情况

拓扑特征	白洋淀	白沟引河	孝义河	府河
功能群数量	12	10	10	9
链接数	41	32	32	27
链接密度	3.417	3.200	3.200	3.000
连通度	0.285	0.320	0.320	0.333
平均聚类系数	0.215	0.267	0.267	0.277
平均特征路径长度	1.394	1.289	1.289	1.250
顶级物种比例	0.083	0.100	0.100	0.222
中间物种比例	0.667	0.600	0.600	0.444
基础物种比例	0.250	0.300	0.300	0.333
草食性物种比例	0.167	0.200	0.200	0.222
杂食性物种比例	0.667	0.600	0.600	0.556
一般性标准差	0.721	0.776	0.776	0.846
脆弱性标准差	0.840	0.653	0.653	0.754
平均短加权营养级	1.950	1.913	1.913	1.771
平均最短食物链	1.833	1.800	1.800	1.667

淀区食物网中草食性物种比例为 0.167，低于三条入淀河流的草食性物种比例，但其杂食性物种比例与之相反，显著高于三条入淀河流。营养水平的高度反映了维持顶级捕食者的生态过程，越高越好，淀区的平均短加权营养级最高，而府河最低。在生产力更高的生态系统中，食物链可能会延长，反映出白洋淀淀区食物网的生产力较河流更高。统筹拓扑指标中的一般性标准差指标是指平均每个功能群的被捕食者/资源数量的标准差，脆弱性指标标准差是指每个功能群的平均捕食者/消费者数量的标准差，除淀区外，其他三条入淀河流的脆弱性标准差均低于一般性标准差，表明对于三条入淀河流食物网的功能群，其资源数量比消费者数量的变化性更大。

总体而言，与府河相比，白沟引河和孝义河的食物网拓扑特征一致，更接近白洋淀的食物网拓扑特征；白洋淀中杂食性物种比例高于河流，白洋淀维持顶级捕食者生态过程的能力和生产力高于河流。白洋淀各功能群的捕食者均少于被捕食者，三条入淀河流刚好相反，被捕食者数量高于捕食者数量。

参 考 文 献

陈云峰，唐政，李慧，等.2013. 基于土壤食物网的生态系统复杂性–稳定性关系研究进展 ［J］. 生态学报，34（9）：2173-2186.

程伍群，薄秋宇，孙童，等.2018. 白洋淀环境生态变迁及其对雄安新区建设的影响 ［J］. 林业与生态科学，33（2）：113-120.

崔莹.2012. 基于稳定同位素和脂肪酸组成的中国近海生态系统物质流动研究 ［D］. 上海：华东师范大学博士学位论文.

高芬.2008. 白洋淀生态环境演变及预测 ［D］. 保定：河北农业大学硕士学位论文.

高小迪，陈新军，李云凯，等.2018. 水生食物网研究方法的发展和应用 ［J］. 中国水产科学，25（6）：200-213.

黄亮，吴莹，张经，等.2009. 脂肪酸标志水生生态系统营养关系的研究 ［J］. 海洋科学，33（3）：93-96.

全为民.2007. 长江口盐沼湿地食物网的初步研究：稳定同位素分析 ［D］. 上海：复旦大学博士学位论文.

沈嘉瑞，宋大祥.1965. 河北省白洋淀的桡足类 ［J］. 动物学报，17（2）：168-183.

沈嘉瑞，张崇洲.1964. 河北省白洋淀的枝角类 ［J］. 动物性杂志，6（3）：128-132.

王乙震，罗阳，周绪申，等.2015. 白洋淀浮游动物生物多样性及水生态评价 ［J］. 水资源与水工程学报，124（6）：97-103.

邢晓光.2007. 白洋淀轮虫、枝角类、桡足类的群落生态学研究 ［D］. 保定：河北大学硕士学位论文.

赵磊.2017. 基于能量平衡模型的食物网关键种识别研究 ［D］. 北京：华北电力大学博士学位论文.

郑葆珊，范勤德，戴定远.1960. 白洋淀鱼类 ［M］. 天津：河北人民出版社.

Bersier L F，Banašek-Richter C，Cattin M F. 2002. Quantitative descriptors of food-web matrices ［J］. Ecology，83（1）：2394-2407.

Chelsky B A，Burfeind D D，Loh W K W，et al. 2011. Identification of seagrasses in the gut of a marine herbivorous fish using DNA barcoding and visual inspection techniques ［J］. Journal of Fish Biology，79（1）：112-121.

Cohen，J E，Briand F，Newman C M. 1990. Community Food Webs：Data and Theory. Berlin：Springer.

Donohue I，Petchey O L，Montoya J M，et al. 2013. On the dimensionality of ecological stability ［J］. Ecology Letters，16（1）：421-429.

Dunne J A，Williams R，Martinez N. 2002. Network structure and biodiversity loss in food webs：Robustness increases with connectace ［J］. Ecology Letters，5（4）：558-567.

Dunne J A，Williams R，Martinez N. 2008. Compilation and network analyses of Cambrian food webs ［J］. PLoS Biology，6（4）：693-708.

Fry B，Macko S A，Zieman J C. 1987. Review of stable isotope investigation of food webs in seagrass meadows ［J］. Florida Marine Research Publications，42（1）：189-209.

Gery J. 2006. The use of stable isotope analyses in freshwater ecology：Current awareness ［J］. Polish Journal of

Ecology, 54 (4): 563-584.

Hudson L N, Emerson R, Jenkins G B, et al. 2013. Cheddar: Analysis and visualisation of ecological communities in R [J]. Methods in Ecology and Evolution, 4 (1): 99-104.

Hyslop E J. 1980. Stomach contents analysis- a review of methods and their application [J]. Journal of Fish Biology, 17 (4): 411-429.

Jennings S, Mackinson S. 2003. Abundance- body mass relationships in size- structured food webs [J]. Ecology Letters, 6 (11): 971-974.

Kelly J R, Scheibling R E. 2012. Fatty acids as dietary tracers in benthic food webs [J]. Marine Ecology Progress Series, 446 (2): 1-22.

Landi P, Minoarivelo H O, Brannstrom A, et al. 2018. Complexity and stability of ecological networks: A review of the theory [J]. Population Ecology, 60 (4): 319-345.

May R M. 1973. Stability and Complexity in Model Ecosystems [M]. Princeton: Princeton University Press.

Minagawa M, Wda E. 1984. Stepwise enrichment of ^{15}N along food chains: Further evidence and the relation between δ^{15}N and animal age [J]. Geochimica et Cosmochimica Acta, 48 (5): 1135-1140.

Neutel A M, Heesterbeek J A P, Johan V D K, et al. 2007. Reconciling complexity with stability in naturally assembling food webs [J]. Nature, 449 (7162): 599-602.

Parnell A C, Inger R, Bearhop S, et al. 2010. Source partitioning using stable isotopes: Coping with too much variation [J]. PLoS One, 5 (3): e9672.

Peralta-Maraver I, Manuel J L R, José M T F. 2017. Structure, dynamics and stability of a Mediterranean river food web [J]. Marine & Freshwater Research, 68 (3): 484-495.

Sargent J R. 1976. The structure, metabolism and function of lipids marine organisms [J]. Biochemical and Biophysical Perspectives in Marine Biology, 3 (1): 150-212.

Schoener T W. 1989. Food webs from the small to the large [J]. Ecology, 70: 1559-1589.

Viana I G, Valiela I, Martinetto P, et al. 2015. Isotopic studies in Pacific Panama mangrove estuaries reveal lack of effect of watershed deforestation on food webs [J]. Marine Environmental Research, 103 (1): 95-102.

Williams R J. 2010. Network3D Software [M]. Cambridge, UK: Microsoft Research.

Williams R J, Martinez N D. 2000. Simple rules yield complex food webs [J]. Nature (London), 404: 180-183.

Xu M Q, Jiang Z, Huang Y Y, et al. 1998. The ecological degradation and restoration of Baiyangdian Lake, China [J]. Journal of Freshwater Ecology, 13 (4): 433-446.

Yoon I, Williams R J, Levine E, et al. 2004. Webs on the Web (WoW): 3D visualization of ecological networks on the WWW for collaborative research and education [J]. Proceedings of the IS&T/SPIE Symposium on Electronic Imaging, Visualization and Data Analysis, 295 (1): 124-132.

第五章 | 典型湿地生态系统服务功能评估

湿地在调节局部气候、缓解洪旱灾害、繁衍水生生物、维护生物多样性等方面发挥着重要的生态功能，也是社会经济发展的重要支撑。科学准确揭示人类活动驱动下湿地生态系统服务时空动态演变趋势具有重要意义。本章基于典型湿地不同时期遥感数据，利用生态系统服务和权衡的综合评估（Integrated Valuation of Ecosystem Services and Tradeoffs, InVEST）模型和市场价值法评估了湿地的生物栖息地质量、碳储量、物质生产服务以及文化服务等主导生态系统服务功能及其变化，并构建了湿地生态环境分区指标体系，支撑典型湿地生态系统服务研究由静态评估向动态、精细化管理方向发展转变。

第一节 典型湿地生态系统服务评估方法

结合前期白洋淀主导服务功能研究，选择生物栖息地质量、碳储量、物质生产服务和文化服务进行定量化评估（Yang and Yang, 2014；Yan et al., 2017），其中，前两种采用InVEST模型构建，后两种采用市场价值法等进行评估并结合GIS平台进行空间化分析。

一、InVEST 模型方法

InVEST模型是在自然资本项目支持下，由美国斯坦福大学、世界自然基金会（World Wide Fund For Nature, WWF）和大自然保护协会（The Nature Conservancy, TNC）联合开发的一个能够定量评估生态系统服务功能的软件工具（Tallis et al., 2013），主要包括淡水生态系统、海洋生态系统和陆地生态系统三大评估模块。该软件评估的服务功能涉及生物多样性以及生态系统产品供给、调节、文化及支持，同时管理者还可以根据自己的管理需求设定情景方案，模型输出结果分为地图、权衡曲线、平衡表等多种结果。不仅解决了生态系统服务功能定量评估空间化的问题，也可以实现对生态系统服务功能的动态评估，还可以对设定的情景进行模拟。其对自然生态过程的设计模拟，空间异质性的充分考虑使评估结果更具科学性，极大地方便了管理者将生态系统服务功能变化信息用于生态保护决策（Swallow et al., 2009；白杨等，2013）。InVEST模型凭借其简单便捷、操作灵活、输出结果具有较强空间表达能力等诸多特性，正逐步被应用于社会各部门生态系统管理决策中（唐尧等，2015）。

（一）湿地碳储模型

采用 InVEST 模型的 Carbon 模块评价白洋淀浅水草型湖泊湿地不同土地利用/土地覆被（land use/land cover，LULC）类型上一定时间跨度内的碳储量和碳汇量。除了分析碳密度、碳储量外，该模块还可以根据需要输入碳的市场交易价格、贴现率等，计算研究区域的碳经济价值，输出价值分布图等（朱文博等，2019）。

该模块中不同土地利用/土地覆被类型上的碳储量划分为四种基本的碳库：地上生物量（C_{above}）、地下生物量（C_{below}）、土壤/沉积物碳库（C_{soil}）和死亡有机质（C_{dead}）。其中，地上生物量包含所有的活体植物的地上部分，如树皮、树干、树枝、树叶；地下生物量包含地上生物的活体根茎部分；土壤/沉积物碳库是土壤或沉积物中的碳；死亡有机质包含腐殖质、枯落物及死亡植物（Schimel et al.，2001）。模型的输入数据包括不同年代的土地利用/土地覆被栅格图以及研究区域不同地类对应的四种碳库的碳密度（t/hm²），其中白洋淀四种碳库的碳密度参考政府间气候变化专门委员会（Intergovernmental Panel on Climate Change，IPCC）标准（表 5.1）；碳储量是用各种碳库的平均碳密度乘以各土地利用/土地覆被类型的面积获得。

$$C_{total} = C_{above} + C_{below} + C_{soil} + C_{dead} \tag{5.1}$$

式中，C_{total} 为总碳储量（t/hm²）。

表 5.1　不同土地利用/土地覆被类型四种碳库碳密度　　　（单位：t/hm²）

土地利用/土地覆被类型	地上	地下	土壤/沉积物	死亡有机质
深水区	0	0	20	0
芦苇草地	18	9	15	0.55
居工用地	1.5	1	12	0.5
耕地	9	4	25	1
浅水区	0	0	27	0
裸地	0	0	12	0

（二）湿地栖息地质量模型

栖息地质量模块的输入数据包括栖息地威胁因子和敏感性分析表，均来自调查问卷数据。选取的威胁源包括居工用地、耕地和裸地，由此得出模型相应的输入数据——威胁因子图层。威胁因子得分表包括每种威胁因子的相对权重、各威胁源对栖息地的最大影响距离，以及这些威胁随距离增加而呈线性或非线性减少的模式，即衰减模式（Yang et al.，2018）。这些定量分析的属性因素难以用技术手段进行测量估算（李骞国等，2020），本研究主要通过专家打分和实地问卷调查来获取，通过整理问卷结果，最终得到栖息地中威胁因子的相对权重和栖息度对威胁因子的敏感性（表5.2）。

表5.2 生境质量模块输入参数

威胁源	威胁源对栖息地的最大影响距离/km	威胁因子的相对权重	栖息度对威胁因子的敏感性		
			深水区	浅水区	芦苇草地
耕地	1.1	0.47	0.42	0.5	0.6
裸地	0.4	0.4	0.3	0.45	0.55
居工用地	3.22	0.7	0.6	0.65	0.7

选取对环境条件要求较高的白鹤、东方大苇莺、青头潜鸭等标志性物种作为评估和模拟的指示种，对白洋淀不同时期的栖息生境质量进行评估（赵志轩等，2014）。选择浅水区、芦苇草地、深水区等作为适宜生境，其他作为非栖息地，如居工用地、耕地和裸地会对栖息地产生威胁。采用 InVEST 模型中栖息地质量模块对栖息地适宜性进行评价，每种生境类型的质量评分取值范围为 0~1，0 为不适宜，1 为最适宜，计算公式为

$$Q_{ij} = H_j \left(1 - \frac{D_{ij}^z}{D_{ij}^z + k^z} \right) \tag{5.2}$$

式中，Q_{ij} 是 $LULC_j$ 中栅格 i 的栖息地质量；H_j 代表 LULC 类型 j 是否适宜作为栖息地的相应得分；半饱和常数 k 由用户自己设置，z 是无量纲因子，默认为 2.5，k 值为栅格精度值的一半；D_{ij} 是栅格 i 中 LULC 类型 j 的栖息地胁迫水平。

二、物质生产服务评估方法

采用市场价值法评估白洋淀物质生产服务价值，主要包括芦苇价值、水产品价值、经济林价值等（Yang，2011）。计算公式为

$$V = \sum_{k=1}^{n} Y_k \cdot A_k \cdot P_k \tag{5.3}$$

式中，V 是物质生产服务价值（万元）；Y_k 是第 k 类物质单位面积产量的平均值（t/hm²）；A_k 是第 k 类物质的生产面积（hm²）；P_k 是第 k 类物质市场价格的平均值（万元/t）。

物质生产服务涉及的社会经济数据来源于国家及河北省、保定市统计年鉴及政府网站数据以及相关文献数据，经过处理后得到各类物质生产服务产品的单产量及市场均价。其中缺乏研究区域数据时采用全国平均或其他地区的数据替代。各年代各类物质生产服务产品的单位面积价值见表5.3。

表 5.3　研究区域物质生产服务产品的单位面积价值　（单位：万元/hm²）

年份	粮食	牲畜	水产品	芦苇
1991	0.60	0.58	0.25	0.07
1996	0.90	1.06	0.53	0.13
2005	1.67	2.06	0.92	1.18
2015	3.79	2.59	2.00	1.67

三、文化价值服务评估方法

白洋淀作为华北平原最大的淡水湖泊湿地生态系统，发挥着巨大的环境教育价值和文化传承价值，因而对文化价值进行估算具有重要的研究意义。在评估湖泊生态系统文化价值时，一般从文化遗产价值、美学价值、教育科研价值和生态旅游价值等几个方面进行（张文华，2016），考虑到数据的可获得性，选择白洋淀教育科研价值和生态旅游价值来进行定量化评估，其中教育科研价值主要考虑论文发表和研究站点、生态旅游价值参考旅游人数与收入等。文化价值涉及的数据来源于中国知网、Web of Science 等数据库，以及河北省、保定市统计年鉴及政府网站数据。

四、湿地生态系统服务叠加与模糊聚类

各类型生态系统服务指标量纲不一致，无法进行比较和叠加，因此，首先对评估获得的各生态系统服务结果进行标准化处理，获得 0~1 数值，然后进行空间叠加和模糊分类，最终获得白洋淀生态系统服务的空间分布图。标准化公式为

$$I'_i = \frac{I_i - I_{min}}{I_{max} - I_{min}} \tag{5.4}$$

式中，I'_i 为标准化后的值；I_i 为某一生态系统服务的初始值；I_{max} 和 I_{min} 为某生态系统服务的最大值和最小值。

第二节　白洋淀湿地生态景观格局变化

一、白洋淀景观格局特征

景观格局变化可以深刻地反映人类活动对生态环境的影响，也是模拟计算湿地生态系

统服务演变的数据基础（王滨滨等，2010；Yan et al.，2017）。通过查阅资料及文献调研，确定了近30年水位变化的三个时期：1991（8.52m）~1996年（8.16m）的微小下降趋势、1996~2005年（7.38m）的显著下降趋势和2005~2015年（7.86m）的恢复趋势。因此认为1991~2015年可以在某种程度上代表水位波动过程。

进一步获取了四个不同水文年与本研究水位变化相对应的专题制图卫星（TM）图像（1991年6月17日、1996年5月29日、2005年5月6日和2015年5月18日）。利用最大似然分类法对景观格局进行分类，根据颜色、形状、纹理、亮度、饱和度和结构识别遥感图像的解译关键点，并参考物候数据，获取接近遥感图像时间的高空间分辨率遥感图像。根据白洋淀的特点和图像的判读，将白洋淀景观格局分为深水区、浅水区、芦苇草地、居工用地、耕地、裸地六大类。浅水区水位较低，部分沉水植物与深水区有明显差异。裸地没有植被，包括暂时闲置的耕地，是从蔬菜生长季节获得的遥感图像中识别出来的。

利用图像可视化环境（the environment for visualizing images，ENVI）软件5.1版本对图像进行分类。为了确保获得高质量的地理信息，选用Kappa系数对TM图像分类精度进行评估。该指标根据景观类型的地面调查数据和图像分类结果构建误差矩阵。当分类结果与实际景观一致时，得到Kappa系数为1。在实地调查的基础上，随机选取120个参考点，确定其景观类型。然后使用ENVI软件的混淆矩阵工具获得分类精度。1991年、1996年、2005年和2015年遥感影像的Kappa系数分别为0.8384、0.8376、0.8278和0.8891。获得的各典型年份土地利用/土地覆被类型各部分面积占比如图5.1所示。

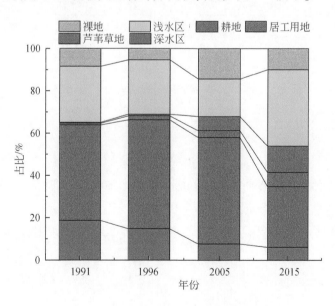

图5.1　不同时期土地利用/土地覆被面积占比

二、白洋淀景观格局变化分析

利用土地利用转移矩阵分析不同时期、不同水位下的景观格局趋势变化动态。白洋淀经历了 1991~2015 年三个时期的大水位变化过程，对基本景观格局产生了较大影响。由于连续几年的大量降水补给，1991 年淀区水位较高，而后淀区水位经历了倒 "V" 形变化过程，1996 年达到中水位。从景观格局转移矩阵（表 5.4）来看，1991~1996 年，深水区、浅水区和芦苇草地的转换是景观变化的主要类型。芦苇草地面积增长最大，净增长 1935.72hm²，主要是浅水区的转换。深水区面积减少 1199.16hm²，主要是向浅水区过渡。居工用地增加 334.80hm²，主要是裸地的转变。耕地增加 120.06hm²，主要是裸地和芦苇草地的改造。在增长率方面，居工用地（136%）最大，其次是耕地（92%）。在生境类型上，裸地和深水区分别减少了 36.93% 和 20.90%。此外，景观类型的空间再分配也随着水位从高到中的变化而被识别。白洋淀南北变化最为明显。高水位到中水位的变化导致南部湖区深水区严重减少，浅水区变化明显。

表 5.4　1991~1996 年白洋淀景观格局的转移矩阵　　　（单位：hm²）

类型	深水区	芦苇草地	居工用地	耕地	浅水区	裸地	合计
深水区	3 808.71	186.93	0	0	1 735.29	5.67	5 736.60
芦苇草地	11.43	12 602.43	7.38	9.27	1 044.90	181.71	13 857.12
居工用地	0	0	241.20	0	1.71	2.61	245.52
耕地	0	3.51	0	114.66	0.36	12.42	130.95
浅水区	717.30	2 282.40	6.48	11.88	4 660.11	451.53	8 129.70
裸地	0	717.57	325.26	115.20	446.22	968.94	2 573.19
合计	4 537.44	15 792.84	580.32	251.01	7 888.59	1 622.88	30 673.08

1991~1996 年白洋淀景观格局发生变化的主要原因是水位从 8.63m 下降到 7.87m（大沽高程），人为因素影响较弱，耕地和居工用地增加所占比例较小。然而总体变化是巨大的，表明水深对景观格局有重大影响。

1996~2005 年白洋淀的景观变化幅度大于 1991~2005 年。转移矩阵（表 5.5）表明，淀区总面积的 44.45% 发生了某种程度的变化。这说明水位持续下降对景观变化的影响更为明显。水位由中到低，导致深水区和浅水区面积减少，耕地和裸地面积增加。最大净增加量是裸地（2795.58hm²），其次是耕地（1812.24hm²）。深水区和浅水区的减少幅度最大，分别为 2175.93hm² 和 2468.79hm²。与 1996 年相比，2005 年的水覆盖面积减少了 37.38%。总的来说，2166.48hm²（47.75%）的深水区被转换成浅水区。同时，浅水区也经历了一次大规模的迁移，将 4573.71hm² 的土地转化为芦苇草地（3423.24hm²）和裸地

（1150.47hm²）。白洋淀北部浅水区大面积退耕还草，使南部大面积退耕还草平衡为裸地或耕地，使芦苇草地处于相对平衡状态。在变化率方面，由于芦苇草地和浅水区的转换，耕地面积增加最大。总体而言，白洋淀北部和南部是受水体变化影响最大的景观变化带。

表 5.5　1996~2005 年白洋淀景观格局的转移矩阵　（单位：hm²）

类型	深水区	芦苇草地	居工用地	耕地	浅水区	裸地	合计
深水区	1 865.07	409.23	0.36	27.54	2 166.48	68.76	4 537.44
芦苇草地	51.39	11 318.58	117.18	1 069.29	974.34	2 262.06	15 792.84
居工用地	0	2.97	561.96	0	6.39	9.00	580.32
耕地	0	12.24	0.09	213.48	2.43	22.77	251.01
浅水区	445.05	3 423.24	137.07	558.81	2 173.95	1 150.47	7 888.59
裸地	0	264.06	163.08	194.13	96.21	905.40	1 622.88
合计	2 361.51	15 430.32	979.74	2 063.25	5 419.80	4 418.46	30 673.08

2005~2015 年，最大的变化是芦苇草地减少和浅水区增加（表 5.6）。水位上升直接导致浅水区面积增加，导致位于低海拔地区的芦苇草地再次被浅水区取代。芦苇草地损失最大（7599.06hm²），主要转化为浅水区（4268.79hm²），部分转化为裸地。由于芦苇草地和深水区的变化，2015 年浅水区增加了 5687.91hm²，总面积达到 11 107.71hm²。深水区变化率相对较高，湖中部 1296.54hm² 变为浅水区；而北部另一浅水区 621.81hm² 变为深水区。虽然水位升高，但深水区仍呈现下降趋势，表明进入白洋淀的水不足以维持良好的生态环境质量。耕地和居工用地大幅度增加。南方地区耕地主要代替芦苇草地和裸地，居工用地主要是芦苇草地的转化。值得注意的是，景观类型的变化模式，即从深水区到浅水区再到芦苇草地，是随水位下降最明显的过渡过程。最明显的变化是整个芦苇草地明显收缩。实施水资源管理后，芦苇草地的中北部地区被浅水区取代。南部地区主要转化为耕地，形成单一景观类型。

表 5.6　2005~2015 年白洋淀景观格局的转移矩阵　（单位：hm²）

类型	深水区	芦苇草地	居工用地	耕地	浅水区	裸地	合计
深水区	1 025.82	26.73	10.26	0.36	1 296.54	1.80	2 361.51
芦苇草地	221.85	7 831.26	523.98	1 273.77	4 268.79	1 310.67	15 430.32
居工用地	0	0.27	960.57	0.54	3.87	14.49	979.74
耕地	3.87	94.50	1.62	840.51	851.76	270.99	2 063.25
浅水区	621.81	684.54	312.57	162.27	3 380.13	258.48	5 419.80
裸地	13.05	133.20	223.56	1 570.86	1 306.62	1 171.17	4 418.46
合计	1 886.40	8 770.50	2 032.56	3 848.31	11 107.71	3 027.60	30 673.08

白洋淀水位变化剧烈，景观格局发生了根本性变化。由表 5.7 可以看出，1991～2015 年，景观主要是芦苇草地或明水面（深水区和浅水区总和），1991 年明水面占优势，1996 年和 2005 年逐步演替为芦苇草地占优势；2015 年由芦苇草地和明水面共同主导。

表 5.7　1991～2015 年白洋淀景观格局的转移矩阵　　　　　（单位：hm²）

类型	深水区	芦苇草地	居工用地	耕地	浅水区	裸地	合计
深水区	1 517.40	337.59	24.84	626.67	3 073.23	156.87	5 736.60
芦苇草地	65.52	6 534.72	576.18	1 101.24	4 108.86	1 470.60	13 857.12
居工用地	0	0	245.25	0	0	0.27	245.52
耕地	0	0.45	0.54	121.77	0.36	7.83	130.95
浅水区	303.48	1 753.83	198.18	1 413.00	3 674.25	786.96	8 129.70
裸地	0	143.91	987.57	585.63	251.01	605.07	2 573.19
合计	1 886.40	8 770.50	2 032.56	3 848.31	11 107.71	3 027.60	30 673.08

进一步核算各个年份的景观格局指数，包括斑块大小、斑块数量、平均最近邻距离和均匀度指数等。斑块大小和斑块数量是景观破碎化和景观异质性的两个常用指标；平均最近邻距离是对景观空间格局的一种度量，该值越小，同一景观斑块之间的距离越近，呈现出团聚分布；均匀度指数表征白洋淀景观格局的多样性。景观格局指数采用美国农业部开发的 Fragstats 4.2 进行计算，结果如图 5.2 和图 5.3 所示。

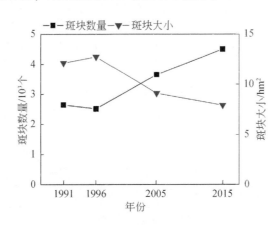

图 5.2　各个时期白洋淀斑块数量和斑块大小的变化

研究期间，白洋淀的景观格局指数发生了较为明显变化。1991～1996 年，斑块数量从 2615 个略微下降至 2525 个，但 2005～2015 年，斑块数量从 3623 个增加至 4452 个（图 5.2）。1996～2015 年，斑块大小逐渐下降，随着水位降低，许多较小且破碎的斑块产生。另外，居工用地不断增加，耕地和裸地分布更加分散，斑块数量显著增加。从 1996 年开始，平均最近邻距离先增加后下降，表明同一景观斑块之间的距离减小，景观斑块趋

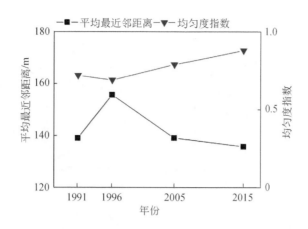

图 5.3　各个时期白洋淀平均最近邻距离和均匀度指数的变化

于简单。白洋淀景观格局多样性从 0.72 增加到 0.87。

第三节　白洋淀湿地生态系统服务变化评估

一、白洋淀栖息地质量评估

1991～2015 年白洋淀栖息地质量分布如图 5.4 所示。由栖息地质量评价结果得出，各年份栖息地质量得分最低为 0，所属地类为居工用地、耕地和裸地，水域和芦苇草地栖息地质量得分为 0.60～1.00，处于中度适宜水平以上。20 世纪 90 年代的栖息地质量平均得分约为 0.63，明显高于 2005 年和 2015 年水平（分别为 0.50 和 0.49），可以看出，整体上白洋淀栖息地质量有下降趋势，有待改善。

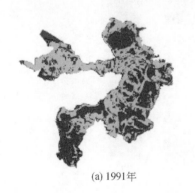

(a) 1991年

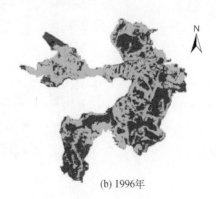

(b) 1996年

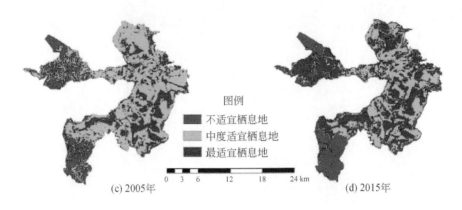

图 5.4　不同年份栖息地质量分布

从淀区水位和补水来看，20 世纪 90 年代初期和中期白洋淀水位在 8.0m 以上，栖息地质量较好；但到 20 世纪 90 年代后期水位持续走低，被迫依赖应急补水，仅 1997～2005 年生态补水量达到 6.27 亿 m³，虽然在一定程度上缓解了水域空间萎缩，但整体上栖息地质量仍存在变差趋势。在空间分布上，2005 年栖息地退化区域为淀区西南部孝义河、潴龙河入淀区域附近以及藻苲淀，主要与浅水区域的农田围垦有关；随着藻苲淀生态修复措施实施，截至 2015 年藻苲淀退化情况有所缓解，但淀区西南部退化状况仍有加剧趋势，导致不适宜栖息地面积仍有增加。

由图 5.5 可知，1991～2015 年白洋淀不适宜栖息地占比逐渐增大，2015 年约为 28.9%；而最适宜栖息地面积占比降至 42.5%。其中，1991～1996 年中度适宜生物栖息地面积略有下降；1996～2005 年不适宜栖息地面积增长 16.35%，而最适宜栖息地面积减少 15.13%，降至 25 年内最低水平（25.48%）；2005～2015 年由于进行引黄入冀补淀、

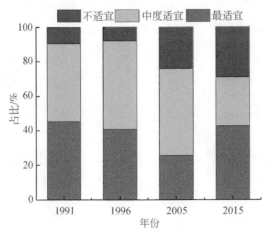

图 5.5　不同年份栖息地质量各等级占比

南水北调等多源补水补给，白洋淀生物栖息地退化状况有所缓解，最适宜栖息地面积占比已恢复至 42.5%，但整体上仍呈下降趋势。

二、白洋淀碳储量评估

1991～2015 年白洋淀不同地类的碳储量时空分布如图 5.6 所示。各年份碳密度最高值为 42.5t/hm²，所属地类均为芦苇草地；次高值为 39t/hm²，所属地类均为耕地；碳密度最低值为 12t/hm²，所属地类均为裸地。受不同年份水位的影响，各时期中 1996 年芦苇草地的碳储量最高为 6.7×10⁵t，虽然有持续生态补水工程实施，但此后一直处于逐渐下降趋势；耕地的碳储量随着耕地面积增加而增加。

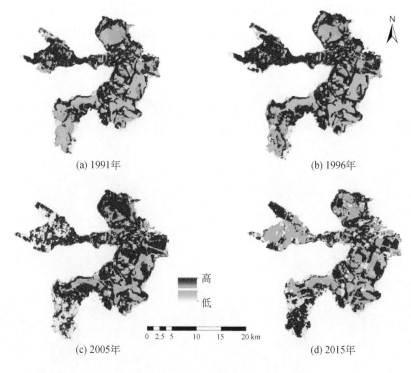

图 5.6　不同年份碳储量分布

白洋淀不同时期平均碳密度及总碳储量如表 5.8 所示，各年份平均碳密度值保持相对稳定，2015 年最低，总碳储量与之类似，这是由于碳密度较高的芦苇草地等植被地类覆被占比下降。在空间分布上，20 世纪 90 年代碳密度较高值分布比较集中，主要位于藻苲淀和府河入淀口附近区域，2015 年碳密度高值分布逐渐呈破碎化趋势。

表 5.8 不同年份平均碳密度及总碳储量

指标	1991 年	1996 年	2005 年	2015 年
平均碳密度/(t/hm²)	31.40	33.04	32.54	30.23
总碳储量/10⁶t	0.96	1.01	1.00	0.93

三、白洋淀物质生产服务评估

白洋淀物质生产服务价值的时空分布如图 5.7 所示，这里裸地等非物质生产地类对应的价值设定为 0。1991 年物质生产服务价值的最高值为 0.33 万元/hm²，对应于耕地；1996 年、2005 年和 2015 年物质生产服务价值的最高值分别为 0.85 万元/hm²、1.57 万元/hm² 和 2.22 万元/hm²，均对应于深水区，与淡水捕捞、渔业养殖等人类活动密切相关，水产养殖业逐步超过耕地生产价值，成为主导产业（图 5.8）。单位面积的平均物质生产服务价值随着时间变化呈现逐步倍增趋势，其中 1991 年为 0.12 万元/hm²，1996 年增加到 0.34 万元/hm²，2005 年为 0.68 万元/hm²，2015 年增加到 1.18 万元/hm²。这也与多年来持续的生态补水紧密相关，特别是 1997~2015 年，除个别年份无人工补水之外，累计补

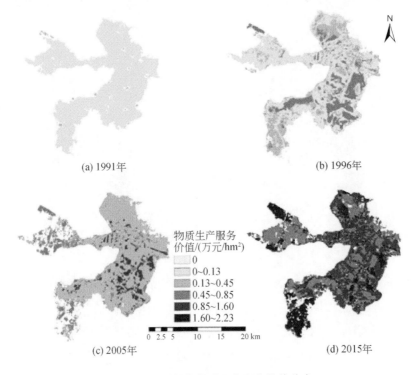

(a) 1991年　　　　　　　　(b) 1996年

物质生产服务
价值/(万元/hm²)
0
0~0.13
0.13~0.45
0.45~0.85
0.85~1.60
1.60~2.23

0 2.5 5   10   15   20 km

(c) 2005年　　　　　　　　(d) 2015年

图 5.7 不同年份物质生产服务价值分布

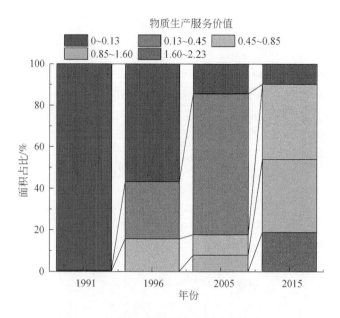

图5.8 不同年份物质生产服务面积占比

水超过13亿 m³，很大程度上支撑了水产养殖业的发展。

四、白洋淀文化服务评估

白洋淀文化服务价值的时空分布规律如图5.9和图5.10所示。该类价值从整体上呈持续增加趋势，其中文化服务价值最高值对应的地类均为深水区，其次为浅水区，因此水域面积增加对文化服务价值提升起到积极促进作用，可直接带动白洋淀旅游业发展和教育科研能力增强。在空间分布上，1991~1996年烧车淀及淀区西南部文化服务由最低值转变为最高值，对应的是深水区转变为浅水区的土地利用类型的转变；1996~2015年淀区西南部文化服务降至最低值，藻苲淀和烧车淀转变为文化服务高值区。

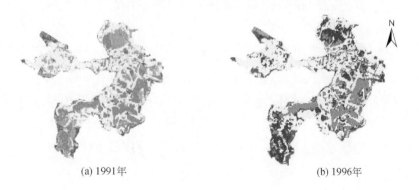

(a) 1991年   (b) 1996年

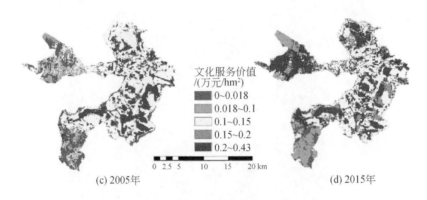

图 5.9　不同年份文化服务价值空间分布

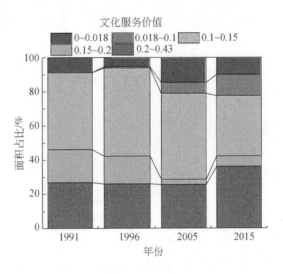

图 5.10　不同年份文化服务面积占比

五、白洋淀生态系统服务及其对生态补水响应

利用 ArcGIS10.2 版本叠加分析模块，对不同年份四种生态系统服务功能标准化后进行模糊加权，然后模糊分类，得到白洋淀生态系统服务空间分布。根据模糊分类法将白洋淀生态系统服务分为高、中、低值三类，如图 5.11 所示。1991～2015 年白洋淀生态系统服务高值区占比处于逐步增加趋势，在近些年有所降低；中值区占比除 2005 年之外相对稳定，低值区占比稳步减少。叠加后的生态系统服务平均得分的趋势和高值区基本一致，从 20 世纪 90 年代的 0.80～0.82 逐步增加到 2005 年的 0.93，到 2015 年重回 0.79。在空间分布上，高值区分布也有所变化，1991 年高值区主要分布在烧车淀区域，1996 年高值

区出现在藻苲淀、寨南和捞王淀等浅水区，2005年高值区较为普遍，至2015年淀区西南部（孝义河及潴龙河入淀过渡区）生态系统服务由低值区变为高值区，且高值区斑块化更为明显。

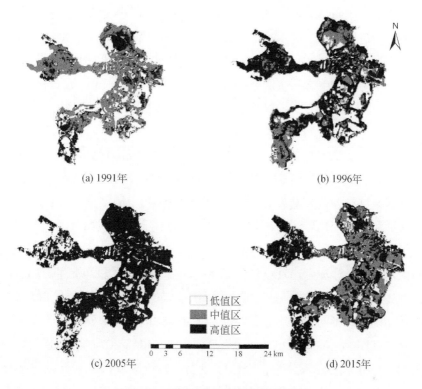

(a) 1991年 (b) 1996年

低值区
中值区
高值区

0 3 6 12 18 24 km

(c) 2005年 (d) 2015年

图5.11 不同年份生态系统服务分布

通过对近30年白洋淀生态系统服务演变趋势分析，可以看出白洋淀具有较高的空间异质性，芦苇草地、水域构成了该湖泊的主体（王滨滨等，2010），在很大程度上支撑了栖息地质量、碳密度、物质生产以及文化功能发挥。研究期内栖息地质量持续下降的趋势与耕地、居工用地、裸地等栖息地质量为0的土地利用类型面积增加有关。物质生产特别是高值区有较大提升，主要与淡水捕捞、渔业养殖、耕地等人类活动有关（朱金峰等，2020），且从空间分布来看，物质生产与水域、耕地等居民地周围密集分布，表明淀区人民居住与水产养殖的空间相互作用关系，广泛分布在白洋淀北部烧车淀、西部藻苲淀、中部大麦淀、西南部小白洋淀等淀泊区域。白洋淀文化价值呈现逐步增加趋势，社会经济发展也相应促进了美学价值、教育科研价值以及生态旅游的提升。由于几种生态系统服务指标的量纲不一致，无法进行直接加和，在数据标准化为无量纲的数值基础上对生态系统服务进行模糊叠加，叠加后的结果显示，白洋淀相对服务功能水平在研究期内呈现出逐步增加然后降低趋势，并在2005年出现最大值，变化趋势与碳密度演变趋势较为接近。2005年芦苇草地面积和耕地面积等对碳密度有重要贡献的土地覆被类型占到整个区域的近

60%，而在 2015 年水域部分面积大大增加且伴随着台田淹没，芦苇草地面积骤减，影响了碳储功能（杨薇等，2020）。

随着 20 世纪 50～60 年代白洋淀上游水库群修建，白洋淀入淀水量呈显著减少趋势，平均降水量也由 661.6mm 减少到 21 世纪初的 459mm，逐步变为枯水期，自 1997 年起，当地政府实施了跨流域调水、引水补给白洋淀，在一定程度上缓解了淀区水位下降、湿地萎缩现象（夏军和张永勇，2017）。生态补水工程维护了植被生存环境，为水生生物提供了水域空间，驱动了湖泊生态系统服务功能的演变。Yang 等（2016）通过 Meta 分析手段研究了全球尺度 99 个湿地生态补水案例，发现长期实施生态补水，特别是高流量、高脉冲的补水过程，可以有效增加湿地生态系统服务的价值，本研究以浅水草型湖泊为典型案例也支撑了上述结论。从空间上看，生态补水的入淀口及其附近区域更有可能成为生态补水的受益区域，如府河、孝义河等入淀过渡区的生态系统服务逐步由低值区变为高值区，但部分高值区逐渐稳定在藻苲淀及淀区西南部。从整体上看，白洋淀生态补水持续实施，缓解了人类活动和气候变化导致的淀区生态用水的短缺，是一项积极的生态修复措施，在很大程度上维护了白洋淀生态系统服务功能的发挥，促进了湿地生态系统服务演变。

雄安新区建设对白洋淀生态环境提出了更高的要求。据《白洋淀生态环境治理和保护规划（2018—2035 年)》，白洋淀要有蓄洪滞沥、生态涵养、生产生活和休闲游憩等多元功能，不同功能则对应不同的生态水位需求。本节采用 InVEST 模型作为生态系统服务评估的工具，并将其作为土地利用变化驱动模型，未来可以结合新区建设规划以及生态补水方案进行不同管理情景的模拟分析，为白洋淀生态系统服务功能提升提供数据支撑。另外，利用区位优势和政策优势建立白洋淀生态补水长效机制，实现白洋淀生态系统结构和功能的改善与提高，获得最佳生态系统服务，是当前学者和管理者关注的焦点。一方面，由于不同类型生态系统服务对生态补水的反馈条件、阈值不同，加之它们之间固有的滞后性与累积效应，增加了生态补水对多重系统服务影响的研究难度，在综合判断到底需要补给多少水、什么时候补水等方面仍有很大不确定性；另一方面，在生态补水工程影响下，各类生态系统服务是否会有突变，它们之间是否会存在权衡或协同，这些权衡或协同关系会不会随着补水强度和时间有动态转换，都是未来亟须回答的问题。因此，未来研究中进一步阐释雄安新区白洋淀生态系统服务对补水策略的动态响应和权衡模式，有利于辅助湿地生态和水利管理决策。

第四节　白洋淀生态功能分区指标体系构建

白洋淀生态功能空间差异的识别有助于有针对性地、分层次地、精细化地开展白洋淀淀区的生态环境保护与修复管理。当前关于湿地生态功能评价与生态功能分区的研究案例主要集中在三峡库区、洞庭湖、鄱阳湖、巢湖、太湖等重要湿地区域（曹小娟，2006；谢冬明等，2011；高永年等，2012；王传辉等，2013；李潇然等，2015）。上述不同尺度、不同生态系统类型的生态功能评价与生态分区研究工作为开展全国或区域生态环境治理和保护提供了重要科技支撑。而关于白洋淀生态环境功能分区成果大部分为对白洋淀流域或周边城市进行大尺度区域分析，均将白洋淀规划为水源涵养区及生态红线保护区（王晶晶等，2017；李倩等，2019）。而淀区区域则主要为水环境分区，其中赵英魁等（1995）以各区域的水质使用目的和保护目标对白洋淀淀区进行水环境功能区域划分；朱金峰等（2020）采用外业调查、遥感、综合评价等方法，从水产品供给功能、水生植物供给功能、气候调节功能、生物多样性维护功能、水质改善功能5个方面评价了白洋淀湿地生态系统服务功能重要性，从水污染敏感性、湿地变化敏感性、重要自然与文化价值敏感性3个方面评价了白洋淀湿地生态系统敏感性。本节提出了生态功能分区的指标框架体系，主要包括分区原则、分区指标体系、分区方法以及生态功能分区等。本节综合考虑水文、水生物、水化学、气象、人类活动及生态系统服务等多层次要素指标构建湖泊尺度水生态功能分区指标体系，并采用自组织特征映射（self-organizing feature map，SOFM）神经网络进行水功能区划，提高分类判断的科学性和可靠性，可为科学识别不同湖区压力源、完成不同湖区的生态功能定位和精准修复、维持淀区生态系统平衡及差别化水质管理提供科学数据支撑。

一、分区原则

结合《河北雄安新区规划纲要》和《白洋淀生态环境治理和保护规划（2018—2035年）》，白洋淀生态功能分区的基本目的是揭示淀区生态系统的层次结构与空间特征差异，明晰区域主要生态功能，为水生态系统差别化管理和水质目标管理提供支撑，保障淀区的长效健康发展，进而为建设白洋淀—大清河生态廊道服务。在考虑景观格局空间变化的基础上，兼顾水文连通、生物连通性，结合水文-水质-生态指标，并以生态系统结构的完整性为基础，以反映淀区水生态系统功能空间差异性为目的，通过分析生态系统的结构差异性进一步明晰其生态功能差异性。

因此，白洋淀淀区生态功能分区主要应遵循以下原则。

1）分区结果合理科学性。生态功能区划的目的是促进资源的合理利用与开发，结合雄安新区经济建设规划及白洋淀生态功能定位，增强各功能区社会经济发展的生态环境支撑能力，促进功能区的可持续发展，为白洋淀—大清河流域的综合治理提供理论支撑。

2）区域共轭性和连通性。强调每个具体的区划单元都要求是一个连续的地域单元，不能存在独立于区域之外而又从属于该区的单元；基于景观格局空间分布情况，结合不同河流-淀区水文连通情势，保证区划单元水文结构和生态系统的完整性。

3）主导生态系统服务的相似性。每一个生态系统都提供多种生态系统服务功能，对于给定的生态系统单元，基于其主导生态系统服务功能，如果相邻的两个或几个生态系统单元具有一致的主导生态系统服务功能，则可以合并生成一个高一级尺度的生态功能区。

二、分区指标体系

湖泊水生态系统由湖泊水文、水质、水生生物群落、气象等因素等构成，与水生态系统功能完整性息息相关，此外大部分湖泊受人类活动干扰强烈，将人类活动要素也作为评价要素之一；水生态功能分区不同于其他分区的根本原因在于具有生态系统服务功能，主要分为支持、调节、文化及供给四大功能（Costanza et al., 1997, 2017），故将其纳入评价要素。因此，湖泊水生态功能分区指标体系包括生态系统服务、水文要素、水化学要素、气象要素、水生生物要素、人类活动要素六种类型，具体详见图 5.12 和表 5.9。其中，生态系统服务选取反映栖息地质量状况的生境质量指标、反映淀区调节功能的碳储量指标、体现文化功能的文化服务指标以及反映淀区经济指标的物质生产服务指标；水文要素选取反映水文状况最直观的水位指标、影响水流流速的坡度指标及表征水动力条件，影响泥沙传输、养分运移等物理化学过程的流速指标；水化学要素选取反映水体中营养物质的总氮、总磷指标；气象要素选取反映研究区自然气候状况的降水量和气温指标；水生生物要素选取表征生物分布状况的浮游植物 Shannon-Wiener 指数、浮游动物 Shannon-Wiener 指数、大型底栖动物 Shannon-Wiener 指数以及反映水体初级生产力的叶绿素 a 指标；同时考虑到白洋淀淀区内村落分布复杂，为反映其独特人口分布形势，将人类活动干扰指数纳入评价体系。

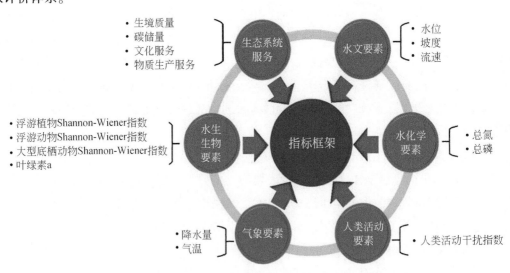

图 5.12　白洋淀水生态功能分区指标框架

表 5.9　水生态系统生境要素指标描述

要素	要素指标	指标描述	指标获取
生态系统服务	生境质量	反映生物栖息地质量状况，表征生物生境适宜栖息度	InVEST 模型模拟
	碳储量	反映淀区碳储和调节能力	InVEST 模型模拟
	文化服务	表征研究区文化功能，反映文化遗产价值、美学价值、教育科研价值和生态旅游价值等	专家咨询法
	物质生产服务	表征研究区供给功能，反映淀区各主导产业所带来的经济价值	市场价值法
水文	水位	反映水体水情最直观的因素，它的变化主要由水体水量的增减变化引起	采样点数据，ArcGIS 空间插值
	坡度	影响水流速度、物质运输及生态响应过程	DEM 数据基础上，ArcGIS 空间分析
	流速	影响河流沉积物的搬运、河床的侵蚀能力以及生物群落组成	采样点数据，ArcGIS 空间插值
水化学	总氮	营养物循环流动，体现生境差异	采样点数据，ArcGIS 空间插值
	总磷		
水生生物	浮游植物 Shannon-Wiener 指数	表征生物分布状况，反映生境差异	采样点数据，ArcGIS 空间插值
	浮游动物 Shannon-Wiener 指数		
	大型底栖动物 Shannon-Wiener 指数		
	叶绿素 a	反映水体初级生产力	
气象	降水量	反映研究区自然气候状况	气象数据网，ArcGIS 插值
	气温		
人类活动	人类活动干扰指数	白洋淀独特人口分布形式	政府公报，文献调研

　　通过野外采样、种类鉴定等获得水深、流速、总氮、总磷和浮游植物、浮游动物、大型底栖动物等，并计算生物多样性指数（Shannon-Wiener 指数）等数据。气象数据来自中国气象数据网（http://www.nmic.cn/），选取研究区及周边的 7 个气象站点（容城、徐水、保定、高阳、安新、任丘和雄县）的年平均降水量和年平均气温数据。人类活动干扰指数数据来自中国科学院资源环境科学与数据中心的人口空间分布数据集（http://www.resdc.cn/DOI/DOI.aspx? DOIid = 32）。DEM 数据来自地理空间数据云（http://www.gscloud.cn/），分辨率为 30m×30m，将原始数据在 ArcGIS 中进行裁剪、填注、数据格式转换等处理后得到研究区 DEM 数据，坡度数据经过 ArcGIS 水文分析处理后获得。对于从空间站点获得的数据，利用反距离加权插值（inverse distance weight，IDW）法进行空

间插值，所有插值结果经过裁剪后，输出 20 像元×20 像元的 ASCII 文件。在本研究中使用的 ArcGIS 软件为 ArcMap10.2 版本。

三、分区方法

采用 SOFM 对构建的指标体系进行分区，该方法具有层次明显、客观性强等优点，得到学者们的关注（Kohonen，1997；牛泽鹏等，2020）。

（一）SOFM 方法简介

人工神经网络对外界事物获取知识有自适应性、自组织性和容错性等优点，受到越来越多地理学者的青睐。其中 SOFM 神经网络，由于具有拓扑保持能力和自组织概率分布特性，并能对输入数据聚类和特征提取，适用于对未归类的多维数据集作粗分类。SOFM 神经网络在分类方面的优势可望提高分类判断的客观性，为土地利用区域分异的研究提供一种新的思路与方法。该方法由芬兰学者 Kohonen（1997）根据人脑中的神经元具有后天学习过程这一特性提出。SOFM 神经网络在接受输入样本之后进行竞争学习，功能相同的输入距离比较近，不同的距离比较远，以此将一些无规则的输入自动排开。如果样本足够多，那么在权值分布上可近似于输入样本的概率密度，在输出神经元上，竞争层反映了这种分布，概率大的样本集中在输出空间的某一个区域（图5.13）。

与传统的数理方法相比，人工神经网络是一种非参数化的模式识别技术，不以显性数理方程形式建立各因素之间的相互联系，不以人为方式确定各变量之间的权重关系，而是通过网络初始化、训练和检验等步骤自动形成、调节各要素间的权重，最终以系统终态的连接权重对客体进行识别或分类。SOFM 神经网络具有并行处理、自组织、自学习、鲁棒性和容错性等特性，被广泛应用于模式识别和方案决策等领域。SOFM 神经网络模型的学习算法分为以下几步：

1）初始化权重系数，$[W_{ij}]$ 赋予 $[0，1]$ 区间的随机值，选择邻域半径 r，以及学习速率 $\eta(t)$。

2）输入样本 P_k，并对权重矢量作归一化处理。

3）计算 W_{ij} 与 P_k 间的欧氏距离，找出最小的距离 d [图5.14（a）]，确定获胜神经元 g。

$$d_g = \min[d_j]，j=1，2，\cdots，M \tag{5.5}$$

4）调整处于获胜神经元邻域内的所有神经元。

5）更新学习速率 $\eta(t)$ 和拓扑邻域 $N_g(t)$。

$$\eta(t) = \eta(0)\left[1-\frac{t}{T}\right] \tag{5.6}$$

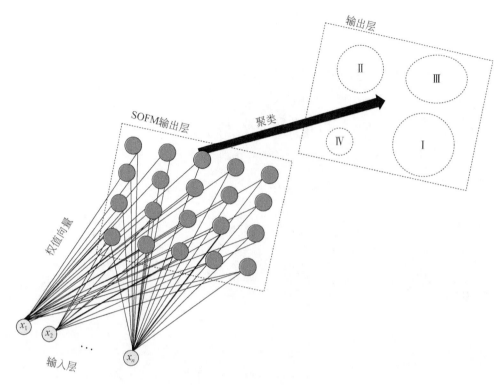

图 5.13　SOFM 拓扑结构

式中，$\eta(0)$ 为初始学习率；t 为学习次数；T 为总的学习次数。

$$N_g(t) = \mathrm{INT}\left\{ N_g(0)\left[1 - \frac{t}{T}\right] \right\} \tag{5.7}$$

式中，$N_g(0)$ 为 $N_g(t)$ 的初始值。

6）重复上述 3）~5）步，直至满足停止条件（如最大的迭代次数）。

通过训练，最终输出层中的获胜神经元及其邻域内的权值向量逼近输入矢量，实现了模式分类。具体的 SOFM 神经网络模型原理及学习算法参见 Matlab 软件中关于神经网络工具箱 [图 5.14（b）] 的使用说明。

原始数据具有不同的量纲和单位，数值的差异也很大，若直接用原始数据计算将影响分类效果。因此在指标体系确定以后，采用标准差标准化方法对原始数据进行处理，使每一指标值统一于共同的数据特性范围。

我们将所有 ASCII 文件经 Matlab 转换为 16×2 023 329 个数据输入 SOFM 神经网络进行训练，设置训练步数为 1000 步，其余参数选用默认值。神经元数目由 4 类逐渐增加到 12 类，得到的聚类结果通过 ArcMap10.2 实现空间化。使用不同类别的最大权值向量衡量每个分区方案的聚集程度，从而确定最优的分区数目。使用 Matlab2018.b 作为 SOFM 神经网络聚类计算工具。

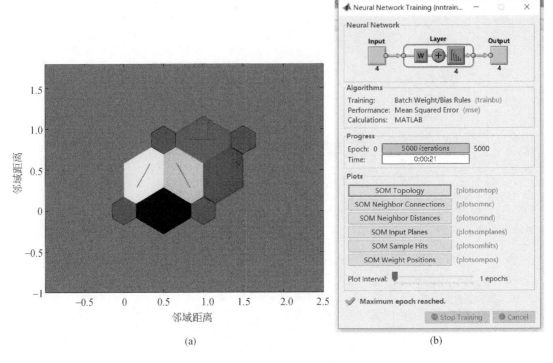

(a)　　　　　　　　　　　　　　(b)

图 5.14　SOFM 计算　(a) 邻域距离计算和 (b) 工具箱

（二）生态系统服务要素的 SOFM 聚类

以前文中 2015 年生态系统服务核算结果为基础，对四项白洋淀生态系统服务进行标准化并开展 SOFM 聚类，不同聚类结果的最大权值向量相同，均为 1.12，选取差异性最大的聚类结果（图 5.15），形成白洋淀淀区生态系统服务分区（图 5.16）。可以看出，白洋淀生态系统服务聚类结果受景观格局类型驱动较强，耕地（Ⅸ）及芦苇草地（Ⅶ）均单独形成一类。图 5.15 中紫色区域为白洋淀生态系统服务高值区，对应浅水区及芦苇草地，淡黄色区域为白洋淀生态系统服务中值区，对应深水区，淡蓝色区域为白洋淀生态系统服务低值区，对应耕地、裸地和居工用地。

（三）水文要素的 SOFM 聚类

对水文要素指标进行 SOFM 神经网络分区，如图 5.17 所示。当水文要素分为 5 个区域时，淀区差异化最大，流速呈现收缩（有四周至中心递减）趋势，水深呈现发散（由中心至四周递减）趋势，其中淀区南部、中部、藻苲淀和烧车淀可形成单独聚类结果，四个区域的水文要素具有明显差异。

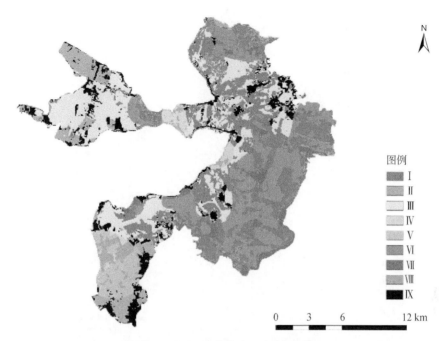

图 5.15　生态系统服务 SOFM 聚类结果

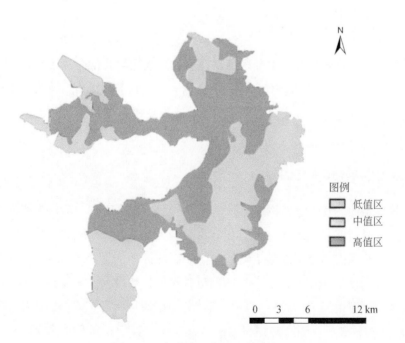

图 5.16　白洋淀生态系统服务分区

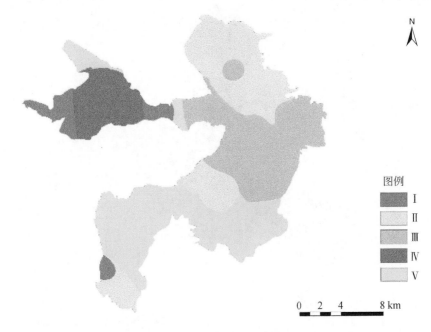

图 5.17　水文要素 SOFM 聚类结果

（四）水化学要素的 SOFM 聚类

水化学要素的 SOFM 神经网络分区结果显示，当水化学要素分为 5 个区域时，权值向量距离最小（0.15），淀区的差异最大（图 5.18）。白洋淀总氮和总磷浓度空间分布呈现由西至东逐渐降低的趋势，深水区（枣林庄）总氮/总磷浓度最小，入淀河流入口处浓度最大。

（五）水生生物要素的 SOFM 聚类

水生生物要素的 SOFM 神经网络分区结果显示，当权值向量距离最小值为 0.55、淀区划分为 4 个区域时，差异化最大（图 5.19）。结合四种水生态指标的空间分布情况可知，白洋淀叶绿素 a 呈现由西至东逐渐下降的趋势，而淀区中部最小；大型底栖动物 Shannon-Wiener 指数呈现由四周至中心逐渐下降的趋势，端村指数最大，采蒲台、圈头和府河入淀口处指数最小；浮游植物 Shannon-Wiener 指数分布呈现由西至东逐渐减小的趋势，枣林庄（淀区最东部）指数最小；浮游动物 Shannon-Wiener 指数分布呈现由东至西逐渐减小的趋势，杨庄子和枣林庄区域最大，府河入淀口处最小。因此结合水生生物要素 SOFM 聚类结果及四种指标空间分布情况，淀区可分为四个区域，分别为枣林庄区域，藻苲淀及淀区西南部区域，端村、东田庄和烧车淀区域，淀区中部及其余区域。

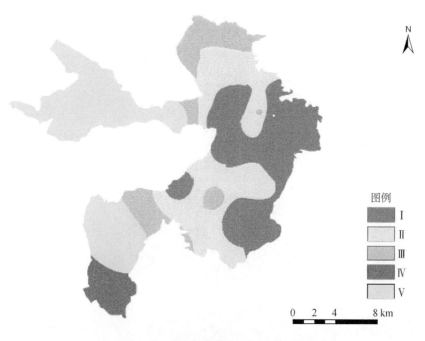

图 5.18　水化学要素 SOFM 聚类结果

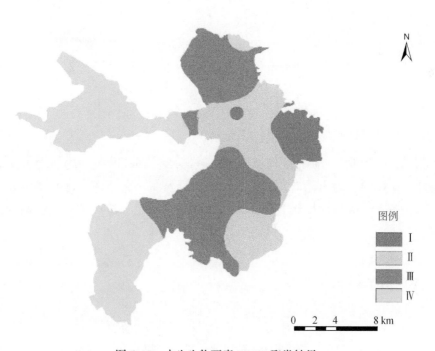

图 5.19　水生生物要素 SOFM 聚类结果

(六) 气象要素的 SOFM 聚类

气象要素的 SOFM 神经网络分区结果显示，淀区划分为 5 个区域时（图 5.20），权值向量距离最小（0.64）。根据气象指标空间分布情况可知，白洋淀气温由东至西呈逐渐升高趋势，降水量由东至西呈逐渐下降趋势。

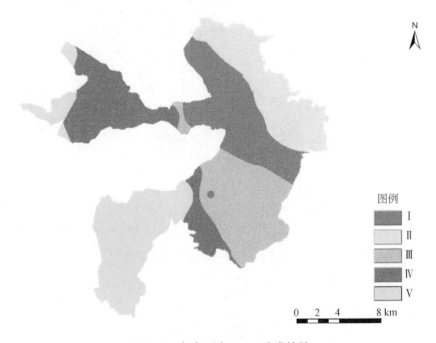

图 5.20　气象要素 SOFM 聚类结果

(七) 人类活动要素的 SOFM 聚类

人类活动干扰指数 SOFM 神经网络分区结果显示，当淀区划分为 4 个区域时，权值向量距离最小（0.039），差异化最大，其中，孝义河入淀（淀区西南部）区域人类干扰最强，藻苲淀及烧车淀区域呈梯级分区，人类活动干扰次之，淀区中部人类活动扰动最小（图 5.21）。

四、白洋淀生态功能分区

根据水生态功能分区各个指标的分类结果及区域共轭性原则，结合白洋淀生态功能定位，将白洋淀分为四个区域，分别为核心湿地保护区、湿地生态缓冲区、入淀河流缓冲区和生态屏障区（图 5.22）。

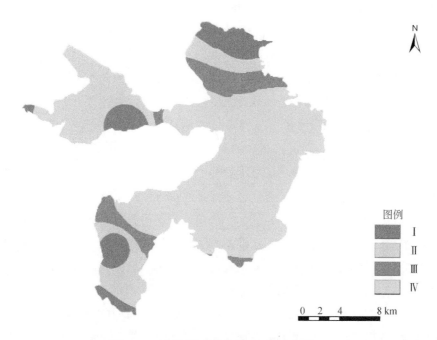

图例

I
II
III
IV

0 2 4 8 km

图 5.21 人类活动要素 SOFM 聚类结果

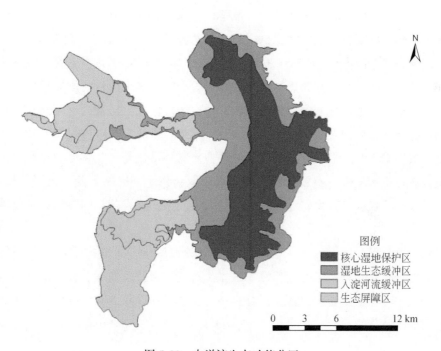

图例

核心湿地保护区
湿地生态缓冲区
入淀河流缓冲区
生态屏障区

0 3 6 12 km

图 5.22 白洋淀生态功能分区

白洋淀核心湿地保护区占地9763.81hm²，占淀区总面积的31.83%，包含烧车淀、枣林庄、光淀张庄、圈头和采蒲台等区域。核心湿地保护区的主导功能是依托天然湿地资源，维持生物多样性，保护生物栖息地。该区的生态环境保护与建设的重点是建立多水源补水机制，合理调控淀泊生态水文过程，维持白洋淀正常水位6.5~7.0m，提升淀泊水环境质量，加强湿地保护和湿地生态修复，禁止侵占湿地进行生产性开发，努力改善湿地生态环境，为水生生物和湿地生物创造一个良好的栖息地。

白洋淀湿地生态缓冲区占地9538.59hm²，占淀区总面积的31.1%，包含端村、捞王淀、寨南和王家寨等区域。主导功能是水源涵养、调蓄洪水，保障并维持淀区内正常生产生活用水安全。该区生态环境保护与建设重点是通过种植芦苇、香蒲等大型水生植物，建设人工湿地项目，增加区域水源涵养能力，以减轻外来污染对淀区的直接影响；继续实施退田还淀整治战略，巩固和扩大退田还淀治理成果，加强蓄洪垸建设和主要行洪通道的清障工作，提升淀区堤防防洪等级，恢复白洋淀调蓄洪水的能力；摈弃传统的旅游模式，推进以自然景观和人文景观为主导的生态旅游。

白洋淀入淀河流缓冲区占地5953.15hm²，占淀区总面积的19.41%，主要涉及藻苲淀、府河及孝义河入淀周围的浅水区及芦苇草地。主导功能是缓解外来水源对淀区水生态的直接冲击，初步净化水质和驱散外来物种影响，并包含水土保育功能。该区生态环境保护与建设重点是规范保护区过渡区域的开发建设行为，进行河道清淤工作，种植芦苇香蒲等大型水生植物，恢复原有湿地面积，缓解外来水源对白洋淀淀区带来的生态影响。

白洋淀生态屏障区占地5417.53hm²，占淀区总面积的17.66%，主要涉及淀区西南部的耕地和裸地，以及藻苲淀在周边耕地区域。主导功能是水土保育，发展现代生态农牧渔业。该区域水土保持条件好，农业种质资源丰富，居民住宅村庄化，庭院经济发达，农田林网成型，是淀区重要的农林生产基地和人口聚集地。该区生态环境保护与建设重点是严格规范基本农田面积，加强农业基础设施和农业生态环境建设，完善区域排灌等生产服务体系，改善农业生产条件。积极开发利用现代农业新技术，提高农药、化肥的使用效率，加快发展循环经济农业，减少农业面源污染。大力发展庭院果园、庭院苗圃和庭院养殖等特色庭院经济。

可将核心湿地保护区、湿地生态缓冲区和入淀河流缓冲区共同划定为生态红线保护区，它们对维护自然生态系统的完整性、区域生态资源可持续发展、保护珍稀濒危动植物物种及其栖息地、保护重要水源地、保存自然文化遗产和保障人类生存发展的生态安全阈值起着重要的支持作用。

参 考 文 献

白杨，郑华，庄长伟，等. 2013. 白洋淀流域生态系统服务评估及其调控［J］. 生态学报，33（3）：711-717.

曹小娟. 2006. 洞庭湖 AQUATOX 模拟与生态功能分区 [D]. 长沙:湖南大学硕士学位论文.

李倩, 汪自书, 刘毅, 等. 2019. 京津冀生态环境管控分区与差别化准入研析 [J]. 环境影响评价, 41 (1): 28-33.

李骞国, 王录仓, 严翠霞, 等. 2020. 基于生境质量的绿洲城镇空间扩展模拟研究——以黑河中游地区为例 [J]. 生态学报, 40 (9): 1-9.

李潇然, 李阳兵, 王永艳, 等. 2015. 三峡库区县域景观生态安全格局识别与功能分区——以奉节县为例 [J]. 生态学杂志, 34 (7): 1959-1967.

高永年, 高俊峰, 陈坰烽, 等. 2012. 太湖流域水生态功能三级分区 [J]. 地理研究, 31 (11): 1941-1951.

牛泽鹏, 王晓峰, 罗广祥, 等. 2020. 基于 SOFM 网络的西藏自治区流域尺度生态功能分区 [J]. 水土保持通报, 40 (4): 116-123.

唐尧, 祝炜平, 张慧, 等. 2015. InVEST 模型原理及其应用研究进展 [J]. 生态科学, 34 (3): 204-208.

王滨滨, 刘静玲, 张婷, 等. 2010. 白洋淀湿地景观斑块时空变化研究 [J]. 农业环境科学学报, 29 (10): 1857-1867.

王传辉, 吴立, 王心源, 等. 2013. 基于遥感和 GIS 的巢湖流域生态功能分区研究 [J]. 生态学报, 33 (18): 5808-5817.

王晶晶, 迟妍妍, 许开鹏, 等. 2017. 京津冀地区生态分区管控研究 [J]. 环境保护, 45 (12): 48-51.

夏军, 张永勇. 2017. 雄安新区建设水安全保障面临的问题与挑战 [J]. 中国科学院院刊, 32 (11): 1199-1205.

谢冬明, 邓红兵, 王丹寅, 等. 2011. 鄱阳湖湿地生态功能重要性分区 [J]. 湖泊科学, 23 (1): 136-142.

杨薇, 孙立鑫, 王烜, 等. 2020. 生态补水驱动下白洋淀生态系统服务演变趋势 [J]. 农业环境科学学报, 39 (5): 1077-1084.

张文华. 2016. 基于 InVEST 模型的锡林郭勒草原土地利用/土地覆被变化与生态系统服务研究 [D]. 呼和浩特:内蒙古大学硕士学位论文.

赵英魁, 张秀清, 马大明, 等. 1995. 白洋淀功能区划分原则 [J]. 环境科学, (1): 40-46.

赵志轩, 严登华, 耿雷华, 等. 2014. 白洋淀东方大苇莺繁殖生境质量评价 [J]. 应用生态学报, 25 (5): 1483-1490.

朱金峰, 周艺, 王世新, 等. 2020. 白洋淀湿地生态功能评价及分区 [J]. 生态学报, 40 (2): 459-472.

朱文博, 张静静, 崔耀平, 等. 2019. 基于土地利用变化情景的生态系统碳储量评估——以太行山淇河流域为例 [J]. 地理学报, 74 (3): 447-459.

Costanza R, d'Arge R, de Groot R, et al. 1997. The value of the world's ecosystem services and natural capital [J]. Nature, 387: 253-260.

Costanza R, Fisher B, Mulder K, et al. 2007. Biodiversity and ecosystem services: A multi-scale empirical study of the relationship between species richness [J]. Ecological Economics, 61 (2-3): 478-491.

Kohonen T. 1997. The self-organizing map, a possible model of brain maps ［J］. Perception, 4 (1): 5-8.

Schimel D S, House J I, Hibbard K A, et al. 2001. Recent patterns and mechanisms of carbon recent patterns and mechanisms of carbon exchange by terrestrial ecosystems ［J］. Nature, 414 (6860): 169-172.

Swallow B M, Sang J K, Nyabenge M, et al. 2009. Tradeoffs, synergies and traps among ecosystem services in the Lake Victoria basin of East Africa ［J］. Environmental Science and Policy, 12 (4): 504-519.

Tallis H, Ricketts T, Guerry A, et al. 2013. InVEST 2.5.5 User Guide: Integrated Valuation of Environmental Services and Tradeoffs ［M］. Stanford: The Natural Capital Project.

Yan S J, Wang X, Cai Y P, et al. 2017. Investigation of the spatio-temporal dynamics in landscape variations in a shallow lake based on a new Tendency-Pattern-Service conceptual framework ［J］. Journal of Cleaner Production, 161: 1074-1084.

Yang W. 2011. Variations in ecosystem service values in response to changes in environmental flows: A case study of Baiyangdian Lake, China ［J］. Lake and Reservoir Management, 27 (1): 95-104.

Yang W, Jin Y W, Sun T, et al. 2018. Trade-offs among ecosystem services in coastal wetlands under the effects of reclamation activities ［J］. Ecological Indicators, 92: 354-366.

Yang W, Yang Z F. 2014. Integrating ecosystem-service tradeoffs into environmental flows decisions for Baiyangdian Lake ［J］. Ecological Engineering, 71: 539-550.

Yang W, Sun T, Yang Z F. 2016. Does the implementation of environmental flows improve wetland ecosystem services and biodiversity? A systematic assessment ［J］. Restoration Ecology, 24 (6): 731-742.

第六章 | 湿地生态系统健康评价

湿地生态系统健康评价工作通过定量化研究湿地生态系统主要生态组成及有机组分处于相对完整的状态，从而判断其在不同时期的总体特征、健康状况及变化趋势，为湿地的可持续管理提供重要科学支撑。本章以白洋淀为典型案例区，采用湿地生态系统健康的综合评价法、底栖动物生物完整性指数（benthic index of biological integrity，B-IBI）评价法和浮游植物生物完整性指数（phytoplankton index of biological integrity，P-IBI）评价法，分别建立典型湿地的健康评价方法体系，为湿地生态系统的健康评价、科学预测和可持续管理提供支撑。

第一节 基于综合评价法的湿地生态系统健康评价

一、备选评价指标

（一）备选指标组成

研究结合对白洋淀湿地系统结构和功能特征的分析以及生态调查的分析结果，整体把握白洋淀湿地现状，定性分析白洋淀近年来生态退化的原因，明确健康表征与评价指标的筛选方向。采用多元统计分析方法，对数据信息进行研究，识别健康指标体系的关键组成。针对白洋淀草多、水浅、流动性差、富营养化严重的特点，同时考虑指标的可得性与可操作性，从组织结构、功能、系统三个方面初选评价指标，构建白洋淀湿地生态系统健康表征与评价指标体系，作为水动力水质模型、水生态模型模拟的输出指标。初步设定的三类 19 个健康评价备选指标见表 6.1。水质、水位与水生态等结构、功能指标可通过实测

表 6.1 白洋淀健康表征备选指标

类型	备选评价指标
组织结构	水深、溶解氧（DO）、生化需氧量（BOD）、化学需氧量（COD_{Cr}）、高锰酸盐指数（COD_{Mn}）、总氮（TN）、总磷（TP）、氨氮（$NH_3\text{-}N$）、硝氮（NO_3^-）、溶解态无机磷（DIP）、叶绿素 a（Chla）、水生植物生物量（SP）、浮游植物生物量（A）、浮游动物生物量（Z）
功能	孔隙水营养盐（N、P）的释放能力（d_N、d_P）
系统	生态能质（Ex）、结构能质（Ex_{st}）、水生生物对氮磷的缓冲能力（β）

与模拟获取，系统指标可通过模型的中间变量运算得出。

（二）组织结构指标

湿地生态系统是由系统内的生物群落和其生存环境要素构成的复杂系统。一个湿地的结构是否合理是评判湿地健康的最重要的标准。组织结构是指生态系统结构的复杂性，一般情况下，物种多样性及其相互作用（如共生、互利共生和竞争）复杂性越高，生态系统的组织就越健康（汪朝辉等，2003；富强等，2019）。研究采用反映湿地组织结构的指标［主要包括水文指标（水深）］、反映水体富营养化状况的指标（叶绿素 a、TP、TN）、反映水质状况的指标（DO、BOD、COD、氨氮、硝氮、溶解态无机磷）以及生态指标（包括可以反映系统生物群落结构的指标，如浮游植物生物量、浮游动物生物量、水生植物生物量）。

湖泊湿地的富营养化实质是水体中的自养性生物（主要是藻类）在水体中建立优势的过程（Ngochera and Bootsma，2018）。因此，反映藻类数量、种类的生物量或生物密度可用于判断水体营养水平。由于各种藻类中均含有叶绿素 a，可用叶绿素 a 作为水体富营养化的评价指标。此外，人们在对富营养化进行评价时，通常根据不同的地区、不同类型的湖泊湿地特征，选择几种和该水体营养状态变化、藻类繁殖关系最为密切的一项或多项限制因子、影响因子（主要为氮和磷）一起作为定量描述湖泊水库等水体营养化类型的指标。

生物量泛指单位面积上所有生物有机体的干重，而现存量是指单位面积上某个时间所测得的生物有机体的总重量（冯宗炜等，1999），通常把现存量看作生物量的同义语（李博，2001）。本章中提到的生物量均指现存量。

（三）功能指标

湿地的功能特征是指湿地内部系统与外部环境相互联系和相互作用所表现出来的能力、性质，是系统内部相对稳定的联系方式、组织秩序和时空形式的外在表现形式（崔保山和杨志峰，2001），功能特征表征了湿地生态系统的支撑程度，它是健康湿地的重要外在表现。本研究选取具有典型意义的孔隙水中营养盐扩散能力作为湿地功能指标。

沉积物作为上覆水的重要物质源和库对其物质循环迁移起着重要作用（翟丽华等，2007）。沉积物有着较大的表面积，可以吸附较多的氮、磷，这些物质随着沉积物孔隙水与上覆水进行物理、化学以及生物等作用，进行物质交换（刘伟等，2004），这在很大程度上影响着水体富营养化的进程。湖泊沉积物是一种污染物的载体，在一定条件下，通过吸附、络合、絮凝、沉降作用使水体中悬浮的或以其他形态存在的黏土矿物颗粒、有机质、水合氧化物以及重金属等污染物质进入沉积物，从而减轻污染物质对水体的污染，沉积物通过接纳大量污染物的方式缓解水体的富营养化进程。但是，沉积物中这些有机的、无机的污染物质又处于吸附与解吸的动态平衡状态（张强，2007），当环境条件改变时，湖泊沉积物作为营养物质积累的重要场所，又会发生间歇性的再生作用。当外部污染源减少或受控时，被吸附在沉积物中的污染物质通过解析、溶解、生物分解等作用被重新释放到水体，补充湖水中的营养盐，重新建立沉积物–水界面之间的平衡。沉积物内源释放将在相当长的时间内对水体的高营养浓度起主要作用，从而延迟或制约湖泊的治理效果（Ramm and Scheps，1997），对水体造成二次污染，形成湖泊营养盐的内源负荷。因此，选取可以反映沉积物营养盐与上覆水交换状态的孔隙水营养盐释放速率这一表征生态系统功能的指标是极其必要的。

鉴于孔隙水中营养盐的释放是由于湖水与孔隙水中营养盐存在浓度差异而发生的扩散作用，应用下列指标表征孔隙水中营养盐的释放能力：

$$d_N = C_{NP}/C_{NL} \tag{6.1}$$

$$d_P = C_{PP}/C_{PL} \tag{6.2}$$

式中，d_N 和 d_P 分别为孔隙水中氨氮和溶解态无机磷的扩散能力；C_{NP} 和 C_{PP} 分别为孔隙水中氨氮和溶解态无机磷的浓度（mg/L）；C_{NL} 和 C_{PL} 分别为水体中氨氮和溶解态无机磷的浓度（mg/L）。通常 d_N 和 d_P 数值大于1，且数值越大表明扩散能力越强；若 d_N 和 d_P 数值小于1，表明孔隙水中营养盐不发生扩散作用。

（四）系统指标

系统指标可以反映出湿地生态系统作为一个整体所表现出的状态。Jørgensen（1995）提出的生态能质、结构能质和生态缓冲能从整体形态上刻画生态系统的健康状况。本节采用生态能质、结构能质和水生生物对氮磷的缓冲能力对湿地生态系统的整体状态进行衡量计算。

1. 生态能质

生态系统回到无生命混沌平衡的无序状态所能做的功，表达了有生命的生物体内组织和结构中的能量利用，这可以通过生态系统所含的生物量及其所携带的遗传信息来计算。生态能质可以很好地反映湖泊生态系统的发展水平与生存能力，一般而言，生态能质 Ex 越大，说明系统的组织性和有序性越高，稳定性越强。

生态能质 Ex 的计算公式为

$$Ex = \sum_{i=1}^{n} \beta_i C_i \times 0.0187 \tag{6.3}$$

式中，β_i 为第 i 种生物转换因子；C_i 为第 i 种生物的生物量（mg/L）；一般1g有机碎屑燃烧释放18.7kJ能量，通过生物转换因子将不同生物转换成有机碎屑的等价物（表6.2，李博，2001），单位为 kJ/L。

表6.2　典型生物转换因子

生物	转换因子	生物	转换因子
碎屑	1	鱼类	499
细菌	8.5	两栖动物	688
浮游植物	20	爬行动物	830
真菌	61	鸟类	980
浮游动物	145	哺乳动物	2127
昆虫	167	人类	2173
开花植物	393		

2. 结构能质

结构能质是指生态系统单位生物量和有机质所含的能质，它独立于湖泊生态系统的营养水平，可以表征湖泊生态系统利用环境资源的能力。结构能质能够很好地反映湖泊生态系统的多样性和复杂性，一般而言，其值越大，生态系统复杂基因的物种比重越大，湖泊生态系统结构越复杂，稳定性越强。结构能质 Ex_{st} 的计算公式为

$$Ex_{st} = \sum_{i=1}^{n} \beta_i C_i / C_t \tag{6.4}$$

式中，Ex_{st} 为结构能质（kJ/mg）；C_t 为各种生物的生物量之和（mg/L）。

3. 水生生物对氮磷的缓冲能力

水生生物对氮磷的缓冲能力是指生态系统状态变量的变化量与其所受外部胁迫的变化量之比，外部胁迫是指能影响湖泊生态系统状况的外部条件变化，如污染物的排入和排出，底泥的沉积与再悬浮，风、温度、太阳辐射等。湖泊生态系统状态变量是表征湖泊生态系统结构和功能的量，如浮游植物和浮游动物生物量的变化等。该指标用于表征浮游植物对氮磷变化的响应，其数值越大，表示生态系统抵抗营养盐负荷变化的能力越强。

根据定义，水生生物对氮磷的缓冲能力 β 可表示为

$$\beta = \frac{1}{\delta(c)/\delta(f)} \tag{6.5}$$

式中，c 为状态变量；f 为外部胁迫。

水生生物对氮磷的缓冲能力为负值表示湖泊受外部胁迫向反方向演变。白洋淀属于总磷为浮游植物生长限制性因子的湿地，而浮游植物是白洋淀湿地主要的初级生产者，在湿地生态系统中具有重要的地位。因此，可以用浮游植物生物量和总磷含量的变化 β_P 来计算生态缓冲容量的值，即

$$\beta_P = \frac{\partial(TP)}{\partial(A)} \tag{6.6}$$

式中，A 为浮游植物生物量（mg/L）。

二、评价指标筛选和权重

（一）指标筛选方法

表 6.1 采用三大类共 19 个指标描述了白洋淀湿地健康状态，但不能确保这些指标之间是相互独立的，它们之间存在一定相关性。为了对白洋淀湿地健康进行深入了解，需对这些指标之间的相关关系进行研究，把握影响白洋淀湿地健康的主要因素。另外，如何科学地量化各个指标的权重，减少主观性，避免造成最终结果的较大误差，也是需要进一步研究的问题。研究选用主成分分析法解决这两个问题，主成分分析法是通过原始变量的线性组合，把多个原始指标减少为有代表意义的少数几个指标，以使原始指标能更集中更典型地表明研究对象特征的一种统计方法。

主成分分析是设法将原来众多具有一定相关性的 P 个指标，重新组合成一组新的互相无关的综合指标来代替原来的指标（于秀林和任雪松，1997）。最经典的做法就是用 F_1（选取的第一个线性组合，即第一个综合指标）的方差来表达，即 Var（F_1）越大，表示 F_1 包含的信息越多。因此在所有的线性组合中选取的 F_1 应该是方差最大的，故称 F_1 为第一主成分。如果第一主成分不足以代表原来 P 个指标的信息，再考虑选取 F_2，即选第二个线性组合，为有效地反映原来信息，F_1 已有的信息就不需要再出现在 F_2 中，用数学表达就是要求 cov（F_1，F_2）= 0，则称 F_2 为第二主成分，依此类推可以构造出第三，第四，…，第 P 个主成分。

主成分分析的数学模型为

$$F_p = a_{1i}ZX_1 + a_{2i}ZX_2 + \cdots + a_{pi}ZX_p \tag{6.7}$$

式中，a_{1i}，a_{2i}，…，a_{pi}（$i = 1, 2, \cdots, m$）为 X 的协方差阵的特征值对应的特征向量；ZX_1，ZX_2，…，ZX_P 为原始变量经过标准化处理的值。

$$A = (a_{ij})_{p \times m} = (a_1, a_2, \cdots, a_m), \mathbf{R}a_i = \lambda a_i \tag{6.8}$$

式中，$\mathbf{R}$ 为相关系数矩阵；λ_i 和 $\mathbf{a}_i$ 为相应的特征值和单位特征向量，$\lambda_1 \geqslant \lambda_2 \geqslant \cdots \geqslant \lambda_i \geqslant 0$。

（二）指标筛选步骤

研究应用主成分分析进行指标筛选的具体步骤如下。

（1）建立观察值矩阵

某一系统状态最初由 p 个指标来表征，这 p 个特征指标称为原特征指标，通过它们的观察了解系统的特性，它的每一组观察值表示为 p 维空间的一个向量 $\mathbf{x}_i$，即 $\mathbf{x}_i = x_{i1}, x_{i2}, \cdots, x_{ip}$，这个 p 维空间成为原指标空间。对它进行了 n 次观察，所得矩阵为 $n \times p$ 观察矩阵 $\mathbf{X}$。

$$X = \begin{pmatrix} x_{11} & \cdots & x_{1p} \\ \vdots & \ddots & \vdots \\ x_{n1} & \cdots & x_{np} \end{pmatrix} \tag{6.9}$$

式中，n 为样本个数；p 为指标个数。

（2）标准化处理

为使指标之间具有可比性，应对观察值进行标准化处理，通常采用的标准化方法为标准差标准化处理方法，对原始观察数据计算求出它们的标准化观察矩阵为 Y。

$$Y = \begin{pmatrix} y_{11} & \cdots & y_{1p} \\ \vdots & \ddots & \vdots \\ y_{n1} & \cdots & y_{np} \end{pmatrix} \tag{6.10}$$

（3）计算相关系数矩阵

求它们的相关系数矩阵 R 以研究标准化观察值矩阵中各指标的相互关系。

$$R = \begin{pmatrix} r_{11} & \cdots & r_{1p} \\ \vdots & \ddots & \vdots \\ r_{n1} & \cdots & r_{np} \end{pmatrix} \tag{6.11}$$

r_{ij} 的计算公式为 $r_{ij} = \dfrac{1}{n-1} \sum\limits_{i=1}^{n} y_{ji} y_{ij} (i, j = 1, 2, \cdots, p)$。

（4）求特征值和特征向量

根据特征方程 $|R - \lambda I| = 0$，计算特征值 $\lambda_i (i = 1, 2, \cdots, p)$。将特征向量依大小顺序排列：$\lambda_1 > \lambda_2 > \cdots > \lambda_p$，则第 K 个主成分的方差贡献率为 $\beta_k = \lambda_k \left(\sum\limits_{j=1}^{p} \lambda_j \right)^{-1}$，前 K 个主成分的累计贡献率为 $\sum\limits_{j=1}^{k} \lambda_k \left(\sum\limits_{j=1}^{p} \lambda_j \right)^{-1}$。

（5）选择主成分

选择 m 个主成分，实际中通常所取主成分的累计贡献率达到 80% 以上，即 $\sum\limits_{j=1}^{k} \lambda_k \left(\sum\limits_{j=1}^{p} \lambda_j \right)^{-1} \geqslant 80\%$。

根据以上五个步骤，通过样本数据对定性选定的候选指标进行主成分分析，可确定最终的白洋淀湿地健康评价体系指标。

（三）指标筛选结果

首先对各指标进行相关分析，分析结果显示（表6.3），Chla 与浮游植物生物量具有极高的相关性，考虑到数据的相对准确性及获取的可操作性，将浮游植物生物量筛除。在依据一定的理论体系确定初步的评价指标体系并进行初步筛选后，将获取的研究区各指标数据进行主成分分析，去掉带有重复信息的指标，确定最终的评价指标体系。采用 SPSS18.0 统计软件对样本数据进行主成分分析，以确定最终的评价指标体系。

表 6.3　健康评价体系备选指标相关关系结果

指标	DO	TN	TP	NH$_3$-N	NO$_3^-$	DIP	Chla	A	SP
DO	1.00	-0.16	0.16	-0.14	-0.39	-0.19	0.75**	0.75**	0.42
TN	-0.16	1.00	0.60*	0.57*	0.56*	0.79**	0.30	0.30	-0.23
TP	0.16	0.60*	1.00	0.80**	0.50	0.75**	0.54*	0.54*	0.05
NH$_3$-N	-0.14	0.57*	0.80**	1.00	0.763**	0.75**	0.22	0.22	-0.20
NO$_3^-$	-0.39	0.56*	0.50	0.763**	1.00	0.55*	-0.03	-0.03	-0.11
DIP	-0.19	0.79**	0.75**	0.75**	0.55*	1.00	0.35	0.35	-0.34
Chla	0.75**	0.30	0.54*	0.22	-0.03	0.35	1.00	1.00**	0.11
A	0.75**	0.30	0.54*	0.22	-0.03	0.35	1.00**	1.00	0.11
SP	0.42	-0.23	0.05	-0.20	-0.11	-0.34	0.11	0.11	1.00
Z	0.87**	-0.23	0.19	-0.09	-0.36	-0.28	0.53*	0.53*	0.44
d_N	0.20	-0.07	-0.15	-0.12	0.04	-0.37	0.09	0.09	0.06
d_P	0.38	-0.19	-0.42	-0.43	-0.33	-0.61*	-0.04	-0.04	0.36
Ex	0.02	-0.45	-0.67**	-0.78**	-0.48	-0.74**	-0.38	-0.38	0.40
Ex$_{st}$	-0.50	-0.25	-0.63*	-0.53*	-0.10	-0.53*	-0.73**	-0.73**	0.30
β	-0.24	0.28	0.57*	0.61*	0.43	0.50	-0.14	-0.14	0.20
BOD	0.02	0.51	0.82**	0.61*	0.42	0.63*	0.27	0.27	0.09
COD$_{Mn}$	0.02	0.49	0.81**	0.62*	0.56*	0.55*	0.30	0.30	0.14
COD$_{Cr}$	0.01	0.53*	0.78**	0.62*	0.63*	0.57*	0.30	0.30	0.10
水深	0.62*	-0.17	-0.17	-0.29	-0.52	-0.21	0.34	0.34	0.02

指标	Z	d_N	d_P	Ex	Ex$_{st}$	β	BOD	COD$_{Mn}$	COD$_{Cr}$	水深
DO	0.87**	0.20	0.38	0.02	-0.50	-0.24	0.02	0.02	0.01	0.62*
TN	-0.23	-0.07	-0.19	-0.45	-0.25	0.28	0.51	0.49	0.53*	-0.17
TP	0.19	-0.15	-0.42	-0.67**	-0.63*	0.57*	0.82**	0.81**	0.78**	-0.17
NH$_3$-N	-0.09	-0.12	-0.43	-0.78**	-0.53*	0.61*	0.61*	0.62*	0.62*	-0.29
NO$_3^-$	-0.36	0.04	-0.33	-0.48	-0.10	0.43	0.42	0.56*	0.63*	-0.52
DIP	-0.28	-0.37	-0.61*	-0.74**	-0.53*	0.50	0.63*	0.55*	0.57*	-0.21
Chla	0.53*	0.09	-0.04	-0.38	-0.73**	-0.14	0.27	0.30	0.30	0.34

指标	Z	d_N	d_P	Ex	Ex_{st}	β	BOD	COD_{Mn}	COD_{Cr}	水深
A	0.53 *	0.09	−0.04	−0.38	−0.73 **	−0.14	0.27	0.30	0.30	0.34
SP	0.44	0.06	0.36	0.40	0.30	0.20	0.09	0.14	0.10	0.02
Z	1.00	0.30	0.41	0.03	−0.42	−0.03	0.16	0.11	0.17	0.56 *
d_N	0.30	1.00	0.71 **	0.36	0.17	−0.52	−0.39	−0.17	−0.01	−0.09
d_P	0.41	0.71 **	1.00	0.56 *	0.36	−0.50	−0.53	−0.38	−0.35	0.11
Ex	0.03	0.36	0.56 *	1.00	0.78 **	−0.46	−0.51	−0.43	−0.41	0.10
Ex_{st}	−0.42	0.17	0.36	0.78 **	1.00	−0.13	−0.39	−0.31	−0.31	−0.36
β	−0.03	−0.52	−0.50	−0.46	−0.13	1.00	0.79 **	0.67 **	0.62 *	−0.30
BOD	0.16	−0.39	−0.53	−0.51	−0.39	0.79 **	1.00	0.91 **	0.88 **	−0.15
COD_{Mn}	0.11	−0.17	−0.38	−0.43	−0.31	0.67 **	0.91 **	1.00	0.93 **	−0.41
COD_{Cr}	0.17	−0.01	−0.35	−0.41	−0.31	0.62 *	0.88 **	0.93 **	1.00	−0.30
水深	0.56 *	−0.09	0.11	0.10	−0.36	−0.30	−0.15	−0.41	−0.30	1.00

* 为 $p<0.05$；** 为 $p<0.01$。

进行主成分分析前，应先进行 KMO（Kaiser-Meyer-Olkin）检验和 Bartlett 球度检验以判断数据是否适合进行主成分分析。KMO 检验统计量是用于比较变量间简单相关系数和偏相关系数的指标，取值在 0～1。当所有变量间的简单相关系数平方和远远大于偏相关系数平方和时，KMO 值接近 1，意味着变量间的相关性越强，原有变量越适合作主成分及因子分析；当所有变量间的简单相关系数平方和接近 0 时，KMO 值接近 0，意味着变量间的相关性越弱，原有变量越不适合作主成分及因子分析。一般认为 KMO 值大于 0.7 就适合进行主成分分析。

Bartlett 球度检验的统计量是根据相关系数矩阵的行列式得到的，如果该值较大，且其对应的相伴概率值小于用户心中的显著性水平，那么应该拒绝零假设，认为相关系数矩阵不可能是单位阵，即原始变量之间存在相关性，适宜进行主成分分析；相反，如果该统计量比较小，且其相对应的相伴概率大于显著性水平，则不能拒绝零假设，认为相关系数矩阵可能是单位阵，不适宜进行主成分分析。Bartlett 检验表明，Bartlett 值 = 894.991，Sig. < 0.0001，即相关矩阵不是一个单位矩阵，故主成分分析可行；KMO 值 = 0.709，意味着主成分分析的结果在数学统计上可以接受。

将数据进行主成分分析，得到各主成分贡献率（表6.4）。

前 6 个主成分的累计贡献率为 82.284% >80%，表明这 6 个主成分代表了全部原始指标的大部分信息，可以作为筛选出的评价指标（表6.5）。

表 6.4　主成分贡献率

主成分	特征值	方差贡献率/%	累计贡献率/%
1	7.366	40.924	40.924
2	2.478	13.766	54.690
3	1.880	10.443	65.134
4	1.128	6.269	71.403
5	1.083	6.019	77.422
6	0.875	4.863	82.284
7	0.730	4.057	86.342
8	0.628	3.489	89.831
9	0.440	2.445	92.275
10	0.416	2.309	94.584
11	0.272	1.510	96.094
12	0.214	1.190	97.284
13	0.152	0.844	98.128
14	0.136	0.756	98.884
15	0.110	0.611	99.495
16	0.044	0.242	99.737
17	0.033	0.182	99.919
18	0.015	0.081	100.000

表 6.5　成分矩阵

指标	主成分 1	主成分 2	主成分 3	主成分 4	主成分 5	主成分 6
DO	−0.450	−0.019	0.554	−0.170	0.146	0.481
Chla	0.021	0.085	0.638	−0.134	0.508	−0.126
Z	−0.022	−0.450	0.697	0.194	−0.322	−0.069
d_P	−0.104	0.736	0.058	0.500	0.199	−0.079
Ex	−0.111	0.774	0.158	0.002	0.028	0.343
Ex_{st}	−0.218	0.728	0.297	−0.293	−0.029	−0.243
BOD	0.725	−0.298	0.418	0.220	−0.143	−0.105
COD_{Mn}	0.848	0.245	0.213	0.003	−0.222	−0.016
水深	0.510	−0.340	0.122	0.051	0.291	0.268
NH_3-N	0.941	−0.031	−0.120	0.016	0.084	0.179
NO_3^-	0.776	−0.184	−0.051	0.232	0.131	0.330
DIP	0.702	−0.178	−0.011	−0.407	0.379	−0.250
d_N	0.654	0.244	−0.137	0.449	0.286	−0.168

指标	主成分 1	主成分 2	主成分 3	主成分 4	主成分 5	主成分 6
TN	0.811	−0.280	−0.016	−0.080	0.344	−0.089
TP	0.789	0.270	−0.009	−0.416	−0.085	0.127
β_P	0.796	0.201	−0.174	−0.206	−0.296	0.115
SP	0.874	0.056	−0.040	0.098	0.043	0.276
COD_{Cr}	0.710	0.111	0.510	0.072	−0.199	−0.111

筛选后的主成分所代表的因子成分复杂，无法用一个有实际含义的指标来代替主成分，因而我们还需运用因子载荷矩阵找出对每个主成分贡献率大的原始指标，将这些原始指标集合起来，便可以代表主成分以至整个原始样本数据的全部信息，以便对实际问题进行分析。可对因子载荷矩阵进行旋转，即用一个正交阵右乘使旋转后的因子载荷阵结构简化，使每个变量仅在一个公共因子上有较大的载荷，而在其余公共因子上的载荷比较小。本研究采用方差最大正交旋转法对主成分载荷矩阵进行因子旋转，目的是使载荷矩阵的每一列元素的平方值尽可能大或者尽可能小，即向 1 和 0 两极分化，从而使因子的贡献更加分散。

最后筛选出的指标即构成最终的湖泊生态系统健康评价指标体系。正交旋转后的主因子载荷矩阵见表 6.6。载荷矩阵中每个主成分中贡献率大的原始指标即为筛选出的指标，这些指标即构成最终的白洋淀健康评价指标体系。

表 6.6 旋转后的因子载荷矩阵

指标	主成分 1	主成分 2	主成分 3	主成分 4	主成分 5	主成分 6
DO	−0.245	−0.160	0.108	0.118	0.810	0.150
Chla	−0.082	−0.031	0.188	0.217	0.242	0.747
Z	−0.140	−0.068	−0.200	0.855	0.202	0.021
d_P	−0.121	0.006	0.893	−0.059	−0.187	0.030
Ex	0.227	−0.127	0.729	−0.196	0.340	−0.036
Ex_{st}	0.251	−0.616	0.533	−0.076	0.062	0.274
BOD	0.348	0.450	−0.153	0.768	−0.161	0.174
COD_{Mn}	0.622	0.326	0.155	0.335	−0.173	0.102
水深	−0.692	0.013	−0.141	−0.056	0.418	0.047
$NH_3\text{-}N$	0.617	0.613	−0.090	0.026	−0.170	0.111
NO_3^-	0.340	0.525	−0.075	0.124	−0.036	0.014
DIP	0.452	0.320	−0.369	−0.094	−0.239	0.623
d_N	0.207	0.591	0.358	0.032	−0.512	0.185

指标	主成分 1	主成分 2	主成分 3	主成分 4	主成分 5	主成分 6
TN	0.362	0.918	−0.305	0.057	−0.246	0.445
TP	0.889	0.243	−0.028	−0.087	−0.003	0.181
β_P	0.846	0.301	−0.050	−0.021	−0.162	−0.111
SP	0.590	0.602	0.045	0.078	−0.071	0.045
COD_{Cr}	0.580	0.230	0.136	0.601	−0.093	0.233

最后筛选得到的 10 个指标见表 6.7。

表 6.7 白洋淀健康评价指标体系

类型	指标
结构	水深、总磷（TP）、总氮（TN）、叶绿素 a（Chla）、浮游动物生物量（Z）、溶解氧（DO）、生化需氧量（BOD）
功能	孔隙水营养盐（P）的释放能力（d_P）
系统	生态能质（Ex）、浮游植物对 TP 的缓冲能力（β_P）

由主成分载荷矩阵及筛选出的最终指标体系可知，主要有七类指标在白洋淀生态系统结构中占重要地位：反映污染物输入的指标总磷、总氮及生化需氧量；反映系统整体状态的指标生态能质及浮游植物对 TP 的缓冲能力；反映系统功能的指标孔隙水磷释放能力；反映系统结构的指标浮游动物生物量；反映水体富营养化状况的指标叶绿素 a 等；反映水体自净能力的指标溶解氧；反映淀区水动力状况的指标水深。

（四）指标权重确定

采用主成分分析法获得指标权重。

首先从特征值的贡献率获得各主成分的相应权重，从主成分载荷矩阵求出各指标对主成分分量的贡献，两者相乘得各指标对总体的贡献率，再进行归一化处理，即得到各指标的标准权重。需要说明的是，归一化过程是分别将各要素中的具体指标进行归一化，得到各指标对相应要素的最后权重。这种方法既可以对观测样本进行分类，根据各因子在样本中所起的客观作用确定各因子权重，使评价指标的权重确定更趋科学合理，同时又避免了信息的重叠（官冬杰和苏维词，2006）。

具体过程如下：根据前面主成分分析法确定的 6 个公共因子，得到前 6 个公共因子对总体方差的贡献矩阵 A =（40.924, 13.766, 10.443, 6.269, 6.019, 4.863），同时得到各指标在前 6 个公共因子上的贡献矩阵，即载荷矩阵：

$$\boldsymbol{B} = \begin{pmatrix} -0.245 & \cdots & 0.150 \\ \vdots & \ddots & \vdots \\ 0.846 & \cdots & -0.111 \end{pmatrix} \qquad (6.12)$$

两者相乘 $\boldsymbol{W} = \boldsymbol{A} \cdot \boldsymbol{B}^{\mathrm{T}} = (f_1, f_2, \cdots, f_{11})$，求出各指标对总体方差的贡献率矩阵，即为各指标的标准权重（郝黎仁等，2003），将各要素中的具体指标进行归一化，最终得到各指标对相应要素的权重 w（表6.8）。

表6.8　评价体系中各指标权重

指标	权重	指标	权重
DO	0.021	水深	0.125
Chla	0.021	BOD	0.108
Z	0.009	TN	0.282
d_{P}	0.014	TP	0.183
Ex	0.073	β_{P}	0.169

三、综合指数构建

采用健康综合指数来评价白洋淀健康状况，具体计算方法为：分别计算白洋淀水生态系统结构、功能和系统三个水平指标的指标体系，并加权获得最终综合指数 CHI，计算公式为

$$\text{CHI} = \sum_{i=1}^{n} I_i \times w_i \qquad (6.13)$$

式中，CHI 为健康综合指数；I_i 为第 i 种指标的归一化值；w_i 为指标 i 的权重。CHI 数值越大，表明健康水平越高。

归一化具体步骤如下：

对于负向型指标，即 TP、Chla、TN、d_{P}、BOD，首先进行正向化处理，指标值取倒数；然后将所有 10 个指标按如下方法进行归一化处理。

$$I_i = \frac{x_i - x_{\min}}{x_{\max} - x_{\min}} \qquad (6.14)$$

式中，I_i 为第 i 种指标的归一化值；x_i 为标准化后的指标值；$x_{\max}$ 和 $x_{\min}$ 分别为第 i 种指标在各样本中的最大值和最小值。

四、综合评价结果

运用健康综合指数法对四期生态调查数据进行评价（表6.9）。由评价结果可知，14

个评价点中，枣林庄和采蒲台的健康状况相对较好，府河入淀口、鸳鸯岛、南刘庄及寨南的健康状况相对较差。

表 6.9　各采样点健康状况

采样点	2010 年 8 月	2010 年 10 月	2010 年 11 月	2011 年 3 月
烧车淀	0.463	0.438	0.390	0.396
王家寨	0.184	0.318	0.570	0.483
杨庄子	0.376	0.354	0.610	0.644
枣林庄	0.795	0.518	0.692	0.550
鸳鸯岛	0.164	0.196	0.207	0.152
南刘庄	0.366	0.159	0.245	0.154
府河入淀口	0.192	0.199	0.194	0.177
寨南	0.206	0.219	0.150	0.356
光淀张庄	0.543	0.292	0.460	0.543
捞王淀	0.370	0.222	0.467	0.485
圈头	0.337	0.235	0.548	0.596
端村	0.277	0.247	0.380	0.484
东田庄	0.409	0.362	0.464	0.587
采蒲台	0.666	0.398	0.387	0.600

第二节　基于 B-IBI 的湿地生态系统健康评价

一、评价流程

B-IBI 从底栖动物集合体的组成成分（多样性）和结构两个方面定量描述人类干扰与生物特性之间的关系，其对干扰反应敏感，能较好地反映底栖生物在水文水质多重变化下的响应关系。选择大型底栖生物作为白洋淀湿地健康指示生物，将 B-IBI 评价法应用到白洋淀湿地健康评价中，可以为白洋淀湿地管理和调控提供科学依据。

B-IBI 评价法的指数构建包含以下步骤。

1）提出候选生物参数：可参考美国 USEPA 的溪流快速生物评价协议的 B-IBI 体系及 Blocksom 等（2012）针对湖泊和水库建立的 B-IBI 体系提出候选生物指标。

2）筛选评价指标：通过分布范围分析、差异性分析和相关分析 3 种方法对候选的生物指标进行筛选。

3）生物参数值计算：参照王备新等（2005）对三分法、四分法和比值法对比结果，选择比值法进行 B-IBI 分值计算，各指标分值加和得到 B-IBI。

4）建立健康评价标准：参考张远等（2017）对评价标准设定，结合白洋淀实际，以参照点 B-IBI 值分布的 25% 分位数作为健康等级划分临界点，再对小于 25% 分位数的分布范围三等分，确定健康、亚健康、不健康和病态 4 个等级划分标准。

5）得到健康评价结果：根据评价标准得到健康评价结果。

二、参照点与受损点界定

按采样点受人类活动干扰程度大小并结合白洋淀的实际情况，选取上游安各庄水库（A4）、西大洋水库（A7）和王快水库（A10）3 个样点作为参照点，淀区烧车淀（#1）、王家寨（#2）、枣林庄（#4）、鸳鸯岛（#5）、寨南（#8）、光淀张庄（#9）、圈头（#11）、东田庄（#13）和采蒲台（#14）9 个样点作为受损点进行 B-IBI 的计算（图 6.1）。

图 6.1 研究区样点分布（含参照点与受损点）

三、评价指标筛选

本次评价选择 5 类 23 个指标作为构建 B-IBI 的候选指标（表6.10）。

表 6.10　B-IBI 候选指标

序号	类型	指标	计算方法	干扰反应
M1	反映生物丰富度	总分类单元数	通过鉴定得出的底栖动物的分类单元数	减小
M2		EPT 分类单元数	蜉游（E）、襀翅（P）和毛翅（T）的分类单元数	减小
M3		摇蚊分类单元数	摇蚊幼虫种类数	减小
M4		软体动物分类单元数	软体动物种类数	减小
M5		双翅目分类单元数	双翅目种类数	减小
M6		Shannon-Wiener 多样性指数（H'）	$H' = -\sum\limits_{i=1}^{s} \left(\dfrac{n_i}{N}\right) \log_2 \left(\dfrac{n_i}{N}\right)$ 式中，n_i 表示第 i 种的个体数；N 表示所有种类个体数	减小
M7	反映生物组成	优势分类单元个体百分比	个体数量最多的一个分类单元个体数占总个体数的百分比	增大
M8		摇蚊个体百分比	摇蚊幼虫个体数占总个体数的百分比	增大
M9		双翅目个体百分比	双翅目个体数占总个体数的百分比	增大
M10		寡毛类个体百分比	寡毛类个体数占总个体数的百分比	增大
M11		软体动物个体百分比	软体动物个体数占总个体数的百分比	减小
M12	反映生物耐污能力	敏感类群分类单元数	耐污值<4 的分类单元数	减小
M13		耐污类群分类单元数	耐污值>6 的分类单元数	增大
M14		Hilsenhoff 生物指数	$I_{HB} = \sum\limits_{i=1}^{s} \dfrac{n_i t_i}{N}$ 式中，n_i 为第 i 分类单元个体数；t_i 为第 i 分类单元耐污值；N 为各分类单元个体总数；s 为分类单元数	增大
M15		敏感类群分类单元百分比	敏感类群分类单元数占总分类单元数的百分比	减小
M16		耐污类群分类单元百分比	耐污类群分类单元数占总分类单元数的百分比	增大
M17		敏感类群个体百分比	敏感类群个体数占总个体数的百分比	减小
M18		耐污类群个体百分比	耐污类群个体数占总个体数的百分比	增大

序号	类型	指标	计算方法	干扰反应
M19	反映营养级组成	捕食者个体百分比	直接吞食或刺食猎物的一类生物的个体数占总个体数的百分比	可变
M20		直接收集者个体百分比	收集沉积于底质及沉水植物上物质的一类生物的个体数占总个体数的百分比	减小
M21		过滤收集者个体百分比	滤食悬浮于水体中食物颗粒的一类生物的个体数占总个体数的百分比	减小
M22		刮食者个体百分比	刮食附着生物的一类生物个体数占总个体数的百分比	减小
M23	反映生境质量	黏附者个体百分比	黏附者个体数占总个体数的百分比	减小

根据各采样点底栖动物鉴别计数结果，计算各指标值，部分指标（M2、M10、M12、M15、M17、M19、M21）由于数值极小（多数值为0），不适宜分析而直接删除，剩余指标分别通过分布范围分析、差异性分析及相关分析筛选。

四、分布范围及分析

通过以上指标初步筛选，本小节将通过分布范围分析、差异性分析及相关分析筛选，最终确定可用作构建 B-IBI 的指标包括总分类单元数、优势分类单元个体百分比和摇蚊个体百分比。

（一）分布范围分析

分布范围分析针对参照点指标值在平均值、标准差、25% 分位数、中位数和75% 分位数的分布范围进行，筛除掉随干扰增强而数值减小、指标中分值变化不明显，以及随干扰增强而数值增大、指标中分值变化较大的指标。

计算参照点各候选参数值的分布范围时，在候选生物指标中剔除以下两种参数：①随干扰增强，参数可变动范围比较窄，不适宜参与构建 B-IBI 体系；②若指数值的标准差大，说明该值不稳定，也不适宜参与构建 B-IBI 体系。

由 16 个指标在各参照点分布范围（表 6.11）可知，耐污类群分类单元百分比（M16）、耐污类群个体百分比（M18）和直接收集者个体百分比（M20）的 75% 分位数分别为 100%、100% 和 98.93%，污染增强，指标可变动范围较窄，故删除这三项指标。

表 6.11　指标值在各参照点的分布范围

指标	平均值	标准差	最小值	最大值	25%分位数	中位数	75%分位数
M1	4.33	1.53	3.00	6.00	3.00	4.00	6.00
M3	0.67	0.58	0	1.00	0	1.00	1.00
M4	1.33	0.58	1.00	2.00	1.00	1.00	2.00
M5	0.67	0.58	0	1.00	0	1.00	1.00
M6	1.37	0.53	0.87	1.92	0.87	1.32	1.92
M7	60.64	13.34	51.43	75.94	51.43	54.55	75.94
M8	27.22	42.29	0	75.94	0	5.71	75.94
M9	27.22	42.29	0	75.94	0	5.71	75.94
M11	6.07	4.80	0.53	9.09	0.53	8.57	9.09
M13	3.00	0	3.00	3.00	3.00	3.00	3.00
M14	7.51	1.95	6.09	9.73	6.09	6.70	9.73
M16	75.00	25.00	50.00	100	50.00	75.00	100
M18	71.38	31.80	37.14	100	37.14	77.01	100
M20	91.85	6.66	85.71	98.93	85.71	90.91	98.93
M22	3.98	4.65	0	9.09	0	2.86	9.09
M23	3.98	4.65	0	9.09	0	2.86	9.09

（二）差异性分析

采用箱线图法分析比较上述筛选后的各指数值在参照点和受损点25%～75%分位数范围重叠情况，对参照点和受损点之间有较好区分能力的指标进一步分析。根据 Barbour 等（1996）的评价法，将参照点和受损点的25%～75%分位数范围重叠情况与中位数相比较，将出现的4种情况分别赋予不同的值：①没有重叠，设 IQ 为3；②部分重叠，但各自中位数值都在对方箱体范围之外，IQ 为2；③有1个中位数值在对方箱体范围之内，IQ 为1；④各自中位数值都在对方箱体范围之内，IQ 为0。只有 IQ≥2 的指数才进行进一步分析。

对以上得到的13个指标进行差异性分析，筛选 P-IBI 中的判别能力较强的指标（图6.2）。结果表明，仅总分类单元数（M1）、优势分类单元个体百分比（M7）、摇蚊个体百分比（M8）和双翅目个体百分比（M9）4个指标的分值大于等于2，表明以上各指标判别能力较强，予以保留进行进一步分析；但是其余9个指标的差异性分析结果均表明参照点、受损点差异性较小，若将这些指标纳入下一步分析，对结果的贡献不大，故将其剔除。

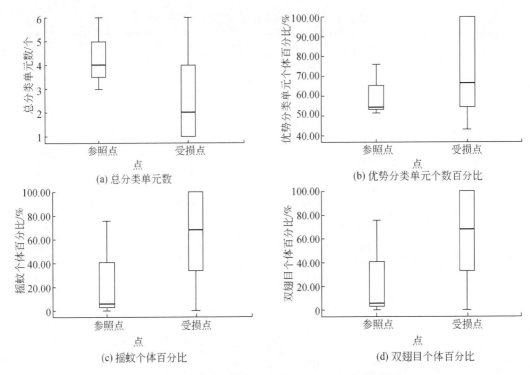

(a) 总分类单元数   (b) 优势分类单元个数百分比

(c) 摇蚊个体百分比   (d) 双翅目个体百分比

图 6.2　白洋淀底栖生物指标参照点与受损点差异分析

（三）相关分析

相关分析对剩余指标进行正态分布检验并计算相关系数，根据相关性显著水平确定生物指标间信息重叠度，筛除信息大部分重叠的指标。对剩余 4 项指标进行正态分布检验和计算相关系数，结果表明，4 个指标都符合正态分布。计算各指标间的 Pearson 相关系数（表 6.12），结果表明，摇蚊个体百分比（M8）与双翅目个体百分比（M9）完全相关，保留其中一项即可。优势分类单元个体百分比（M7）与总分类单元数（M1）也具有较高的相关性（$r>0.6$），但 Barbour 等（1996）、Blocksom 等（2002）的研究中均规定，指标间相关系数大于 0.9 且为线性相关时认为两种指标存在重复信息，故认为这两项指标不存在重复信息，予以保留。

表 6.12　指标间 Pearson 相关系数矩阵

指标	M1	M7	M8	M9
M1	1.00	−0.79**	−0.20	−0.20
M7		1.00	0.29	0.29
M8			1.00	1.00**
M9				1.00

＊＊表示 $p<0.01$。

通过以上筛选，最终确定可用作构建 B-IBI 的指标包括总分类单元数、优势分类单元个体百分比和摇蚊个体百分比。

五、评价结果

根据比值法得到 3 个指标分值的计算公式见表 6.13。基于 B-IBI 的健康评价标准见表 6.14。

表 6.13 三个指标分值计算公式

指数	分值计算公式
总分类单元数（Ml）	$C/6$
优势分类单元个体百分比（M7）	$(100-C)/(100-43)$
摇蚊个体百分比（M9）	$(100-C)/(100-0)$

注：C 为指数对应的指标值。

表 6.14 基于 B-IBI 的健康评价标准

指标	健康	亚健康	不健康	病态
B-IBI 值	>2.302	1.590~2.302	0.879~1.590	<0.879

根据上述分值计算方法和评价标准，对白洋淀 9 个样点和 6 个参照点健康状况进行评价（表 6.15）。结果表明，除 6 个参照点及枣林庄样点 B-IBI 相对较好外，白洋淀其余 8 个采样点 B-IBI 均受到不同程度损害：烧车淀、光淀张庄、东田庄、采蒲台 4 个样点处于亚健康状态，王家寨、鸳鸯岛、寨南、圈头 4 个样点处于不健康状态，表明白洋淀湿地大部分水域健康受到一定损害。

表 6.15 白洋淀各采样点 B-IBI 评价结果

参照点	B-IBI	健康状况	受损点	B-IBI	健康状况
安各庄 A1	2.450	健康	烧车淀	1.667	亚健康
安各庄 A2	2.345	健康	王家寨	1.167	不健康
西大洋 B1	2.800	健康	枣林庄	2.447	健康
西大洋 B2	2.686	健康	鸳鸯岛	0.920	不健康
王快 C1	2.165	亚健康	寨南	1.210	不健康
王快 C2	2.333	健康	光淀张庄	1.867	亚健康
			圈头	1.067	不健康
			东田庄	1.738	亚健康
			采蒲台	2.024	亚健康

第三节　基于 P-IBI 的湿地生态系统健康评价

一、评价流程

　　浮游植物作为湖泊的初级生产者能迅速灵敏地反映水环境变化，对维持水环境的稳定发挥着重要作用，是指示水环境和生态健康的重要指标。基于 P-IBI 评价法利用生物指标定量评价湖泊水体浮游植物的综合状态，揭示湖泊水生态水环境现状（杨薇等，2019）。本节以浮游植物为研究对象，将功能群的相关指标耦合到传统的 P-IBI 评价法，构建改进的 P-IBI，从浮游植物群落结构和功能角度综合定量反映湖泊等水生态系统的生态状况，探究改进的 P-IBI 对白洋淀湿地生态系统的生态健康提供系统、全面、定量评价，有力支撑湖泊管理部门做出科学决策。

　　改进的 P-IBI 评价法的指数构建包含以下步骤。

　　1）浮游植物功能群划分：综合考虑浮游植物种类、生理生态习性、水体深度、富营养程度、流速、混合层深度等适应特征（Padisak et al.，2009；Duong et al.，2019；钱奎梅等，2019），对白洋淀浮游植物进行功能群分类。

　　2）提出候选生物参数：从浮游植物的生理指标、群落指标、功能群指标等多个层面提出候选的多维候选生物指标。

　　3）筛选评价指标：通过相关分析对候选的生物指标进行筛选。

　　4）P-IBI 值计算：以每个核心参数范围的 25%、50%、75% 和 90% 作为断点，采用 0~5 计分法进行 P-IBI 分值计算，各指标分值加和得到 P-IBI。

　　5）进行湿地健康评价：根据生物与水环境的关系得到健康评价结果。

二、功能群指标筛选

　　1958~2018 年浮游植物隶属于 32 个功能群，具体功能群编码、生境特征及代表性种（属）见表 6.16，代表性种（属）根据优势度进行排序，对于不是优势种的物种，只列举出优势度最大的物种。其中 1958 年优势功能群有 4 种（A、MP、P、X_3）；1975 年优势功能群有 4 种（J、MP、N、P）；1990 年优势功能群有 9 种，分别为 C、E、F、J、Lo、S_1、Tc、W_1、Y；2009 年优势功能群有 5 种（J、Lo、R、W_1、Y）；2018 年有 7 种优势功能群，分别为 C、J、L_M、Lo、MP、Tc、Y。2005 年、2011 年无法获取浮游植物名录，因此未对 2005 年、2011 年浮游植物进行功能群分类。

表 6.16　白洋淀浮游植物功能群划分及年代分布

功能群	功能群生境特征	代表性种（属）	1958 年	1975 年	1990 年	2009 年	2018 年
A	清水，对 pH 变化明显，贫营养型湖泊	根管藻	○				
		鱼鳞藻	○				
		冠盘藻	○				
C	富营养、中小型湖泊	小环藻			○		○
E	小型浅水贫营养水体	锥囊藻			○		
F	浅水、清水、混合层水体	扭曲蹄形藻			○		
		蓝球藻			○		
G	小型富营养化水体	空球藻					
H1	富营养中小型湖泊，水体分层	束丝藻					
H2	富营养中小型湖泊，水体分层	鱼腥藻					
J	浅水、高度混合	盘星藻		○			
		十字藻			○	○	○
		四角藻				○	○
		栅藻			○	○	○
		集星藻		○			
		微芒藻		○			
		纤维藻		○			
K	富营养浅水湖泊	隐球藻					
L_M	富营养型水体，中小型湖泊	微囊藻					○
Lo	深层和浅层，富营养化，中型到大型湖泊	平裂藻			○	○	○
MP	频繁扰动的浑浊型浅水湖泊	异极藻	○				
		羽纹藻	○				
		桥弯藻	○	○			
		双菱藻	○				
		小颤藻					○
N	中营养型水体，水体分层	波缘藻			○		
		角星鼓藻、鼓藻			○		
P	混合程度较高的中富营养浅水水体	颗粒直链硅藻					
		直链藻		○	○		
		舟形藻	○	○			
R	深贫营养湖泊的中上层	颤藻				○	
S_1	浑浊水体，水体冲刷作用强，光照强度弱	小颤藻			○		
S_2	浅层浑浊混合层	螺旋藻					

功能群	功能群生境特征	代表性种（属）	1958 年	1975 年	1990 年	2009 年	2018 年
T	深层混合水体	细丝藻					
Tc	富营养水体，或有大型水生植物缓慢流动的河流	鞘丝藻			○		
		小颤藻					○
TD	中富营养水体，或有大型水生植物缓慢流动的河流	水绵					
W₀	有机物含量多	小球藻					
W₁	富含有机质，或农业废水和生活污水的水体	三棱扁裸藻				○	
		梭形裸藻				○	
		尖尾裸藻			○	○	
		梨形扁裸藻				○	
		长扁裸藻				○	
		扭曲扁裸藻				○	
		弯曲扁裸藻				○	
		尖尾扁裸藻				○	
WS	池塘/小水洼/富含有机质湖泊	合尾藻					
X₂	中度富营养化水体/分层/混合	尖尾蓝隐藻					
X₃	混合贫营养浅水湖泊	弓形藻	○				
		棕鞭藻	○				
Xph	光照良好/高钙含量/小型碱性湖泊	壳衣藻					
Y	静水水体	卵形隐藻				○	
		隐藻			○		
		尖尾蓝隐藻					○

注：○为该年存在该优势种群。

从浮游植物生物量、物种丰度、物种组成、多样性指数、功能群特征等多个层面（Wu et al.，2012）获取 24 个候选参数（表6.17）。对候选参数进行参数间 Pearson 相关性检验，最终筛选得到 8 个核心参数。

表 6.17　浮游植物生物完整性指数指标

类别	多参数指标			参考文献
生物量	总生物量（M1）			Hillebrand 等（1999）
物种丰度	总物种丰度（M2）	绿藻细胞密度（M3）	硅藻细胞密度（M4）	—
	蓝藻细胞密度（M6）		隐藻细胞密度（M5）	—

类别	多参数指标		参考文献
多样性指数	Shannon-Wiener 多样性指数（M7）	Margalef 多样性指数（M8）	胡鸿钧和魏印心（2006）、Margalef（1958）、Shannon（1950）、Pielou（1975）
	Pielou 多样性指数（M9）	Simpson 指数（M10）	—
功能群特性	功能群总数（M11）	功能群包含物种数（M12）	蔡琨等（2016）
	功能群细胞密度（M13）	优势功能群占总功能群比例（M14）	—
	优势功能群包含物种数（M15）	优势功能群细胞密度（M16）	—
物种组成	总物种分类单元数（M17）	蓝藻门物种数占比（M18）	—
	硅藻门物种数占比（M19）	绿藻门物种数占比（M20）	—
	硅藻门物种数（M21）	绿藻门物种数（M22）	—
	蓝藻门物种数（M23）	隐藻门物种数（M24）	—

三、评价结果

根据每个核心参数数值范围的 25%、50%、75% 和 90% 作为断点采用 0~5 计分法，并统一量纲（Reynolds et al., 2002），具体评价标准见表 6.18。将各个参数分值进行累加，得到适用于白洋淀淀区 P-IBI 值。

$$V = \sum_{i=1}^{n} \mathrm{BM}_i \qquad (6.15)$$

式中，V 为总得分；n 为核心参数的个数；BM_i 为第 i 个核心参数的评价分数。

表 6.18　多参数指标评价标准

简称	评价分数				
	5	4	3	2	1
M1	<1.77	1.77~3.54	3.54~5.32	5.32~6.37	>6.37
M2	<213 930	213 930~427 859	427 859~641 789	641 789~770 147	>770 147
M3	>767 841	639 867~767 841	426 578~639 867	213 289~426 578	<213 289
M6	>2.19	1.82~2.19	1.82~1.22	0.61~1.22	<0.61
M8	>0.55	0.46~0.55	0.31~0.46	0.15~0.31	<0.15
M10	>60.95	45.71~60.95	22.86~45.71	5.71~22.86	<5.71
M15	<2.39	2.39~4.79	4.79~7.18	7.18~8.62	>8.62
M16	>76.78	63.99~76.78	42.66~63.99	21.33~42.66	<21.33

结合监测采样获得的 2009 年、2018 年浮游植物结果，进行改进的 P-IBI 计算，2018 年P-IBI 为 27.81，显著高于 2009 年的 24.74（$p<0.05$，图 6.3），且淀区 76.92% 的站点 P-IBI 高于 2009 年，西部地区明显高于东部地区（图 6.4）；从季节上看，秋季（27.75）高于春季（24.8，$p<0.05$）。

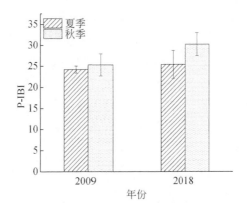

图 6.3　改进的 P-IBI 随时间变化

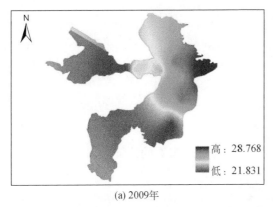

(a) 2009年

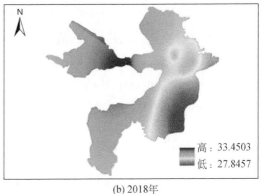

(b) 2018年

图 6.4　改进的 P-IBI 指数空间分布

进一步通过 RDA 揭示 P-IBI 与水环境指标的关系（图 6.5）。前两轴的特征值分别为 0.66 和 0.18，解释了总方差的 84%。RDA1 轴与 SD、DO 正相关、与 TN、pH、TP、水温（T）、NH_3-N 负相关；RDA2 轴与 TN 负相关，与 DO、SD、TN、pH、TP、T、NH_3-N 正相关。绿藻细胞密度（M3）、优势功能群占总功能群比例（M14）、Pielou 多样性指数（M9）与 TN 正相关，与 SD、DO 负相关，优势功能群细胞密度（M16）、Shannon-Wiener 多样性指数（M7）、总物种分类单元数（M17）与 TP、NH_3-N 负相关，总生物量（M1）与 NH_3-N、TP、pH、T 正相关。影响 P-IBI 的主要环境因子有 T、TP、TN（$p<0.05$）。因此 T、TN、

TP 为影响 P-IBI 的主要环境因子，因此，在蓝藻易爆发期间，做好氮磷等营养元素的防控工作非常必要。

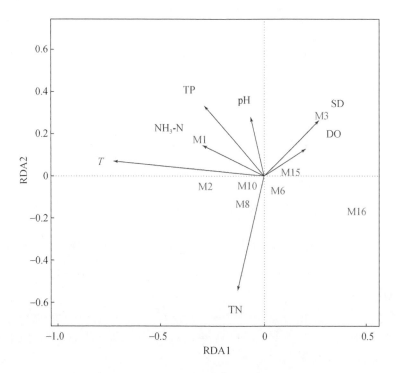

图 6.5　P-IBI 与水环境指标的 RDA 分析

参 考 文 献

蔡琨，秦春燕，李继影，等．2016. 基于浮游植物生物完整性指数的湖泊生态系统评价——以 2012 年冬季太湖为例 [J]．生态学报，36（5）：1431-1441.

崔保山，杨志峰．2001. 湿地生态系统健康研究进展 [J]．生态学杂志，20（3）：31-36.

冯宗炜，王校科，吴刚．1999. 中国森林生态系统的生物量和生产力 [J]．北京：科学出版社．

富强，刘沛衡，杨欢，等．2019. 基于 PSR 模型的刁口河尾闾湿地生态系统健康评价 [J]．水利水电技术，50（11）：75-83.

官冬杰，苏维词．2006. 城市生态系统健康评价方法及其应用研究 [J]．环境科学学报，26（10）：1716-1718.

郝黎仁，樊元，郝哲欧．2003. SPSS 实用统计分析 [M]．北京：中国水利水电出版社．

胡鸿钧，魏印心．2006. 中国淡水藻类——系统、分类及生态 [M]．北京：科学出版社．

李博．2001. 生态学 [M]．北京：高等教育出版社．

刘伟，陈振楼，王军，等．2004. 小城镇河流底泥沉积物–上覆水磷迁移循环特征 [J]．农业环境科学学报，2（4）：272-273.

钱奎梅，刘宝贵，陈宇炜．2019．鄱阳湖浮游植物功能群的长期变化特征（2009—2016 年）［J］．湖泊科学，31（4）：1035-1044.

田志富．2012．基于 RDA 的白洋淀浮游植物群落结构动态特征分析［D］．保定：河北大学硕士学位论文．

汪朝辉，王克林，许联芳．2003．湿地生态系统健康评价指标体系研究［J］．国土与自然资源研究，4：63-64.

王备新，杨莲芳，胡本进，等．2005．应用底栖动物完整性指数 B-IBI 评价溪流健康［J］．生态学报，25（6）：1481-1490.

杨薇，田艺苑，张兆衡，等．2019．近 60 年来白洋淀浮游植物群落演变及生物完整性评价［J］．环境生态学，1（8）：1-9.

于秀林，任雪松．1999．多元统计分析［M］．北京：中国统计出版社．

翟丽华，刘鸿亮，徐红灯，等．2007．浙江某农场土壤和沟渠沉积物对氨氮的吸附研究［J］．环境科学，28（7）：1770-1773.

张强．2007．巢湖双桥河沉积物污染特征及其生态影响研究［D］．合肥：合肥工业大学硕士学位论文．

张远，徐成斌，马溪平，等．2007．辽河流域河流底栖动物完整性指数评价指标与标准［J］．环境科学学报，27（6）：919-927.

Barbour M T, Gerritsen J, Griffith G E, et al. 1996. A framework for biological criteria for Florida streams using benthic macroinvertebrates［J］. Journal of the North American Benthological Society, 15（2）: 185-211.

Blocksom K A, Kurtenbach J P, Klemm D J, et al. 2002. Development and evaluation of the lake macroinvertebrate integrity index（LMII）for New Jersey lakes and reservoirs［J］. Environmental Monitoring and Assessment, 77: 311-333.

Duong T T, Hoang T T H, Nguyen T K, et al. 2019. Factors structuring phytoplankton community in a large tropical river: Case study in the Red River（Vietnam）［J］. Limnologica, 76: 82-93.

Hillebrand H, Durselen C D, Kirschtel D, et al. 1999. Biovolume calculation for pelagic and benthic microalgae［J］. Journal of Phycology, 35: 403-424.

Jørgensen S E. 1995. Exergy and ecological buffer capacities as measures of ecosystem health［J］. Ecosystem Health, 1: 150-160.

Margalef R. 1958. Information theory in ecology［J］. International Journal of General Systems, 3: 36-71.

Ngochera M J, Bootsma H A. 2018. Carbon, nitrogen and phosphorus content of seston and zooplankton in tropical Lake Malawi: Implications for zooplankton nutrient cycling［J］. Aquatic Ecosystem Health and Management, 21（2）: 185-192.

Padisak J, Crossetti L O, Naselli- Flores L. 2009. Use and misuse in the application of the phytoplankton functional classification: A critical review with updates［J］. Hydrobiologia, 621: 1-19.

Pielou E C. 1975. Ecological Diversity［M］. New York: Wiley InterScience.

Ramm K, Scheps V. 1997. Phosphorus balance of a polytrophic shallow lake with consideration of phosphorus release［J］. Hydrobiologia, 342: 43-53.

Reynolds C S, Huszar V, Kruk C, et al. 2002. Towards a functional classification of the freshwater phytoplankton [J]. Journal of Plankton Research, 24: 417-428.

Shannon C E. 1950. The mathematical theory of communication [J]. Bell Labs Technical Journal, 3 (9): 31-32.

Wu N, Schmalz B, Fohrer N. 2012. Development and testing of a phytoplankton index of biotic integrity (P-IBI) for a German lowland river [J]. Ecological Indicators, 13 (1): 158-167.

第七章 汉石桥湿地生态系统健康动态模拟

湿地生态系统固有的复杂性增加了揭示其内部各组分间相互作用机理的难度，而湿地生态健康模拟模型在对湿地生态系统结构和功能的简化、类比与抽象化处理的基础上，在一定程度上反映了湿地生态系统各过程和各组分间关系的定性或定量化关系。本章开展了典型湿地水生植被浮萍遮光效应围隔实验，定量化分析浮萍生长对遮光系数、浮游植物生物量等影响，确定了模型构建的相关参数，通过 STELLA 平台构建了典型湿地生态健康模拟模型，模拟预测关键水生态因子对水环境变化的响应规律，阐明湿地水生态系统各组分的关系，并基于情景分析法模拟了不同修复措施下的湿地生态健康状况，为湿地生态环境规划和管理提供了科学支撑。

第一节 典型水生植物生长实验研究

一、汉石桥湿地水生植被实验场简介

（一）汉石桥湿地实验场

汉石桥湿地属于城市型湿地生态系统，总面积为 1900hm²，是北京市仅存的大型芦苇沼泽湿地，具有重大保护和科研价值。依据汉石桥湿地相关历史文献及现场考察实际情况设置 6 个采样点，其采样点分布如图 7.1 所示。

本实验选取汉石桥湿地核心区中不同浮萍覆盖度水域的点位采样，以获得浮萍覆盖度的相关信息。其采样点基本情况如表 7.1 所示。

表 7.1　采样点基本情况

采样点	备注
#1	核心区，泄洪口附近
#2	核心区，无浮萍区域
#3	核心区，中水入口附近
#4	核心区，浮萍全覆盖
#5	游览区，无浮萍区域
#6	

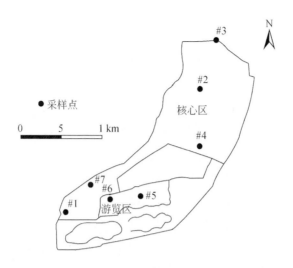

图 7.1　汉石桥湿地采样点分布

（二）典型水生植被选取

浮萍是汉石桥湿地核心区水生植被的优势种之一，可作为表征湿地生态状况的典型水生植物。汉石桥湿地核心区夏秋两季大部分水面被浮萍覆盖，浮萍的过量生长使水体流动性变差，不利于污染物扩散，遮光效应不利于浮游植物进行光合作用，影响浮游植物的生长，浮萍生长吸收营养物质。

对于本实验，浮萍遮光效应系数的定义为：水面光照强度与水下光照强度之差所占总水面光照强度的比值［式（7.1）］。根据水面浮萍生物量与遮光效应的相关关系，分别测定水面以上以及水面以下光照强度，以两者比值衡量遮光效应，浮萍生物量用单位面积浮萍干重表示。将计算所得遮光效应系数与浮萍生物量之间进行数量关系拟合，得到浮萍生物量与其遮光效应系数之间的规律。另外，通过现场围隔实验对比不同浮萍生物量条件下浮游植物的种数和细胞密度，分析浮萍生长遮光效应对浮游植物的影响。

$$遮光系数 = 1 - \frac{水下光照强度}{水面光照强度} \qquad (7.1)$$

二、浮萍生长遮光效应实验方案

开展浮萍生长遮光效应的现场围隔实验，主要揭示浮萍生长对遮光系数、浮游植物生物量、多样性的影响，用于探究浮萍如何影响水下光照强度，修正公式用于未来汉石桥湿地核心区和游览区生态模拟模型构建，以期科学地预测湿地生态系统在不同情景条件下生态状况的变化，为汉石桥湿地实施水生植被管理和生态修复提供有力的科学支撑与保障。

（一）指标及其测定

水环境指标：水面光照强度、水面以下 20cm 处光照强度、溶解氧、水温、透明度、电导率和 pH 等。

浮游植物指标：浮游植物种类、浮游植物生物量等。

水生植物指标：浮萍干重、浮萍生物量等。

水环境指标测定：溶解氧、水温、透明度、电导率和 pH 采用便携式水质仪在现场直接测定，总磷、溶解性无机磷以及水生物样品采集及分析测定参照《湖泊富营养化调查规范》（第二版）要求进行。使用照度计分别对水面、水下 20cm 处光照强度进行测定。

浮游植物采集：用有机玻璃采样器于设定样点表层采集 1000mL 水样，立即加入 15mL 鲁哥氏液固定保存。固定后送实验室保存。后对单位水样中浮游植物的种类及生物量进行鉴定。

水生植物采集：漂浮植物样方面积一般采用 1m×1m。沉水植物样方面积为 0.5m×0.5m 或 0.2m×0.2m。对单位面积的水面浮萍进行打捞和清洗，测定湿重后带回实验室进行干重、生物量测定。

（二）实验方案

在有浮萍生长的湿地浅水区设置 3 个圆形不透光不透水围隔（直径 1.2m），底部插入底泥中，每个围隔内水深为 1m，保证每个围隔内水文气象等条件相同，见图 7.2 和图 7.3。

图 7.2　围隔放置过程

将 3 个围隔中水面浮萍捞净，选择其中 2 个围隔作为对照实验组（实验 1 和实验 2），将处于生长期的浮萍称湿重后等量投加至 2 个围隔中，另一个围隔不加浮萍，保持空白水面条件不变作为空白实验组（空白组）。每个围隔以及围隔外周边水域，采集水样以备分

(a)实验组1   (b)实验组2

(c)空白组   (d)周边水域

图7.3　现场围隔实验初始状态

析浮游植物生物量，用照度计测定 3 个围隔中水面上方以及水面以下 20cm 处的光照强度。在培养的第 7 天，再次采集每个围隔以及围隔周边水样以备分析，测定水面上方以及水面以下 20cm 处的光照强度，捞取各组单位水面面积的浮萍带回实验室，烘干处理后称重。

三、浮萍遮光效应与生物量关系分析

根据湿地核心区不同浮萍覆盖度水域采样点实测数据，浮萍遮光系数与生物量关系拟合结果见图7.4，浮萍遮光系数随生物量增加而增大，并呈现规律性变化。线性回归分析拟合得到遮光系数 μ 与浮萍生物量 F 关系公式：$\mu = -e^{-0.035F} + 1$，相关系数 R^2 为 0.995，具有很强的相关性。全覆盖水体（浮萍生物量取值为 110.4g/m²）遮光系数为 1，浮萍生物量超过 110.4g/m² 时，遮光系数不随之增大，仍为 1。根据现场调查数据拟合分析结果，可将所得公式进一步变换得到式（7.2）。

$$\mu = \begin{cases} -e^{-0.035F} + 1 & F < 110.4 \ \text{g/m}^2 \\ 1 & F \geqslant 110.4 \ \text{g/m}^2 \end{cases} \qquad (7.2)$$

式中，μ 为遮光系数；F 为水面浮萍生物量。根据湿地现场调查数据，水面被浮萍全覆盖时，浮萍生物量为 110.4g/m²。

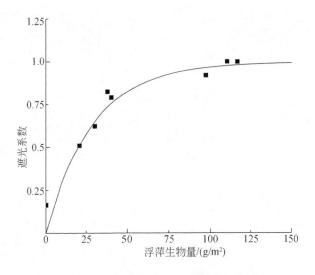

图 7.4　汉石桥湿地浮萍遮光系数与生物量关系

由实验 7 天前后得到的 8 组浮萍生物量与遮光系数验证公式 [式 (7.2)]，如图 7.5 所示。实测值与式 (7.2) 计算所得模拟值吻合程度很好，相关系数 R^2 为 0.987，表明所得公式具有准确性，可用于模型构建。

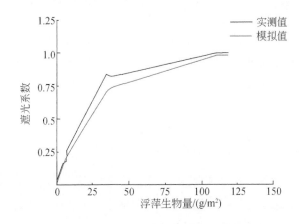

图 7.5　围隔实验不同浮萍遮光系数与公式模拟值对比

四、浮萍生长对浮游植物种类和生物量影响

现场围隔实验 7 天后的状态如图 7.6 所示。在 7 天时间内，实验 1 和实验 2 组浮萍生物量增长了 5～6 倍，遮光系数增长了 3～4 倍，空白组浮萍生物量为 0～4.8g/m²，其变化可忽略不计。周边水域浮萍生物量变化不大，已达到饱和状态。

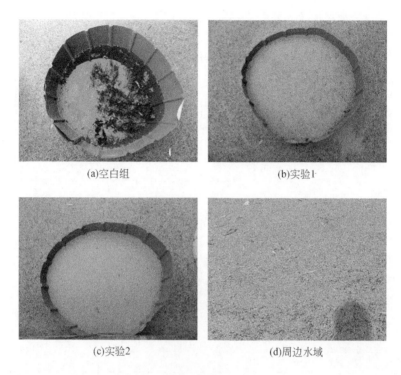

(a)空白组   (b)实验1

(c)实验2   (d)周边水域

图7.6　现场围隔实验7天后状态

从溶解氧指标来看，清除水面浮萍的空白组7天后溶解氧含量约为初始状态的3倍，而打捞部分浮萍的实验1和实验2组溶解氧含量约为初始状态的2倍。周边水域溶解氧含量降低50%。四组实验7天前后pH、水温等指标变化不大。

浮萍生长对水面入射光照强度产生遮光效应，使射入水面光照强度明显减弱；浮萍生长抑制水体复氧过程，减少水面浮萍生物量可有效增加水体溶解氧含量，主要原因可能为减少浮萍生长可促进浮游植物光合作用，增加氧气释放；另外，减少浮萍覆盖增强了水体从大气复氧的能力。此外，减少浮萍覆盖对水温和pH影响不大。

进一步检测了实验场各个样点的浮游植物种类变化，如表7.2所示。7天后，空白组和实验1、实验2组的浮游植物多样性有所增加，周边水域中的浮游植物种类减少。在浮游植物生物量变化方面，7天后，空白组内浮游植物细胞密度增加6.02倍，实验1和实验2组内浮游植物细胞密度增加3.48倍和1.57倍，周边水域内浮游植物细胞密度增加79%（图7.7）。围隔实验培养7天前后细胞密度变化最大的两类浮游植物为绿藻和蓝藻。

除围隔周边浮萍全覆盖水体外，所有组别绿藻门细胞密度在7天后均有所增加。空白组细胞密度增加6.13倍，实验1和实验2组细胞密度增加3.34倍和1.09倍，周边水域细胞密度减少62%，水面长期被浮萍覆盖，不利于绿藻生长。通过实验对比有无浮萍覆盖对水体中绿藻生物量影响可知，打捞浮萍有助于绿藻进行光合作用，生物量增加。

表7.2 汉石桥湿地实验场各样点浮游植物种类数与细胞密度

时间		第1天				第7天			
组别		空白组	实验1	实验2	周边水域	空白组	实验1	实验2	周边水域
遮光效应系数		0.04	0.18	0.26	1	0.16	0.82	0.84	1
蓝藻门	种数	1	1	3	2	3	2	1	3
蓝藻门	细胞密度/(万 ind/L)	9.87	11.28	11.78	16.55	42.36	211.8	176.5	410.31
隐藻门	种数	1	0	1	1	1	1	1	0
隐藻门	细胞密度/(万 ind/L)	4.23	0	5.64	3.62	363.59	31.77	120.02	0
黄藻门	种数	0	0	0	0	1	1	0	0
黄藻门	细胞密度/(万 ind/L)	0	0	0	0	3.53	3.53	0	0
硅藻门	种数	10	9	6	7	4	8	5	1
硅藻门	细胞密度/(万 ind/L)	54.99	56.4	15.51	45.68	56.48	84.72	63.54	1.41
裸藻门	种数	1	3	1	2	3	2	2	0
裸藻门	细胞密度/(万 ind/L)	2.82	9.87	4.23	7.85	17.65	35.3	28.24	0
绿藻门	种数	13	13	11	11	18	17	13	6
绿藻门	细胞密度/(万 ind/L)	201.63	148.05	236.88	198.23	1436.71	642.48	494.2	74.73
小计	种数	26	26	22	23	30	31	22	10
小计	细胞密度/(万 ind/L)	273.54	225.6	344.04	271.93	1920.32	1009.60	882.5	486.45

蓝藻门细胞密度在7天后有所增加。空白组细胞密度增加3.29倍，实验1和实验2组细胞密度增加17.78倍和13.98倍，周边水域细胞密度增加最多，达到23.79倍。蓝藻为富营养化水体中优势藻类，蓝藻门中的微囊藻可分泌微囊藻毒素，对水生动物产生毒害作用，对水体危害极大，蓝藻比绿藻具有更大的生态风险。

综合各围隔与周边水域中的浮游植物细胞密度来看，打捞水面浮萍可促进水生浮游植物的繁殖，对绿藻生长有促进作用，并对蓝藻的异常繁殖产生抑制作用。主要原因为减少水面浮萍生物量可增加水体入射光照强度，促进浮游植物光合作用，绿藻快速增殖，而蓝藻生长主要受营养限制，尤其是受磷元素浓度影响（李大命等，2013），使其可在相对较暗的环境中生长，并成为优势种。打捞浮萍后，水下光照强度增强，其他种类浮游植物光合作用增强，与蓝藻形成竞争关系，抑制了蓝藻的异常繁殖过程。

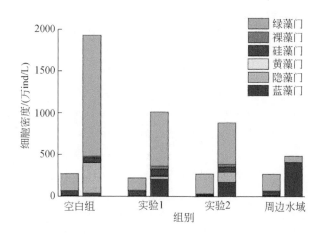

图 7.7　围隔实验培养 7 天前后不同组别浮游植物生物量变化情况

综上可知，浮萍生长通过其遮光效应可对水体浮游植物生长产生影响，减少水面浮萍覆盖有效改善水体复氧过程，并增加浮游植物生物量，促进绿藻生长，抑制蓝藻异常繁殖。

第二节　模型数据准备

一、遥感影像解译

（一）影像获取

遥感数据采用 2012 年 8 月美国 DigitalGlobe 公司发射的快鸟（QuickBird）卫星扫描成像的快鸟影像（表 7.3），分辨率为 0.61m，面积为 25km²。影像覆盖了整个研究区范围。

（二）影像预处理

利用 ENVI4.4 对遥感影像进行预处理，主要包括辐射纠正、大气校准、几何精校正，由于研究获取的是整景快鸟卫星数据，而研究区只是其中的一部分，基于 ArcGIS 中得到的研究区范围边界，利用 ENVI4.4 裁剪功能提取研究区（于磊等，2011）。

（三）影像解译

1. 解译流程
将研究区快鸟影像导入面向对象的遥感解译软件 eCognition Developer8.0，设定不同的分割参数进行分割尺度实验，比较分割结果是否能有效反映地物形状，最终确定最佳分割参数为 30，图斑形状（shape）和紧凑度（compactness）分割的权重分别为 0.1 和 0.2，各波段权重皆为 1。

表 7.3　遥感影像描述

目标区	北京市顺义区汉石桥湿地	目标区域描述 （WGS84 坐标）
产品类型	真彩色/标准产品	116.81°E、40.15°N
		116.81°E、40.09°N
面积	25km²	116.76°E、40.09°N
		116.75°E、40.14°N
		116.81°E、40.15°N
技术规格	云量：<20%	
	拍摄角度（垂直夹角）：<30°	
	地图投影与椭球体：UTM、WGS84	

注：UTM 指通用横轴墨卡托投影（universal transverse mercator）；WGS84 指 1984 年世界大地坐标系（world geodetic system）。

分割完毕后，在对研究区实地调研的基础上，制定各类土地利用及水生植被的解译标志，并建立类层次结构，构建汉石桥湿地遥感信息提取决策树，依据快鸟影像彩色合成效果，结合影像图斑的大小、形状、亮度、色调、结构和纹理等特征以及地物之间的相互关系，并对照 Google Earth 卫星图及其他研究区的相关资料，采用邻近自动分类和手工分类相结合的人机交互式解译方法，对快鸟影像进行解译，其工作流程见图 7.8。采用混淆矩

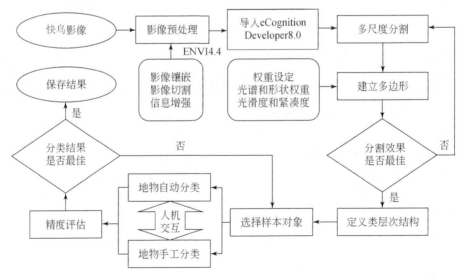

图 7.8　面向对象的遥感信息提取流程

阵对遥感解译精度进行评价，经检验总体精度为 95%，Kappa 系数为 0.76，解译效果较好，可满足研究需要（Turner et al., 1989；申卫军等，2003）。

对水生植物按照上述流程进行初步解译后，开展了大量现场植被调查以确定相应植被类型及面积。在此基础上参照现场调查得到的结果对水生植被解译结果进行校正。

2. 土地利用及水生植物分类

本节依据国家土地资源遥感宏观调查采用的土地利用分类系统规范，结合研究区湿地现状，将汉石桥湿地土地利用类型分为 4 类（表 7.4）。

表 7.4　湿地土地利用分类

类别	含义
建设用地	城乡居民点及其以外的交通等用地
草地	生长草本植物为主的各类草地，包括灌丛草地和疏林草地
林地	生长乔木、灌木等的林业用地
水域	常年被水浸泡或覆盖水的裸露水面及有水生植物覆盖的用地

基于得到的土地利用类型，依据现场实际调查中得到的水生植被类型的不同对水域进行进一步划分，见表 7.5。

表 7.5　湿地水生植被分类

类别	含义
芦苇植被	水域中成片生长的芦苇植被
荷花植被	水域中成片生长的荷花植被
荇菜植被	水域中成片生长的荇菜植被
菱角植被	水域中成片生长的菱角植被
香蒲植被	水域中成片生长的香蒲植被

汉石桥湿地 2012 年土地利用与水域植被见图 7.9 和图 7.10。土地利用与水生植被结果分析见表 7.6 和表 7.7。

表 7.6　2012 年汉石桥湿地土地利用解译结果

编号	类型	面积/m^2	面积占比/%
1	建设用地	129 215.63	4.60
2	草地	71 349.41	2.54
3	林地	555 907.41	19.79
4	水域	2 052 840.68	73.07

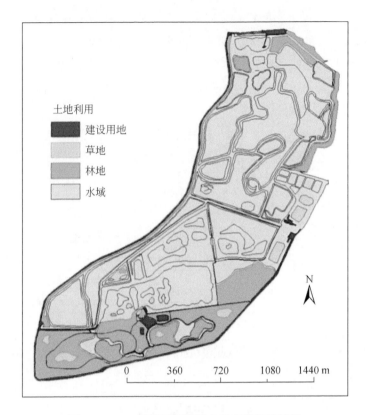

图 7.9 2012 年汉石桥湿地土地利用解译结果

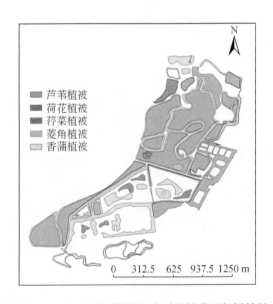

图 7.10 2012 年汉石桥湿地水域植被类型解译结果

表7.7　2012年汉石桥湿地水生植被解译结果

编号	类型	面积/m²	面积占比/%
1	芦苇植被	826 698.12	29.43
2	荷花植被	26 685.81	0.95
3	荇菜植被	31 461.16	1.12
4	菱角植被	5 618.06	0.20
5	香蒲植被	312 364.40	11.12

二、地形数据获取

基本思路如下：在有研究区边界的基础上，应用遥感解译相关软件ENVI4.4和eCognition Developer8.0对2012年覆盖整个汉石桥湿地的高精度遥感影像数据进行解译。这项工作的主要任务是提取研究区的水陆边界。基于此，地形数据的获取分两部分进行：水域和陆域。将以上两部分数据，转换为基于同一参考点的高程数据，在ArcGIS中插值生成整个研究区的地形图，并进一步生成研究区三维地形（武士蓉，2014）。

具体过程如下。

1）研究区水陆边界提取：依据Google Earth及实地考察过程中GPS定位得到研究区典型位置经纬度。应用遥感解译相关软件ENVI4.4和eCognition Developer8.0对2012年覆盖整个汉石桥湿地的高精度遥感影像数据进行解译，得到研究区水陆边界。

2）陆域高程提取：通过Google Earth得到高程数据，参考的是中国地质大学徐拥军和廖婷于2010年发表的基于Google Earth制作高程图流程。

3）水陆高程提取：通过实地插杆测量得到水深数据以及沿岸陆地与水面的高差。

4）高程数据整合：利用关系式底部高程=岸的高程−水面与岸的高差−水深值，得到底部高程值，将陆域布点高程与计算所得湖底高程数据，都转化为基于黄海平面的绝对高程。

5）地形数据生成：利用ArcGIS中反距离加权插值法对布点数据进行插值，生成研究区地形数据。将上述生成的地形数据利用Voxler及ArcScene制作汉石桥湿地及周边的三维地形并重点突出汉石桥湿地内部不同区域三维地形。

（一）研究区水陆边界获取

通过Google Earth获得研究区汉石桥湿地的大致范围，并在实地生态考察时利用GPS定位，得到较为准确的研究区范围。

本节获取了高精度影像数据——快鸟数据，空间分辨率为0.61m，采样时间为2012年8

月，影像经过系统辐射校正和地面控制点几何校正，且通过 DEM 进行了地形校正。研究区面积共 19km²，获取影像一景，覆盖整个研究区。

不同的地形高程与不同的地物存在某种程度的对应关系，如水域高程最低，水生植物同样生长在低洼的地方。本次解译的任务主要是提取研究区内部的水陆边界。首先基于 ArcGIS 建立研究区轮廓矢量图层，然后利用 ENVI4.4 将遥感图像基于轮廓范围裁切为研究区实际范围大小。在 eCognition Developer8.0 遥感解译软件支持下，采用面向对象的遥感信息技术进行水陆边界的提取，其结果如图 7.11 所示。

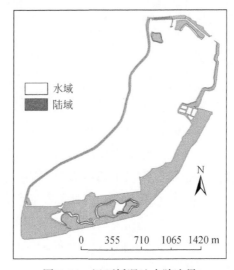

图 7.11　汉石桥湿地水陆边界

（二）陆域高程提取

参照中国地质大学徐拥军和廖婷（2010）基于 Google Earth 制作高程图的流程方法对汉石桥湿地的陆域高程信息进行提取。首先依据尽量广泛分布，且根据水域附近的陆域（尤其是岸线部分）加密的原则在解译结果图上确定陆域布点，本节中设置陆域布点 230 个，其分布情况如图 7.12 所示。其次将布点图层导出为 klm 格式，导入 Google Earth 中进行布点高程值提取。

（三）水域高程测量

水域部分的水深通过实地测量得到。测量过程中通过 GPS 记录各测深点的经纬度及插杆所得水深值。开展此项工作有一个基本前提假设，即假设研究区水面是平的。这个假设是正确可行的，虽然研究区地形较复杂，但水体之间是互相连通的，所以这个假设是成立的。实地测深时，根据实际情况（有些芦苇地、浅水区船无法进入）以及广泛性布点原则，测量点的间距为 5～30m，水域部分设 1050 个水深测量点，其布点情况如图 7.13 所示。

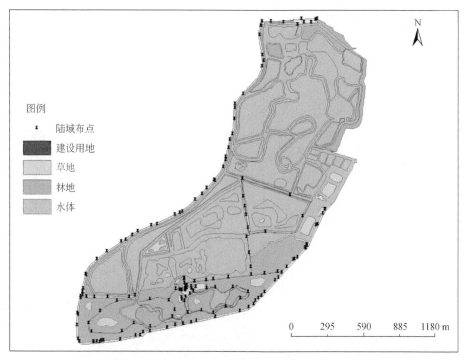

图 7.12　陆域点位布设

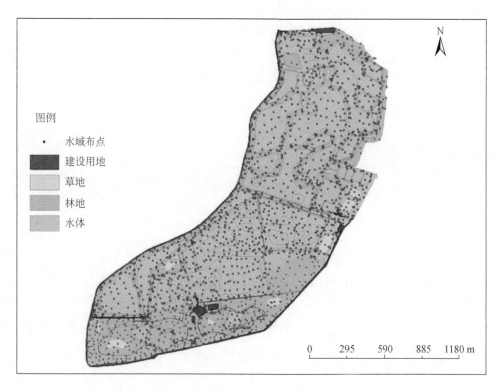

图 7.13　水域点位布设

除测量水深数据外，还对水中台地高出水平面的高度及岸边陆地与水面的高差进行了测量，以便对后期地形进行校准。

（四）地形数据整合

Google Earth 上得到的陆地高程是绝对高程（相对于黄海平面），而水域点的数据包括两部分：水深值、岸边陆地与水面的高差。利用公式湖底高程=岸边陆地的高程-岸边陆地与水面高差-水深。据此，将水深值换算为湖底高程。至此，所有数据都转化为了基于黄海平面的绝对高程。图 7.14 是所有的测量点分布情况，共 1280 个点位高程数据。

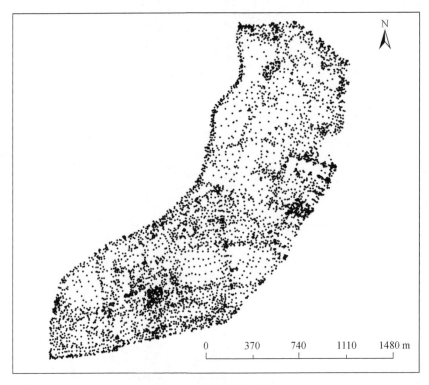

图 7.14　湿地点位布设

（五）地形生成

将所有的点位高程数据在 ArcGIS 中通过反距离加权插值法进行插值，得到研究区地形图（图 7.15）。

基于 ArcScene 得到汉石桥湿地三维地形图（图 7.16），利用 Voxler 三维软件得到汉石桥湿地及周边三维地形图（张啸雷和王冬，2010；刘慧鹏和李文尧，2010；张景华等，2011）（图 7.17）。

图 7.15 研究区地形

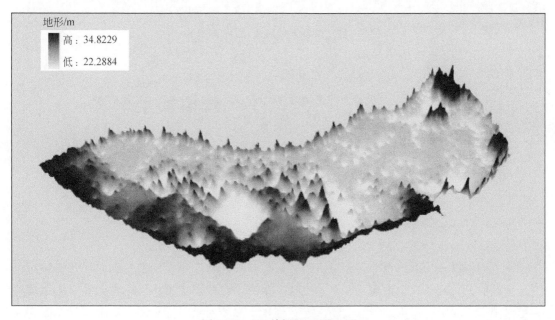

图 7.16 汉石桥湿地三维地形

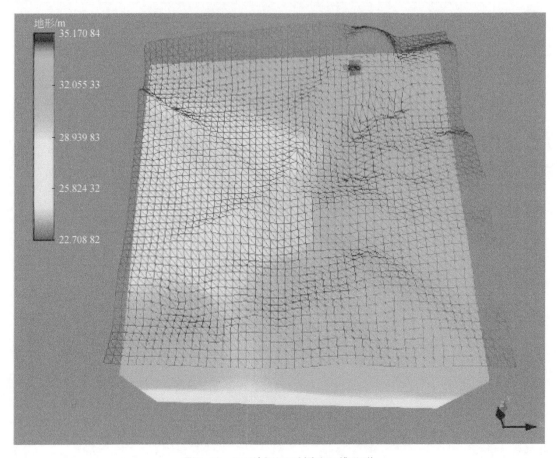

图 7.17　汉石桥湿地及周边三维地形

第三节　汉石桥湿地生态模拟模型构建

一、模型原理与方法

（一）模型原理

本节根据汉石桥湿地现场实验得出的浮萍生长遮光效应规律，拟合水面浮萍生物量与遮光系数的公式用于模型构建，基于 STELLA 软件平台开发了考虑浮萍遮光效应的湿地生态模拟模型，揭示各水生态指标的动态变化规律。模拟对象包括水位、水质、营养盐（主要是磷）循环、浮游动植物及浮萍和沉水植物等的生长与死亡、沉积物和碎屑物矿化与沉积作用的动力学响应过程，对汉石桥湿地内部生态系统结构、物质循环、能量流动机制及其在各种因素影响下的动态变化特征进行研究。研究着重点在于汉石桥湿地水文、水质、水生物多指标时空演化过程，以及湿地外部环境因素对水生态系统的影响及其水生态系统响应机制，在此基础上预测湿地各生态指标动态变化，分析汉石桥湿地生态系统对内外要素发生变化的适应能力。

其中概念模型包括3种生态过程，即物理过程、化学过程和生物过程。物理过程揭示了发生在相关生态组分之间发生的物理变化过程。在本模型中，化学过程主要指湿地生态系统中营养物质的矿化作用。生物过程包括水生生物生长、对营养物质的吸收作用、水生生物之间捕食关系以及水生生物的死亡。本节基于湿地现场实验结果对模型中的物理过程的水下光照强度公式和生物过程的水生植物生长公式进行了修正。

1. 物理过程

（1）太阳辐射

太阳辐射是湿地生态系统的能量来源和物质生产的基础，是湿地生态模拟模型构建过程需重点考虑的物理过程。对于湿地水生植物而言，光的透射能力关系到其在水中的分布特征和生长状态。当光照强度大于水生植物光合作用的补偿点时，水生植物才能在水中进行正常的物质生产和能量存储。

不同水深光照强度的变化影响湿地浮游植物光合作用效率以及沉水植物的生长。不同季节太阳辐射强度不同，其变化规律遵循余弦公式（Billen et al., 1994）。

$$I = 78.5 \times (1 - 0.53\cos\omega t) \times 4.184 \times 24 \times 10\,000/1\,000 \tag{7.3}$$

$$\omega = 2\pi/365$$

式中，I 为随季节变化的每日太阳辐射强度 $[\text{kcal}/(\text{m}^2 \cdot \text{d})]$；$t$ 为儒略日。

$$L = 12 \times (1 - 0.375\cos\omega t) \tag{7.4}$$

式中，L 为光周期（h）。

根据汉石桥湿地自然保护区提供的数据资料，汉石桥湿地所在区域全年日照时数平均为2745.1h，日照率达到63%，其中5月日照时数最多，为286h，日平均为9.5h；7月、8月北京地区进入雨季，雨季汉石桥湿地区域日照强度和日照时数有所减少，7月、8月日照时数分别为243.1h和241.5h，12月的日照时数最少，一般为188.5h。

根据汉石桥湿地日照时数数据，将式（7.4）变形拟合得出汉石桥湿地的光周期变化函数。

$$L = 6 \times (1 - 0.375\cos\omega t) + 2 \tag{7.5}$$

$$\omega = 2\pi/365$$

由图7.18可知，式（7.5）拟合的理论值与历史实测值在7月、8月有较大偏差，主要是由于汉石桥湿地所在区域7月、8月进入雨季，受阴雨天气的影响，日照强度和日照时数有所减少，在公式实际应用过程中将对7月、8月两个月光周期数据进行相应调整，使其符合汉石桥湿地实际情况，更精确地模拟汉石桥湿地生态过程变化规律。

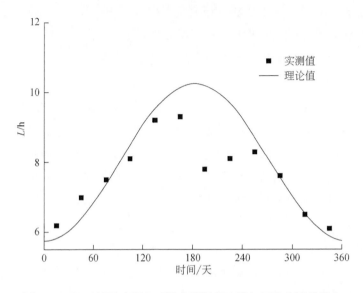

图 7.18　汉石桥湿地所在区域光周期理论值与历史实测值拟合

（2）浮萍遮光效应

在模型物理过程中重点考虑浮萍遮光效应对表层水光照强度的影响，引入遮光系数这一参数，拟合浮萍生物量与表层水光照强度的关系，通过光照强度可实现浮萍与浮游植物生长模块的耦合。将湿地现场实验拟合得到的遮光系数公式与 Xu 等（2001）、Jørgensen（1976）研究的经验公式结合，得到汉石桥湿地水生态系统不同深度光照强度公式：

$$I_0 = I \times [\, 1 - (-e^{-0.035F} + 1)\,] \tag{7.6}$$

$$I(z) = \frac{\ln\left[\,(I \times e^{-0.035F} + KI)/(I \times e^{-0.035F} \times e^{-\gamma \times z} + KI)\,\right]}{\gamma \times z} \tag{7.7}$$

$$\gamma = \gamma_0 + a_1 \times B \tag{7.8}$$

式中，I 为水面上方入射光照强度，也称太阳辐射；I_0 为水面以下光照强度 $[\,\text{kcal}/(\text{m}^2 \cdot \text{d})\,]$；$F$ 为浮萍生物量（g/m^2）；$I(z)$ 为水深为 z 处的光照强度；KI 为米氏（Michaelis-Menten）常数；γ 为遮光效应系数；γ_0 为其他因素引起的遮光效应系数，通常为 0.27；B 为引起自遮光效应的水生生物（如浮游植物和沉水植物）生物量（g/m^2）；a_1 为自遮光系数。

（3）浮游植物及其生物碎屑沉积过程

浮游植物及其生物碎屑沉积过程可描述为

$$\text{Settling} = \text{SDR} \times C \times f(T)/D \tag{7.9}$$

式中，Settling 为沉积物浓度；SDR 为沉积率；C 为浮游植物及其生物碎屑的浓度；D 为水深；$f(T)$ 函数是考虑水温的极限状态函数，如式（7.10）所示：

$$f(T) = \text{sqrt}(\theta^{(T - T_{\text{ref}})}) \tag{7.10}$$

式中，θ 为温度系数，值为 1.04；T 为水温；T_{ref} 为发生沉积作用的最佳水温，通常为 20℃。

（4）营养物质在水体与孔隙水之间扩散过程

营养物质的扩散作用发生在湖泊水体与孔隙水之间。一般情况下孔隙水中的营养物质浓度比湖水中高，因此这一过程可被描述成 IF 语句的形式：

$$IF(C_p > C_i, DIFFC \times (C_p - C_i), 0) \tag{7.11}$$

式中，C_p 和 C_i 为孔隙水和水体中的营养物浓度；DIFFC 为扩散速率。

2. 化学过程

本节考虑的湿地生态系统化学过程是矿化作用。矿化作用是水生态系统中有机组分向无机组分转化的过程，水生态系统中的碳、氮、磷等元素在生物地球化学循环过程中十分重要。该过程与水温、沉积物浓度以及矿化率密切相关。

$$Mineralisation = MIN \times Settling \times f(T) \tag{7.12}$$

式中，Mineralisation 为单位面积沉积物矿化量；MIN 为矿化率；Settling 为沉积物浓度；$f(T)$ 为考虑水温要素的阿伦尼乌斯模型极限状态函数，如式（7.13）所示：

$$f(T) = \theta^{(T-T_{ref})} \tag{7.13}$$

式中，θ 为矿化作用温度系数，介于 1.02～1.1；T 为水温；T_{ref} 为发生矿化作用的最佳温度。

3. 生物过程

（1）水生植物生长

本节在模拟生物过程中考虑浮萍生长遮光效应，修正了水下光照强度公式和光周期公式，进而修正了沉水植物、浮萍和浮游植物生长公式。

A. 沉水植物生长

沉水植物生长是一个水温、光照、营养盐浓度的函数，生长量可以通过生物量乘以生长速率 ε 来计算。生长速率可以用式（7.14）表达：

$$\varepsilon = \varepsilon_{max} \times f_1(T) \times I(z) \times f_2(N, P) \tag{7.14}$$

式中，ε 为生长速率；ε_{max} 为在理想温度 20℃的最大增长速率；f_1、f_2 分别为水温、营养盐的函数；$I(z)$ 为水生态系统不同深度光照强度函数 ［式（7.7）］。

$$f_1(T) = \exp\left[-2.3 \times \left(\frac{|T-T_{ref}|}{T_{ref}}\right)\right] \tag{7.15}$$

式中，$f_1(T)$ 为水温限制函数；T 为水温；T_{ref} 为理想生长温度。

f_2 通常用米氏方程表达，如式（7.16）所示：

$$f_2 = \frac{C}{C+k} \tag{7.16}$$

式中，C 为营养盐浓度；k 为植物吸收营养的米氏常数。

B. 浮萍生长

本节重点考虑浮萍生长遮光效应的生态影响，参考已有文献研究构建了浮萍模块，水面浮萍生物量主要受生长速率、死亡率和打捞效率影响，根据 Lasfar 等（2007）研究，其生长速率主要与水温、光周期、水体中营养物质浓度以及浮萍限制密度相关；死亡率采用 Janse（1998）研究参数。打捞效率指为抑制浮萍过快生长覆盖全部水面，人为对水面浮萍进行打捞的效率，自然条件下打捞效率为 0，若人为采取措施全部捞取浮萍，打捞效率记为 1。打捞效率参数取值视湿地管理部门需求而定。

人工湿地中利用浮萍控制水体富营养化状况的模型，可得出浮萍内在生长率与温度、光周期和氮磷浓度的数学关系式［式（7.17）］，研究最佳浮萍密度、生物产量、氮磷去除率和对富营养化状态的控制程度。该研究选用全球其他地区研究的数据对该模型进行验证，验证效果较好，具有普适性。本节将其应用于汉石桥湿地生态模拟模型构建过程，与其他文献中浮萍死亡率以及设定的浮萍打捞效率相结合构建浮萍模块。

$$r_i = R \cdot \theta_1^{((T-T_{op})/T_{op})^2} \cdot \theta_2^{((T-T_{op})/T_{op})} \cdot \theta_3^{((E-E_{op})/E_{op})^2} \cdot \theta_4^{((E-E_{op})/E_{op})} \cdot$$

$$\frac{C_P}{C_P + K_P} \cdot \frac{K_{IP}}{K_{IP} + C_P} \cdot \frac{C_N}{C_N + K_N} \cdot \frac{K_{IN}}{K_{IN} + C_N} \tag{7.17}$$

$$D = \frac{D_L \cdot D_0}{(D_L - D_0) \cdot e^{-r_i \cdot t} + D_0} \cdot (1 - Mor - Harvest) \tag{7.18}$$

式中，r_i 为浮萍生长速率（d^{-1}）；R 为 Lasfar 等（2007）实验研究最大生长速率（d^{-1}）；θ_1、θ_2、θ_3、θ_4 为与温度和光周期相关的米氏常数；T 为水温（℃）；T_{op} 为浮萍生长最适温度（℃）；E 为光周期（h^{-1}）；E_{op} 为浮萍生长最适光周期（h^{-1}）；C_P、C_N 为水体中磷和氮的浓度（mg/L）；K_P、K_N 为水体磷和氮的饱和浓度（mg/L）；K_{IP}、K_{IN} 为磷和氮对浮萍生长限制性浓度（mg/L）；D 为浮萍生物量（g/m^2）；D_L 为湿地水面被浮萍全覆盖时浮萍生物量（g/m^2）；D_0 为浮萍初始生物量（g/m^2）；t 为时间（d）；Mor 为浮萍死亡率（d^{-1}），根据 Janse（1998）研究定为 0.05；Harvest 为浮萍打捞效率（d^{-1}）。浮萍生长模型公式参数取值如表 7.8 所示。

表 7.8 浮萍生长模型公式参数取值

参数	取值	参数	取值
R/d^{-1}	0.62	E_{op}/h	13
θ_1	0.0025	$K_P/(mg/L)$	0.31
θ_2	0.66	$K_{IP}/(mg/L)$	101
θ_3	0.0073	$K_N/(mg/L)$	0.95
θ_4	0.65	$K_{IN}/(mg/L)$	604
$T_{op}/℃$	26	$D_L/(g/m^2)$	110.4

资料来源：Lasfar 等（2007）。

由于本节不考虑湿地氮循环过程，根据已有湿地氮浓度数据拟合公式中涉及氮的部分参数，$C_N/(C_N+K_N)\times K_{IN}/(K_{IN}+C_N)$ 记为 0.898。

依据浮萍生长过程机理公式单独构建浮萍生长模块，如图 7.19 所示。模拟浮萍生物量随时间变化趋势，并与现场实测数据进行对比，以验证浮萍子模块的合理性。

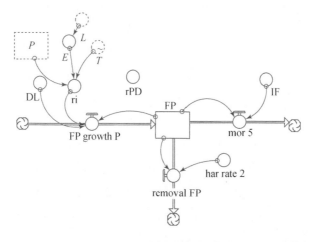

图 7.19　浮萍模块概念图

P 为浮游植物；E 为太阳辐射；L 为光照强度；T 为温度；ri 为浮萍生长速率；DL 为湿地水面被浮萍全覆盖时浮萍生物量；FP growth P 为浮萍生长过程；FP 为浮萍生物量；removal FP 为浮萍打捞过程；har rate 2 为浮萍打捞速率；mor 5 为浮萍自然死亡过程；IF 为浮萍死亡率；rPD 为每月日均光照时长

由图 7.20 可知，模拟值与实测值吻合度较好，浮萍模块可与其他模块耦合构建汉石桥湿地生态模型。

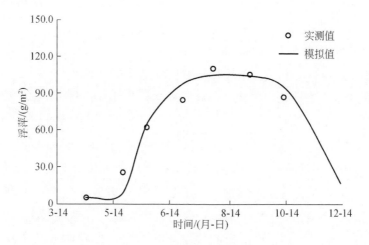

图 7.20　浮萍模拟实测值与模拟值对比分析

根据浮萍吸收营养物质特性，确定了浮萍生长对磷元素吸收关系为 0.0058mgP/mg DW（浮萍干重增加 1mg 吸收磷元素 0.0058mg）。浮萍生长对水体中磷的吸收作用可通过浮萍生长速率乘以浮萍生物体内磷含量来计算，实现浮萍模块与磷模块相耦合。

C. 浮游植物生长

本节基于遮光系数公式拟合的实验成果，对浮游植物生长关系公式进行了改进，具体如下：

$$\frac{\mathrm{d}A}{\mathrm{d}t}=0.16\times A\times \mathrm{GAMAX}\times \mathrm{e}\left[-2.3\times\left(\frac{|T-T_{\mathrm{op}}|}{T_{\mathrm{op}}}\right)\right]$$

$$\times\frac{\ln\left[(I\times \mathrm{e}^{-0.035F}+\mathrm{KI})/(I\times \mathrm{e}^{-0.035F}\times \mathrm{e}^{-\gamma\times z}+\mathrm{KI})\right]}{(\gamma_0+a_1\times B)\times z}\times\left(\frac{P}{P+\mathrm{KP}}\times\frac{1}{2}\right) \quad (7.19)$$

式中，$\mathrm{d}A/\mathrm{d}t$ 为浮游植物生长率（d^{-1}）；A 为浮游植物生物量（mg/L）；GAMAX 为浮游植物最大生长率（d^{-1}）；T 为水温（℃）；T_{op} 为浮萍生长最适温度（℃）；I 为水面上方入射光照强度，也称太阳辐射 [kcal/（$\mathrm{m}^2\cdot\mathrm{d}$）]；$z$ 为水深（m）；KI 为浮萍生长所需光照强度的米氏常数 [kcal/（$\mathrm{m}^2\cdot\mathrm{d}$）]；$\gamma_0$ 为其他因素引起的遮光效应系数，通常定为 0.27；B 为引起自遮光效应的水生生物（如浮游植物和沉水植物）单位面积生物量（$\mathrm{g/m}^2$）；a_1 为自遮光效应系数；P 为水中溶解态无机磷浓度（mg/L）；KP 为浮游植物吸收营养物质的米氏常数（mg/L）；F 为水面浮萍生物量（$\mathrm{g/m}^2$）。

（2）水生动物对水生植物的捕食

$$\mathrm{Grazing}=\mathrm{GZMAX}\times C\times f_1(T)\times f_2(A) \quad (7.20)$$

式中，Grazing 为水生动物捕获水生植物的生长量；GZMAX 为浮游动物捕获浮游植物最大生长速率；C 为浮游动物生物量；$f_1(T)$、$f_2(A)$ 分别为水温、浮游植物生物量的限制函数。

（3）水生生物的自然死亡

$$\mathrm{Mortality}=M_{\max}\times f(T)\times C \quad (7.21)$$

式中，Mortality 为水生生物死亡生物量；$M_{\max}$ 为参考水温的最大死亡率；$f(T)$ 为水温限制函数；C 为水生生物生物量。

本节根据汉石桥湿地核心区和游览区不同的水体特征构建两套模型，模拟了不同类型水体的生态过程。湿地核心区补给源为污水处理厂中水和雨季蔡家河的补水，中水经人工湿地处理后以渠道形式流入湿地。核心区水体呈渠道化分布，限制了水体交换能力，阻碍了污染物稀释扩散过程，并且来水污染负荷较大，水质较差，富营养化严重。大量浮萍生长覆盖水面，无沉水植物和底栖生物生长，具有典型的沼泽湿地特征。因此，在模型构建过程中重点考虑了浮萍遮光效应对水生态过程的影响，将已有研究中的参数公式结合湿地现场实验结果构建了浮萍模块，使模型适用于北方高浮萍覆盖度富营养化浅水湿地。

湿地游览区为开阔湖面，水体物质和能量交换频繁，补给水来源为雨水和湖底地下水补给，生态系统相对封闭，水资源供需平衡。有部分沉水植物生长，水面无浮萍，具有典型的湖泊湿地特征。为体现湿地游览区生态系统特征，本节在模型构建过程中，重点考虑了浮游植物和沉水植物模块。

（二）建模方法

构建的汉石桥湿地生态模拟模型状态变量包括水中溶解态无机磷、孔隙水中溶解态无机磷、浮游植物生物量、浮游动物生物量、漂浮植物生物量、沉水植物生物量、碎屑含碳量等。图 7.21 是模型模拟的系统示意。鉴于核心区和游览区不同的生态特征，本节分别选取核心区和游览区为研究对象，基于 STELLA 软件平台构建不同模型结构的生态模拟模型。

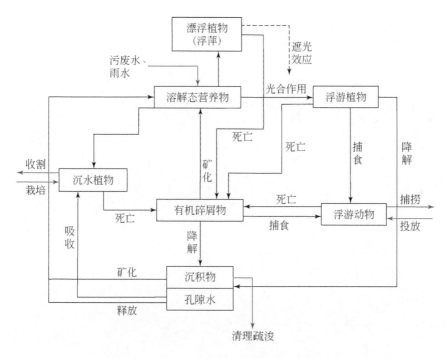

图 7.21　生态模型中各状态变量间的转化示意

二、生态模拟模型结构

汉石桥核心区生态模拟模型的结构如图 7.22 所示，共包括 7 个状态变量：浮游植物生物量（A）、浮游动物生物量（Z）、沉水植物生物量（SP）、漂浮植物生物量（FP）、有机碎屑含量（D）、孔隙水中溶解态无机磷含量（PPP）、水体中溶解态无机磷含量（P）。

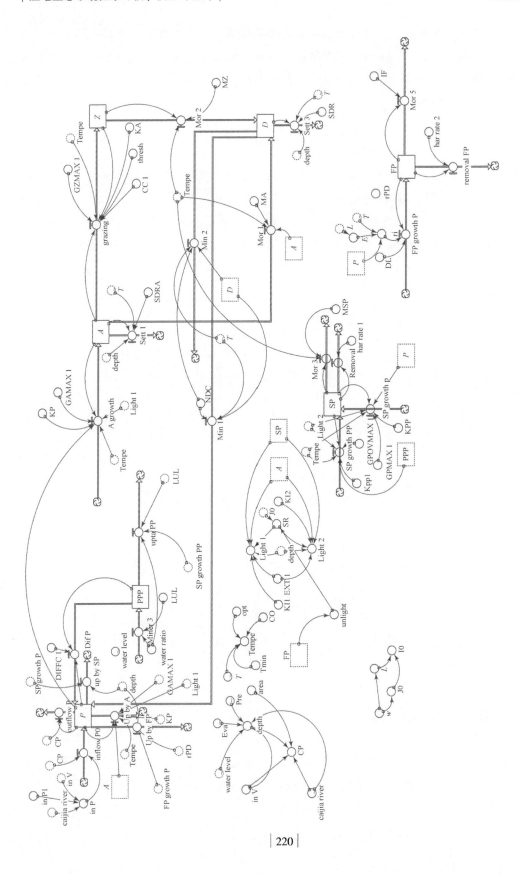

图7.22 模型结构

游览区生态模型包括6个状态变量：浮游植物生物量（A）、浮游动物生物量（Z）、沉水植物生物量（SP）、有机碎屑含量（D）、孔隙水中溶解态无机磷含量（PPP）、水体中溶解态无机磷含量（P）。模型的主要外部变量包括水位（water level）、水温（T）、太阳辐射强度（SR）、孔隙水中溶解态无机磷含量（PPP）。各状态变量输入输出过程见表7.9。

表7.9　各状态变量主要转化过程及变量参数

符号	含义	单位
inflow P	溶解态无机磷输入	mg/(L·d)
outflow P	溶解态无机磷输出	mg/(L·d)
up by A	浮游植物从水体中摄取溶解态无机磷	mg/(L·d)
up by SP	沉水植物从水体中摄取溶解态无机磷	mg/(L·d)
up by FP	浮萍从水体中摄取溶解态无机磷	mg/(L·d)
Dif P	孔隙水中溶解态无机磷向水体中扩散	mg/(L·d)
upta PP	孔隙水中溶解态无机磷被沉水植物生长吸收	mg/(L·d)
A growth	浮游植物生长	mg/(L·d)
grazing	浮游动物捕食浮游植物	mg/(L·d)
Sett 1	浮游植物沉降	mg/(L·d)
Sett 3	有机碎屑沉降	mg/(L·d)
Mor 1	浮游植物自然死亡	mg/(L·d)
Mor 2	浮游动物自然死亡	mg/(L·d)
Mor 3	沉水植物自然死亡	g/(m²·d)
Mor 5	浮萍自然死亡	g/(m²·d)
Min 1	有机碎屑矿化为溶解态无机磷	mg/(L·d)
Min 2	有机碎屑矿化为其他物质	mg/(L·d)
Miner 3	沉积物中可交换磷的矿化	mg/(L·d)
SP growth P	沉水植物生长随水体中溶解态无机磷变化	g/(m²·d)
SP growth PP	沉水植物生长随孔隙水中溶解态无机磷变化	g/(m²·d)
Removal	沉水植物的收割	g/(m²·d)
FP growth P	浮萍生长	g/(m²·d)
removal FP	浮萍打捞	g/(m²·d)
in P1	上游再生水厂补水中溶解态无机磷浓度	mg/L
caijia river	湿地上游蔡家河向湿地中补水量	m³/d
in V	湿地上游再生水厂补水量	m³/d
in P	湿地所有来源补水混合后溶解态无机磷浓度	mg/L
CP	湿地所有来源补水量	m³/d
area	研究区域湿地面积	m²

符号	含义	单位
Eva	湿地水面蒸散发量	mm
pre	湿地水域降水量	mm
water level	湿地水域水位	m
depth	水深	m
T	水温	℃
Tmin	植物生长最低限制温度	℃
CO	植物生长温度系数	1.04
opt	植物生长最适温度	℃
Tempe	植物生长水温限制函数	/
DIFFC 1	孔隙水中溶解态无机磷向水体中扩散速率	mg/(L·d)
water ratio	沉积物含水率	%
LUL	溶解态无机磷从沉积物向孔隙水中扩散速率	mg/(L·d)
Light 1	水面光照强度	kcal/(m²·d)
Light 2	水体一定深度下光照强度	kcal/(m²·d)
GAMAX 1	浮游植物最大生长速率	mg/(L·d)
GZMAX 1	浮游动物最大生长速率	mg/(L·d)
MZ	浮游动物最大死亡率	mg/(L·d)
MA	浮游植物最大死亡率	mg/(L·d)
MSP	沉水植物最大死亡率	g/(m²·d)
CC1	浮游动物承载力	mg/L
thresh	浮游动物捕食浮游植物的临界浓度	mg/L
KP	浮游植物生长吸收水体中溶解态无机磷的米氏常数	mg/L
KPP	沉水植物生长吸收水体中溶解态无机磷的米氏常数	mg/L
Kpp1	沉水植物生长吸收孔隙水中溶解态无机磷的米氏常数	mg/L
KA	浮游动物生长捕食浮游植物的米氏常数	mg/L
SDRA	浮游植物沉积率	mg/(L·d)
SDR	浮游动物沉积率	mg/(L·d)
GPOVMAX	沉水植物最大生长率(针对摄取孔隙水中营养物)	mg/(L·d)
GPMAX 1	沉水植物最大生长率(针对摄取水中营养物)	g/(m²·d)
w	2π/365	无量纲
unlight	浮萍遮光系数	无量纲
L	太阳辐射光周期	h
I0	实际每日太阳辐射强度	kcal/(m²·d)
J0	随季节变化的每日太阳辐射强度	kcal/(m²·d)
SR	水生生物遮光效应系数	无量纲

符号	含义	单位
KI1	浮游植物生长所需光照强度的米氏常数	kcal / m²
KI2	沉水植物生长所需光照强度的米氏常数	kcal / m²
EXT1	其他因素引起的遮光效应系数	无量纲
NDC	有机碎屑矿化速率	mg/(L·d)

模型输入项（可控变量）包括 P、水位；模型输出项包括浮游植物生物量、沉水植物生物量、浮游动物生物量、漂浮植物生物量、有机碎屑含量、孔隙水中溶解态无机磷含量、水体中溶解态无机磷含量。

三、参数灵敏度分析

灵敏度分析可用于定性或定量评价模型参数变化对模型模拟结果的影响，是生态模型构建过程中必要的步骤，参数灵敏度表征特定的生态学意义。在模拟过程中，不同的参数输入对应不同的模拟结果。参数灵敏度不同导致模拟结果变化规律也不同，灵敏度高的参数往往在发生微小变化时使模型输出结果产生较大变化，而灵敏度低的参数则对输出结果影响不大，模拟结果甚至没有变化。模型灵敏度分析过程一般包括以下 3 个步骤：

1）选定一个待分析的输入参数作为目标参数；

2）保持其他参数不变，改变选定目标参数值，依次得到对应模型输出的结果；

3）对比分析模型输出结果的变化程度，以此评价目标参数的灵敏度（徐崇刚等，2004）。

这种分析方法可以获得特定情景下模型输出对于目标参数的动力学响应灵敏度。本节灵敏度分析即采用此原理进行。

汉石桥湿地生态模拟模型构建涉及湿地生态系统内部物理、化学、生物多过程，包含漂浮植物、沉水植物、浮游动植物等多模块以及多参数的特征，而且各模块、各参数间相互作用关系并不孤立，导致模型各过程、各模块以及各参数的不确定性具有传递性和累积性，会增大模型的不确定性。这种情况得到的模拟预测结果是否能够作为可靠的决策依据有待分析。本节目的在于提高模型预测的精度，构建和汉石桥湿地特征相匹配的湿地生态模拟模型，需要降低模型各参数的不确定性。汉石桥湿地生态系统复杂，涉及 25 个参数，很难做到提高每一个参数的精度。灵敏度分析可为模型参数率定过程提供依据，通过灵敏度分析确定模型各参数对输出结果影响的大小，在模型率定过程中优先调整对模拟输出结果影响大的参数，那些对模拟结果影响较小的参数可不做调整，直接选用经验参数即可。这样大大减小模型率定的工作量。

参数灵敏度分析采用扰动分析法，通过改变参数值（±20%），计算灵敏度指数（S），反映状态变量对参数变化灵敏程度的过程。

S 可通过式（7.22）计算：

$$S=([\partial X/X])/([\partial Y/Y]) \tag{7.22}$$

式中，X 为状态变量；Y 为参数；S 数值越大，表明参数对于输入变化响应越灵敏。

本节模型的参数灵敏度分析主要针对模拟结果影响较大的参数进行，分别分析了其对溶解态无机磷浓度（P）、浮游植物生物量（A）、浮游动物生物量（Z）、浮萍（FP）和生物碎屑（D）5 个状态变量的灵敏程度，分析结果见表 7.10 和表 7.11。

表 7.10　核心区参数灵敏度分析结果

参数（初始值）	S-P	S-A	S-Z	S-D	S-FP	$\overline{\|S\|}$
CC（28）	−0.04	−0.02	0.006	−0.01	−0.02	0.02
DIFFC（0.05）	0.72	1.45	0.32	0.03	0.04	0.51
EXT（0.18）	0.02	−6.17	−1.58	−3.71	0	2.30
KA（0.5）	−0.29	0.03	0	0	0	0.06
KI1（400）	0	−0.12	0.35	0.09	0	0.11
KI2（450）	0	0.10	0.03	0.11	0	0.05
KP（0.03）	−0.62	−0.41	−0.16	0.09	0.06	0.27
SDR（0.2）	0.23	0.51	0.09	0.01	0.01	0.17
water ratio（0.5）	0.62	−0.31	−0.50	0.25	0	0.34

表 7.11　游览区参数灵敏度分析结果

参数（初始值）	S-P	S-D	S-A	S-Z	S-SP	$\overline{\|S\|}$
EXT（0.2）	2.617	−2.132	−6.473	−0.909	−0.208	2.47
GAMAX（5）	0.042	0.680	1.155	0.287	0.446	0.52
GPMAX（0.2）（针对摄取水体中营养物）	−1.062	−1.469	−2.116	−1.091	0.395	1.23
GPOVMAX（0.05）（针对摄取孔隙水中营养物）	−0.889	−1.357	−1.615	−0.760	0.086	0.94
MA（0.1）	0.039	0.587	1.116	0.294	0.304	0.47
MSP（0.01）	−1.663	1.215	1.541	0.664	−0.022	1.02
MZ（0.05）	0.013	0.247	0.862	0.225	0.508	0.37
water ratio（0.5）	2.996	−1.853	−1.336	−0.512	−0.163	1.37

参考参数敏感程度设定标准（Lenhart et al., 2002）（表7.12），确定了状态变量对应的敏感性参数（表7.13和表7.14）。结果表明，部分参数对状态变量很不敏感，如核心区 FP（浮萍生物量）生长主要受外界条件（太阳辐射、光周期、温度等）影响，受水生态系统中各种参数影响较小。部分参数对某些状态变量的变化起决定性作用，如游览区 A（浮游植物生物量）对 EXT、GPOVMAX、MSP 和 water ratio 四个参数最为敏感，这些参数的变化会对浮游植物生物量有较大影响。从核心区和游览区的敏感性分析来看，由于核心区富营养化严重、生态状况较差，核心区生态系统各组分间的反馈关系不强，生态模型中各参数的敏感性变差。在后续模型率定过程中，主要根据文献参考值和现场实测值率定参数；而游览区生态状况较好，各参数敏感性程度不同，需要对不同敏感度的参数进行率定调整。

表 7.12 参数敏感程度标准

等级	S 值范围	敏感程度
Ⅰ	$0 \leqslant |S| < 0.05$	低
Ⅱ	$0.05 \leqslant |S| < 0.50$	中
Ⅲ	$0.50 \leqslant |S| < 1.00$	高
Ⅳ	$|S| \geqslant 1.00$	极高

表 7.13 核心区各状态变量对应的敏感参数

状态变量	高敏感性参数	极高敏感性参数
FP	—	—
A	SDR	DIFFC、EXT
Z	water ratio	EXT
P	DIFFC、KP、water ratio	—

表 7.14 游览区各状态变量对应的敏感参数

状态变量	高敏感性参数	极高敏感性参数
A	MZ	EXT、GAMAX、GPMAX、GPOVMAX、MSP、water ratio、MA
Z	GPMAX	GPOVMAX、EXT、MSP、water ratio
P	GPOVMAX	EXT、GPMAX、water ratio、MSP
SP	MZ	—

四、模型率定及验证

根据 2014 年 4～10 月生态调查期间获取的水生态数据进行模型率定，数据可以完整反映各水生态指标的季节变化趋势，由于冬季湿地水体结冰，模型对冬季湿地生态过程模拟精度较差，只考虑了春、夏、秋三个季节湿地生态过程变化。

湿地生态模型包含物理、化学、生物多个过程以及浮萍、浮游动植物、沉水植物多个模块，涉及众多参数，因此参数率定主要针对参数灵敏度分析筛选出来的灵敏度较大的参数，采用现场实测和文献研究经验公式相结合的方法，即查阅相关文献确定各高灵敏度参数的取值范围，现场实验校验参数，通过模型模拟比较实测值与模拟值，调整水生态模型各参数值。

汉石桥湿地核心区和游览区生态状况差别较大，核心区富营养化严重，游览区水质总体较好。在核心区与游览区各选取一个典型点位进行模型的参数率定。选取#3、#4 采样点作为核心区模型率定的点位，游览区选择#5 采样点作为模型率定点位，并采用决定性系数（R^2）与 Nash-Sutcliffe 效率系数（E_{NS}）对模型精度进行评价（Nash and Sutcliffe，1970；Legates and McCabe，1999；Moriasi et al.，2007），结果见表 7.15 和表 7.16。

表 7.15　模型率定结果

指标		核心区#3	核心区#4	游览区#5
R^2	FP	0.988	0.976	—
	P	0.923	0.892	0.768
	A	0.959	0.843	0.652
E_{NS}	FP	0.941	0.927	—
	P	0.635	0.620	0.438
	A	0.951	0.814	0.608

表 7.16　水生态模型参数取值

模型参数	取值范围	最终取值	
		（核心区）	（游览区）
water ratio	0～1	0.45	0.36
CC	5～100	30	28
DIFFC	0.01～0.5	0.12	0.08
EXT	0.12～0.2	0.18	0.18
GAMAX	1～6	4.30	5.20
GPMAX	0.02～0.5	0.15	0.35
GPOVMAX	0.01～0.5	0.07	0.16

续表

模型参数	取值范围	最终取值	
		（核心区）	（游览区）
GZMAX	0.3 ~ 0.8	0.30	0.80
KA	0.5 ~ 2.0	1.00	0.80
KP	0.1 ~ 0.5	0.30	0.36
KPP	0.02 ~ 0.2	0.01	0.03
KPP1	0.01 ~ 0.2	0.01	0.03
KI1	100 ~ 500	200	200
KI2	100 ~ 500	300	300
MA	0.05 ~ 0.4	0.05	0.09
MZ	0.01 ~ 0.25	0.04	0.05
MSP	0.005 ~ 0.1	0.10	0.08
NDC	0.2 ~ 0.8	0.20	0.40
SDR	0.1 ~ 2.0	0.16	0.40
SDRA	0.1 ~ 0.6	0.14	0.18

结果表明，核心区模型 FP、P、A 模拟值与实测值吻合效果较好，模拟曲线的峰值及其走势与实测值相符，R^2 和 E_{NS} 均在 0.6 以上；游览区模拟吻合效果不如核心区，两项指标的趋势与实测值相符，从 R^2 和 E_{NS} 来看，A 的模拟效果不如 P。

模型验证选择核心区#2 点位和游览区#6 点位，验证数据来源于 2014 年 4 ~ 10 月生态调查期间获取的水生态数据，通过模型模拟对比实测值与模拟值的吻合程度，验证模型的准确性。

验证结果表明，核心区#1 和游览区#6 生态指标模拟 R^2 和 E_{NS} 都在 0.6 以上（图 7.23

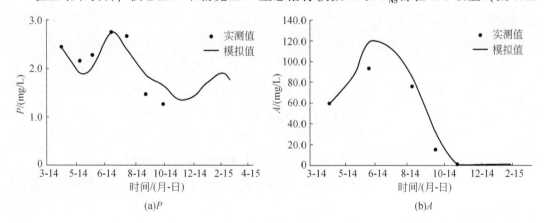

(a)P (b)A

图 7.23　核心区#2 验证结果

和表 7.17）。模型模拟效果较好，基本满足研究需要，适用于北方高浮萍覆盖富营养化湿地生态模拟。

表 7.17　模型验证结果

指标		#1	#6
R^2	A	0.680	0.748
	P	0.714	0.792
E_{NS}	A	0.692	0.721
	P	0.615	0.704

第四节　生态修复措施模拟

一、生态修复情景设定

　　加强对浮萍的管理是汉石桥湿地水生态修复的关键措施之一，也是本节的关注点。打捞浮萍是本节设定的生态修复情景之一，目的在于改变水下光照强度，促进水生生物光合作用。利用实验和模型模拟的方法得出的结论为制定浮萍管理措施提供了科学依据与技术支撑。此外，国内外许多学者提出了恢复沉水植物也是水生态修复的关键（陈清锦，2005）。沉水植物吸收底泥和水中的营养盐生长，并共生有利于有机物矿化分解的微生物群落，对水质起持续的净化作用。汉石桥湿地沉水植物较少，尤其是在核心区连续两年的生态调查中未采集到沉水植物样品，因此本节设定增加湿地内部沉水植物的生物量作为生物修复的措施进行情景分析。在自然状态下，沉水植物只有在透明度高的湖泊、浅水河流和湿地等适宜环境中才会产生较高的生物量。只有在低营养的开阔水域、流速较快的河流以及浮游植物初级生产量和生物量受到捕食者强烈制约的地方，沉水植物才能在竞争中战胜浮游植物，成为优势群落。在丹麦一些浅水湖泊（湖水不发生分层，平均深度 1.5m）中，稠密的大型植被恢复，尤其是沉水植被恢复对湖泊从浊水态转变为清水态起着决定性作用（Scheffer and van Nes，2006）。恢复沉水植被必须打捞水面浮萍，增强水面透光效率，促进沉水植物光合作用，发挥沉水植物生长对水质净化作用。汉石桥湿地核心区补水水质较差。控制补水污染负荷是改善湿地水质和水生态状况的必要措施。

　　本节将从打捞浮萍、恢复沉水植被、控制污染负荷、综合管理四方面设定汉石桥湿地生态修复情景。

　　情景一：打捞浮萍。在春季清除水面浮萍，夏秋两季定期打捞水面浮萍，使水面无浮萍覆盖，生物量为 0。

情景二：恢复沉水植被。打捞浮萍同时引种沉水植物（本地适生沉水植物为狐尾藻），构建"水下森林"系统，水面浮萍生物量控制为0，引种沉水植物初始生物量为$200g/m^2$。

情景三：控制污染负荷。加大上游污水处理厂的处理效率，控制补水水质，将补水水质从现状条件下1.5mg/L降为0.8mg/L，补水量保持不变，仍为5000t/d。

情景四：综合管理。降低补水污染负荷的同时清除水面浮萍，并引种沉水植物，使沉水植被得到恢复。

二、不同生态修复情景模拟结果

根据本节提出的打捞浮萍、恢复沉水植被、控制污染负荷和综合管理情景，将设定好的初始条件输入到STELLA模型中，进行生态模拟，经过模型运算，对各情景生态修复效果进行分析。

基准情景：不采取生态修复措施，湿地现状模拟情景作为对照基准情景。

打捞浮萍情景：清除水面浮萍，将初始浮萍生物量设定为0。

恢复沉水植被情景：清除水面浮萍，将初始浮萍生物量设定为0，引种沉水植物，沉水植物初始生物量设定为$200g/m^2$。

控制污染负荷情景：改变入水污染负荷参数Inflow P，设定为0.8mg/L。

综合管理情景：浮萍初始生物量设定为0，沉水植物初始生物量设定为$200g/m^2$，入水污染负荷Inflow P设定为0.8mg/L。

按照设定情景改变模型参数，以水体中溶解态无机磷含量削减程度作为评价生态修复效果的标准。

对比图7.24五种情景水体中溶解态无机磷含量削减效果，综合管理情景>控制污染负荷情景>恢复沉水植被情景>打捞浮萍情景>基准情景。

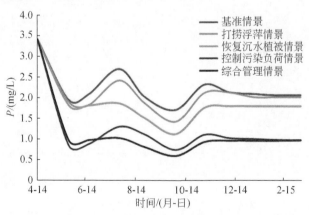

图7.24　五种情景下水体中溶解态无机磷含量削减效果对比

（一）打捞浮萍情景模拟分析

在基准情景下直接打捞浮萍，对水体中溶解态无机磷含量有一定的削减作用，但由于湿地核心区水体总磷本底浓度较高，单纯采取打捞浮萍措施难以有效改善水质。从对水下光照强度影响（图7.25）来看，打捞浮萍消除了浮萍遮光效应，水下光照强度明显增大，这一过程促进了浮游植物光合作用，浮游植物生物量增大（图7.26）。模型模拟结果表明，7月、8月浮游植物在无浮萍覆盖条件下生物量是全覆盖条件下的2～3倍（图7.27）。根据湿地现场围隔实验结果，清除浮萍的空白组浮游植物细胞密度是打捞部分浮萍实验组的2倍，是不打捞浮萍周边水体的4倍，实验结果与模型模拟结果相吻合，现场围隔实验证明模型模拟结果的准确性。

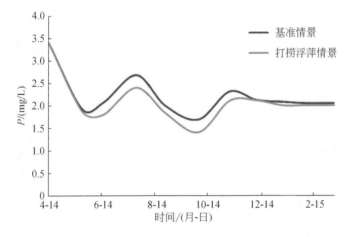

图7.25　打捞浮萍对水体中溶解态无机磷含量影响

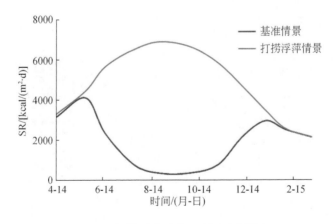

图7.26　打捞浮萍对水下光照强度影响

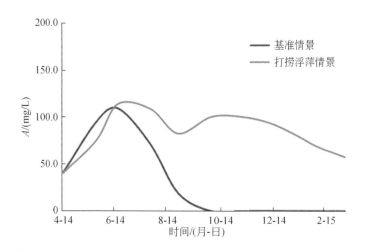

图 7.27 打捞浮萍对浮游植物生物量影响

（二）打捞浮萍恢复沉水植被情景模拟分析

清除水面浮萍同时恢复沉水植被，水下光物理环境得到改善（图 7.28 和图 7.29），水生植被在 6 ~ 10 月得到恢复，生物量增大。沉水植物吸收沉积物和孔隙水中的磷以及水体中的磷，并可减弱沉积物再悬浮作用，减少内源污染。打捞浮萍，恢复沉水植物情景可削减水体中溶解态无机磷含量约 20%。

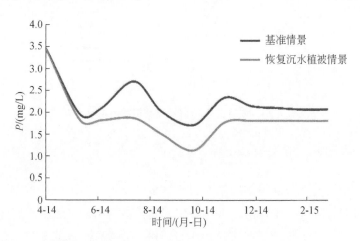

图 7.28 恢复沉水植被对水体中溶解态无机磷含量影响

打捞浮萍增加水面透射光照强度，促进水生植物光合作用。由图 7.30 可以看出，沉水植物生长在春季抑制了浮游植物过快繁殖，减缓湿地富营养化过程，促进湿地从浮萍型"浊水态"向草型"清水态"湿地转化。

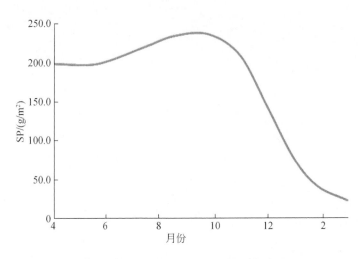

图 7.29　恢复沉水植被对沉水植物生物量影响

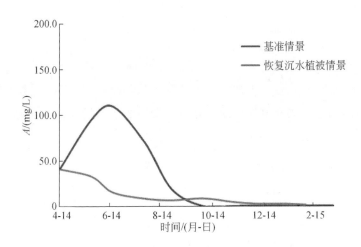

图 7.30　恢复沉水植被对浮游植物生物量影响

（三）控制污染负荷情景模拟分析

按照设定的控制外源污染负荷情景，使补给水质改善，入水磷含量低于核心区溶解态无机磷含量，可对核心区入水口附近水体污染起到稀释作用，水体中溶解态无机磷含量削减 52%（图 7.31），核心区水质改善，可为日后进一步采取生态修复措施创造有利条件。

实施控制污染负荷情景措施后，水体中溶解态无机磷含量仍处于较高浓度，对浮游植物没有营养限制作用，因此，控制污染负荷对浮游植物生物量影响不大（图 7.32）。

（四）综合管理情景模拟分析

在综合管理情景条件下，补水水质改善，清除水面浮萍，水下光物理环境得到改善，

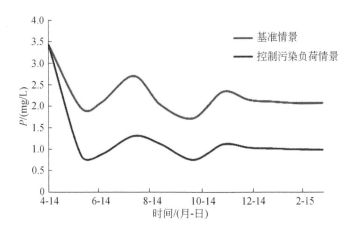

图 7.31 控制污染负荷对水体中溶解态无机磷含量影响

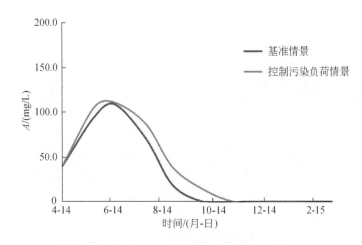

图 7.32 控制污染负荷对浮游植物生物量影响

沉水植被恢复，溶解态无机磷水质指标可控制在 1mg/L 以下，水体中溶解态无机磷含量削减 64%（图 7.33）。控制污染负荷情景下打捞浮萍恢复沉水植被，可将浮游植物生物量控制在较低水平（图 7.34），沉水植被得到恢复，与浮游植物存在对光照和营养物的竞争关系，沉水植被的恢复可对浮游植物生长起到抑制作用，从而降低了"水华"发生的风险。

综合管理情景生态修复效果最好，构建湿地生态系统结构的完整性，湿地发挥其正常的生态功能。恢复沉水植被，形成湿地底栖生态群落，生物多样性增加，生态系统对环境干扰的耐受能力增强，生态恢复力同时加强。

从模型模拟的预测结果来看，打捞浮萍对水体中溶解态无机磷含量有一定的削减作用，引种沉水植物可加强湿地自净能力，水体中溶解态无机磷含量削减约 20%。控制污染负荷，湿地水体中溶解态无机磷含量削减 52%，表明汉石桥湿地核心区水质属"补水决

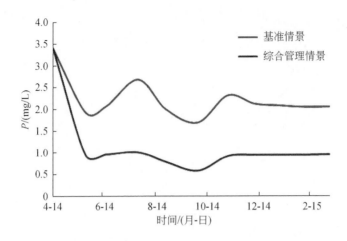

图 7.33　综合管理对水体中溶解态无机磷含量影响

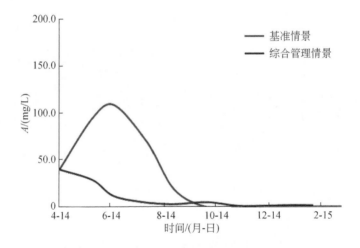

图 7.34　综合管理对浮游植物生物量影响

定型"。控制污染负荷的同时恢复沉水植被，可将磷含量控制在 1mg/L 以下，磷含量削减64%。根据汉石桥湿地核心区的实际情况以及模型模拟结果，应采取控制污染负荷同时恢复沉水植被的综合管理措施对湿地生态环境进行修复。

参 考 文 献

陈清锦. 2005. 沉水植物对污染水体的水质改善效应研究 ［D］. 南京：河海大学硕士学位论文.

李大命，阳振，于洋，等. 2013. 太湖春季和秋季蓝藻光合作用活性研究 ［J］. 环境科学学报，33（11）：3053-3059.

李志明. 2016. 基于浮萍遮光效应实验的汉石桥湿地生态模型构建 ［D］. 北京：北京师范大学硕士学位论文.

刘慧鹏，李文尧．2010．Voxler 在 EH4 数据资料成图中的应用［J］．云南地质，29（1）：98-101.

申卫军，邬建国，林永标，等．2003．空间粒度变化对景观格局分析的影响［J］．生态学报，（12）：2506-2519.

武士蓉．2014．汉石桥湿地水生态模拟与评估［D］．北京：北京师范大学硕士学位论文.

徐崇刚，胡远满，常禹，等．2004．生态模型的灵敏度分析［J］．应用生态学报，15（6）：1056-1060.

徐梦佳．2013．基于联合模拟的白洋淀湿地健康动态评价［D］．北京：北京师范大学硕士学位论文.

徐拥军，廖婷．2010．基于 Google Earth 的高程图制作方法［J］．中国西部科技，9（11）：29-31.

于磊，赵彦伟，张远，等．2011．基于最佳分析粒度的大辽河流域湿地景观格局分析［J］．环境科学学报，31（31）：873-879.

张景华，邵景力，崔亚莉，等．2011．三维绘图软件 Voxler 在水质分析数据处理中的应用［J］．水科学与工程技术，（3）：32-34.

张啸雷，王冬．2010．基于 ArcScene 的三维 GIS 实现的研究［J］．城市勘测，4：26-28.

Billen G, Garnier J, Hanset P. 1994. Modelling phytoplankton development in whole drainage networks: the RIVERSTRAHLER Model applied to the Seine river system［J］. Hydrobiologia, 289（1）: 119-137.

Janse J H. 1998. A model of ditch vegetation in relation to eutrophication［J］. Water Science and Technology, 37（37）: 139-149.

Jørgensen S E. 1976. A eutrophication model for a lake［J］. Ecological Modeling, 2: 147-165.

Lasfar S, Monette F, Millette L, et al. 2007. Intrinsic growth rate: A new approach to evaluate the effects of temperature, photoperiod and phosphorus- nitrogen concentrations on duckweed growth under controlled eutrophication［J］. Water Research, 41（11）: 2333-2340.

Legates D R, McCabe J G. 1999. Evaluating the use of "goodness- of- fit" measures in hydrologic andhydroclimatic model validation［J］. Water Resources Research, 35: 233-241.

Lenhart T, Eckhardt K, Fohrer N, et al. 2002. Comparison of two different approaches of sensitivity analysis［J］. Physics and Chemistry of the Earth, 27（9-10）: 645-654.

Moriasi D N, Arnold J G, Liew M W V, et al. 2007. Model evaluation guidelines for systematic quantification of accuracy in watershed simulations［J］. Transactions of the Asabe, 50（3）: 885-900.

Nash J E, Sutcliffe J V. 1970. River flow forecasting through conceptual models: Part I - A discussion of principles［J］. Journal of Hydrology, 10: 282-289.

Scheffer M, van Nes E H. 2006. Self- organized similarity, the evolutionary emergence of groups of similar species［J］. Proceedings of the National Academy of Sciences of the United States of America, 103（16）: 6230-6235.

Turner M G, O'Neill R V, Gardner R H, et al. 1989. Effects of changing spatial scale on the analysis of landscape pattern［J］. Landscape Ecology, 3（3）: 153-162.

Xu F L, Tao S, Dawson R W, et al. 2001. Lake ecosystem health assessment: indicators and methods［J］. Water Research, 35（13）: 3157-3267.

第八章 | 白洋淀湿地生态系统健康动态模拟

湿地是重要的生态系统，具有丰富的资源、巨大的环境调节功能和生态效应。白洋淀湿地近几十年来在自然和人类活动的双重影响下，淀区干旱和污染现象严重，生态系统功能退化，湿地健康受到极大威胁。本章旨在利用数学模型，科学预测污染负荷输入与入淀水量调控所导致的水动力、水质及水生态变化，动态评价白洋淀湿地健康，即时反映湿地健康状态，为后续生态修复方案的研究及水质、水生态预测提供有力支持，为流域水环境实现动态管理提供理论依据；同时针对目前白洋淀湿地生态补水方案仅以水位和水量作为衡量标准的问题，研究以白洋淀湿地健康作为目标导向，根据湿地健康理念对生态修复方案进行评价，动态评价不同修复情景下白洋淀湿地的健康变化，有利于相关部门制定合理的生态修复政策。

第一节　水动力水质模拟模型构建

一、水动力水质模型选择

（一）模型选择

白洋淀属浅水型湖泊湿地，平均水深 1.3m 左右，无明显分层现象，水流和污染物质垂向混合相对比较均匀。在进行白洋淀水污染治理和规划过程中，人们普遍关心的是水流水质的平面分布特征。另外，项目搜集到的资料有限，且有限的资料大多是间断数据，不符合三维水环境模型对于输入条件的要求，因而从实际需求、运算速度、前期准备工作量等方面考虑，采用二维模型更为合适。研究最终选用 MIKE21 模型对白洋淀进行水质及水动力变化趋势的模拟。

MIKE21 模型是由丹麦水资源及水环境研究所设计和开发的二维数学模拟系统，该模型具有国际领先地位，并经过大量实际工程验证，已被水资源研究人员和专家学者广泛认同，共包括七个模块，本节应用水动力（HD）和水质及富营养化生态实验室（ECO Lab）模块。HD 模块作为水动力模拟模块，主要对水位和水深进行模拟；ECO Lab 模块作为水质模块，主要进行污染物扩散和分布的模拟。图 8.1 是 MIKE21 模型模拟计算流程。图

8.2 是 MIKE21 模型运行界面。

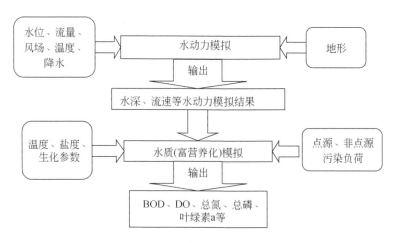

图 8.1 MIKE21 模型模拟计算流程

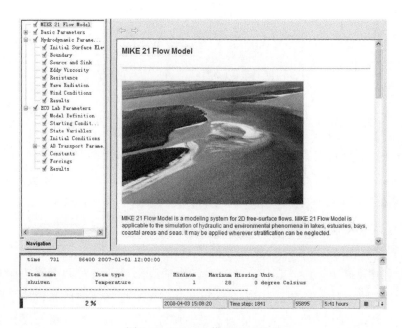

图 8.2 MIKE21 模型运行界面

　　HD 模块可以用来模拟湖泊、河口和海岸地区的水位变化及由各种作用力作用而产生的水流变化。HD 模块是 MIKE21 软件包中的基本模块，它为泥沙传输和环境水文学提供了水动力学的计算基础。HD 模型利用交替方向隐式（alternating direction implicit，ADI）迭代方法二阶精度的有限差分法对动态流的连续方程和动量守恒方程进行求解。

　　水质模拟应用 MIKE21 模型自带的 ECO Lab 模块，它是一个用于描述水质、富营养化、重金属和水生态的综合性系统模块。它可以用来描述化学、生物、生态过程和状态变量之间的相互作用，从而对人类活动引起的水质变化进行模拟。

（二）模型控制方程及离散格式

1. HD 模块

（1）控制方程

对于水平尺度远大于垂直尺度的情况，水深、流速等水力参数沿垂直方向的变化较之沿水平方向的变化要小得多，从而可将三维流动的控制方程沿水深积分，并取水深平均，得到沿水深平均的二维浅水流动质量和动量守恒控制方程组。

HD 模块中主要包括以下三个控制方程：

$$\frac{\partial \delta}{\partial t}+\frac{\partial p}{\partial x}+\frac{\partial q}{\partial y}=\frac{\partial d}{\partial t} \tag{8.1}$$

$$\frac{\partial p}{\partial t}+\frac{\partial}{\partial x}\left(\frac{p^2}{h}\right)+\frac{\partial}{\partial y}\left(\frac{pq}{h}\right)+gh\frac{\partial \delta}{\partial x}+\frac{gp\sqrt{p^2+q^2}}{C^2\cdot h^2}$$

$$-\frac{1}{\rho_w}\left[\frac{\partial}{\partial x}(h\,\tau_{xx})+\frac{\partial}{\partial y}(h\,\tau_{xy})\right]-\Omega_q-fV\,V_x+\frac{h}{\rho_w}\frac{\partial}{\partial x}(P_a)=0 \tag{8.2}$$

$$\frac{\partial q}{\partial t}+\frac{\partial}{\partial y}\left(\frac{q^2}{h}\right)+\frac{\partial}{\partial x}\left(\frac{pq}{h}\right)+gh\frac{\partial \delta}{\partial y}+\frac{gq\sqrt{p^2+q^2}}{C^2\cdot H^2}$$

$$-\frac{1}{\rho_w}\left[\frac{\partial}{\partial y}(h\,\tau_{yy})+\frac{\partial}{\partial x}(h\,\tau_{xy})\right]-\Omega_p-fV\,V_y+\frac{h}{\rho_w}\frac{\partial}{\partial y}(P_a)=0 \tag{8.3}$$

式中，t 为时间；H 为总水深，$H=h+\zeta$，ζ 为水位，h 为静止水深；p，q 分别为 x、y 方向上的流通通量；C 为谢才系数；Ω_p、Ω_q 为 x、y 方向上的水平应力；g 为重力加速度；f 为科里奥利力系数；P_a 为大气压强；ρ_w 为水的密度；V、V_x、V_y 为风速及在 x、y 方向上的分量；τ_{xx}、τ_{xy}、τ_{yy} 为有效剪切力分量。

（2）空间差分

HD 模型利用交替方向隐式迭代方法二阶精度的有限差分法对动态流的连续方程和动量守恒方程求解。所得的矩阵方程用追赶法求解，各微分项和重要的系数均采用中心差分格式，防止离散过程中可能发生的质量和动量失真与能量失真，泰勒级数展开的截断误差达到二阶至三阶精度。

（3）时间中心差分

方程矩阵采用二重扫除（double-sweep，DS）算法求解，即将一个时间步长中心差分，分为 x-sweep（t 从 n 到 $n+1/2$）和 y-sweep（t 从 $n+1/2$ 到 $n+1$）。

2. ECO Lab 模块

ECO Lab 是一个用于水质和水生态模拟的数值模块，可用来描述水体中的化学、生物和生态过程以及各状态变量之间的相互作用，也可以描述组分的物理沉降过程。ECO Lab

中的状态变量可以随着基于水动力的对流扩散过程或者更为固定的状态（如有根植物或蚌类）进行传输。

模型具有一定的开放性，用户不仅可以修改模型参数，更重要的是可以修改模型核心程序甚至编写新程序，然后将 ECO Lab 与 MIKE 11/21/3 的水动力（HD）模块、对应扩散（AD）模块集成计算。ECO Lab 主要包括三大子模块：水质（WQ）子模块、富营养化（EU）子模块和重金属（HM）子模块，本研究主要使用其中的水质子模块。水质子模块主要针对湖泊、海洋区域的污水排放引起的水质问题，如 BOD/DO 变化，富营养化和细菌污染。

WQ 子模块中描述污染物质在水体中迁移转化的平面二维运动基本方程为

$$\frac{\partial(hC)}{\partial t}+\frac{\partial(uhC)}{\partial x}+\frac{\partial(vhC)}{\partial y}=\frac{\partial}{\partial x}\left(E_x h\frac{\partial C}{\partial x}\right)+\frac{\partial}{\partial y}\left(E_y h\frac{\partial C}{\partial y}\right)+S+F(C) \tag{8.4}$$

式中，C 为污染物浓度（mg/L）；u、v 为沿 x、y 方向的流速分量；E_x、E_y 为 x、y 方向扩散系数（m/s^2）；S 为源（汇）项 [g/（m^2·s）]；$F(C)$ 为生化反应项。

WQ 子模块包括多个模拟模板以适用于不同的研究需要，本研究对模型自带的 MIKE 21/3 WQ with nutrients and chlorophyll-a（营养物质和叶绿素 a 水质）模块进行了优化和改进，共模拟 8 个状态变量，涉及的主要过程如下。

1）DO：大气复氧（Reaeration）+光合作用产氧（Photosynthesis）-呼吸作用耗氧（Respiration）-BOD 降解（BOD Decay）-底泥需氧量（SOD）-硝化耗氧（Oxygen consumption from nitrification）。

2）氨氮（Ammonia）：BOD 降解释放氨氮（Ammonia release from BOD）-硝化（Nitrification）-植物摄取（Plant uptake）-细菌摄取（Bacteria uptake）。

3）硝酸盐（Nitrate）：亚硝酸盐转化为硝酸盐（Nitrification2）-反硝化（Denitrification）。

4）亚硝酸盐（Nitrite）：氨氮转化为亚硝酸盐（Nitrification1）-亚硝酸盐转化为硝酸盐（Nitrification2）。

5）BOD：BOD 降解（BOD Decay）。

6）叶绿素 a（CHL）：叶绿素生产（Production）-叶绿素呼吸（Respiration）-叶绿素死亡（Death）-叶绿素沉积（Sediment）。

7）磷酸盐（Phosphate）：BOD 降解释放磷酸盐（Phosphate release from BOD）-植物摄取（Plant uptake）-细菌摄取（Bacteria uptake）。

（三）模型建模过程

水环境模型的建模步骤如下。

1）地形图准备：参照已有精度相对较低的 DEM 数据，结合人工定点实测，获取更为精细的白洋淀地形信息，利用地形矢量化工具生成矩形网格结构的初始地形文件，最终生成可用于构建模型的初始地形文件（*.dfs2）。

2）边界条件设定：全面考虑入淀河流及其他生态补水调度方案所涉及的入淀通道。HD 模块的边界条件包括水量、流量、水位、降水、蒸发等指标，ECO Lab 模块边界条件包括总氮、总磷、DO、BOD、叶绿素 a 浓度等。

3）参数设定：包括初始条件、底部糙率等水动力模拟参数，硝化速率、BOD 降解速率、反硝化速率等水质模拟参数，以及时间步长、模拟时段等模拟文件参数。

4）模型率定：水动力参数率定重点以水位为参照指标，水质参数率定选择 TN、TP、BOD、DO 等作为参照指标，选择典型年、典型水期数据进行误差分析，水动力参数率定设定指标误差不大于 10%，水质参数率定的指标误差可以略高，通过调整模型参数使模拟值与实测值有较高的吻合度。

5）模型验证：将率定好的参数应用到另一时期的水位与水质指标模拟中，与实测结果进行比照，验证模型的可移植性。

二、水动力水质模型构建

（一）地形数据获取

地形是淀区地理信息的载体，包含淀区底部的空间位置信息以及边界断面的位置，它是搭建模型的基础。一般可以通过栅格图形矢量化或者矢量数据直接生成而得到。由于目前白洋淀无大比例尺地形数据，也无可借鉴成果，且淀区地形复杂，水域范围内芦苇田、台地、村庄交错，无法采用基于多普勒效应的高科技手段进行测量，因此本研究在实地大面积选点测量的基础上，对整个淀区进行数字化，从而得到地形数据矢量图，最后构建矩形网格，具体技术路线见图 8.3。

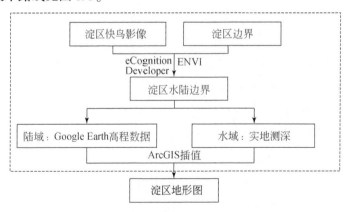

图 8.3 淀区地形数据获取的技术路线

（1）确定水陆边界

水陆边界确定主要通过白洋淀高精度遥感影像解译实现。高精度遥感影像数据为 2007 年快鸟数据，空间分辨率为 0.61m。研究区面积共 366km²，获取影像 27 景，基本覆盖整个淀区。

为了从整体上掌握淀区的地形状况，解译的土地利用类型分为耕地、林地、水域、建筑用地（村庄）、裸地、芦苇六类。确定土地利用类型后，在 ENVI4.4 和 eCognition Developer8.0 等遥感解译软件的支持下，采用面向对象的遥感湿地信息提取技术进行解译，解译结果见图 8.4。

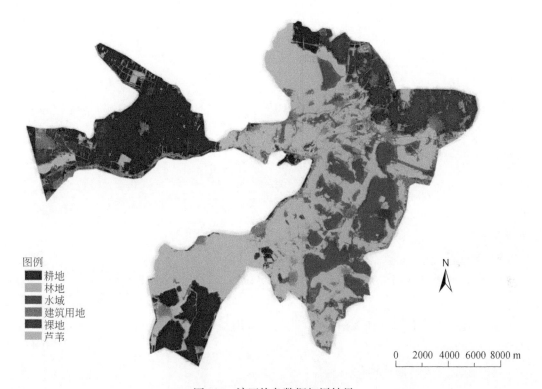

图 8.4　淀区快鸟数据解译结果

最后通过 ArcGIS 软件提取淀区内部水陆边界，提取结果见图 8.5。

（2）水域部分实测

水域部分的水深通过实地高密度布点人工测量得到。实地测深时间是 2010 年 10 月 15～25 日，根据实际情况以及广泛性布点原则，测量点的间距选择 50～300m，布点共计 2500 个。

（3）陆域部分高程提取

在解译结果图上确定陆域点位置，布点尽量分布广泛，且对水域附近的陆域尤其是岸线部分进行加密布点，以保证陆域的形状，最后通过 Google Earth 软件提取陆域部分的相

图 8.5　淀区水陆边界

应高程。

（4）数据整合

将水域、陆域、水陆边界用 ArcGIS 软件进行整合，最后共得到 3973 个测量点位的高程数据（图 8.6）。

将所有点位的高程数据在 ArcGIS 中通过反距离加权插值法进行插值，得到淀区地形矢量图（图 8.7）。

（5）MIKE21 网格地形转化

为了能够将地形矢量图应用到 MIKE21 中，需要进一步生成相应的 .dfs2 格式的地形文件。

MIKE21 的地形文件有两种网格结构：规则的矩形网格结构和不规则的三角网格结构。矩形网格计算速度快，地形制作较容易，故本研究的地形采用矩形网格结构。

通过 MIKE21 模型自带的 Bathymetries 工具箱，依照原始的地图文件，通过对水深值的设定和对陆地边界、等水深线的描绘，以及对模型计算区域的地理信息、计算网格的设定，利用一定的工具命令来实现地图的矢量化，最终生成可用于构建模型的初始地形文件（.dfs2）（图 8.8）。

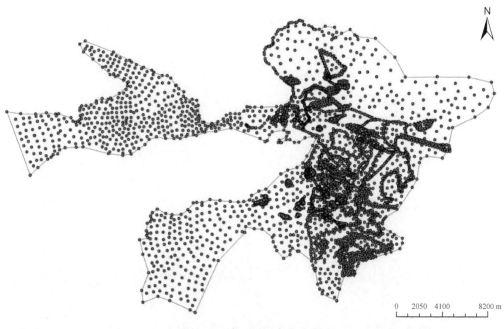

图 8.6 淀区测量点位分布

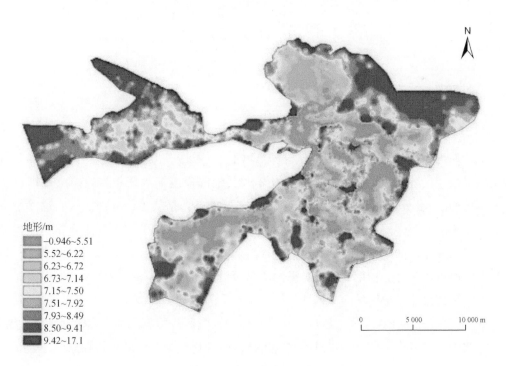

地形/m
- −0.946~5.51
- 5.52~6.22
- 6.23~6.72
- 6.73~7.14
- 7.15~7.50
- 7.51~7.92
- 7.93~8.49
- 8.50~9.41
- 9.42~17.1

图 8.7 淀区地形矢量图

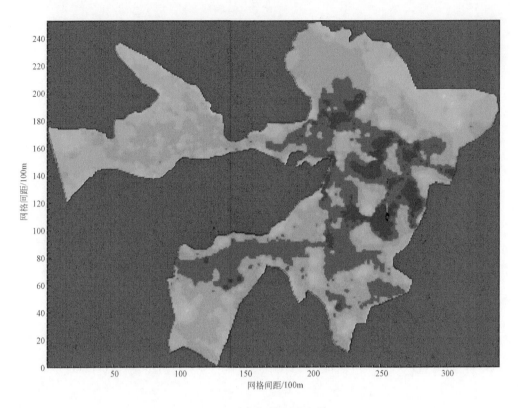

图 8.8　淀区初始地形文件

图 8.9 为淀区地形在 MIKE21 中的三维显示。

(二) 边界条件设定

成功使用 MIKE21 的重要条件是选择合理的边界条件。边界条件包括外部边界条件和内部边界条件,外部边界就是模型中那些不与其他河段或汇水区相连的端点 (即自由端点),物质流出此处即意味着流出模型区域,流入也必然是从模型外部流入,这些地方必须给定某种水文条件 (如流量、水位值等),否则模型无法计算;内部边界是指从模型内部某点流出或流入的地方,典型的例子包括降水径流的入流、工厂排水量、自来水厂取水量等,内部边界条件应根据实际情况设定,是否设定这些边界条件通常不会影响模型的运行,但会显著影响模拟结果的可靠性。

MIKE21 模型的 HD 模块主要进行水动力模拟,因此其边界条件主要包括水量、流量、水位、降水、蒸发等。ECO Lab 模块主要进行富营养化模拟,因此其边界条件主要是水质边界,如总氮、总磷、溶解氧、BOD 等物质的浓度。

边界条件主要通过时间序列文件导入 MIKE21 模型中,利用 MIKE Zero 中自带的时间序列边界器 (Time Series Editor),将获取到的调水、降水、气温、水质等资料数字化,建

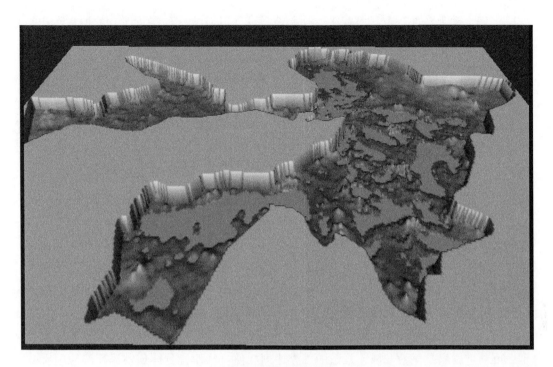

图 8.9 淀区三维地形

蓝色部分为水体；水位 6.42m

立符合 MIKE21 输入格式要求的文件（.dfs0 格式文件）。对于水动力边界，目前白洋淀仅有府河和孝义河两条河流常年有水入淀，其余河流均处于干涸状态，故仅将这两条河流的入淀水量作为流量边界。引黄济淀工程会定期对白洋淀进行补水，补水入淀口位于白洋淀南部的大树刘庄十二孔闸，这里也作为一个不定期的流量边界，用于率定水动力参数。

MIKE21 ECO Lab 模块的 WQ with nutrients and chlorophyll-a 模板共有 9 个状态变量，13 个辅助变量，6 个作用力变量，42 个常数。其中状态变量及作用力变量见表 8.1，其余参数参见 MIKE21 用户手册。对于水质边界，能获取到的资料有限，平均每月有一次监测数据，时间序列不连续，而在 MIKE21 的现有版本中，数据要求是等时间步长，这就意味着原始数据如有缺失，必须在导入之前通过内插等方式进行补充。因此，对于无法获得的参数采用模型推荐值，对于间断数据采用线性插值法进行插值，以获取等时间步长的数据。

（三）模拟参数

MIKE 模型的正常运行还需要设置部分参数，包括水动力参数、水质参数和模拟设置参数。水动力参数主要包括初始条件、涡黏系数和底部糙率，初始条件设定的一个很重要目的是让模型平稳启动，所以原则上初始水位和初始流量的设定应尽可能与模拟开始时刻的实际河网水动力条件一致。实践中，初始流量往往可以给一个接近于 0 的值，而初始水位的设定必须不能高于或低于湖床，否则可能导致模型不能顺利起算。

表 8.1　水质模块状态变量及作用力变量

参数属性	参数名称
状态变量（state variables）	溶解氧（DO）、生化需氧量（BOD）、叶绿素 a（Chla）、氨氮（NH$_3$-N）、硝酸盐氮（NO$_3^-$）、亚硝酸盐氮（NO$_2^-$）、总磷（TP）、总氮（TN）、高锰酸盐指数（COD$_{Mn}$）
作用力变量（forcing variables）	温度、盐度、水深、风速、流速、太阳辐射

涡黏系数和底部糙率是率定参数，应根据对模拟淀区的认识及模型计算结果确定，通常从模型推荐值开始率定。鉴于白洋淀淀区周边水域及某些特殊水域（如端村附近水域）芦苇分布众多，而挺水植物的密度和生长情况会对水动力场有明显影响，因此研究根据白洋淀遥感影像解译结果，并参考相关研究成果（顾峰峰，2006；惠二青，2009；王忖和王超，2010），对模型中土地利用类型为芦苇的网格和普通水域网格的涡黏系数和糙率系数分别取值，生成涡黏系数和糙率系数的二维序列文件，从而充分体现白洋淀湿地的实际特点，获得更好的水动力场模拟效果。

水质参数众多，需要根据模拟情况进行实时调整。模拟设置参数包括时间步长和启动方式的选择。设置时间步长经常要通过反复试算调整，与淀底地形与边界条件密切相关，并且原则上要满足柯朗数小于 10。

（四）模型率定

模拟参数的设定要根据淀区地形属性、污染物的传输环境及模拟的需要而确定（如底部糙率、污染物扩散系数等），由于实测这些参数存在困难，一般通过模型反复的率定和验证来确定。模型的率定是模型应用前的重要过程，通过率定最终确定模型计算过程中要用到的各个参数，以确保模型模拟的准确性。

水质模拟依赖于水动力场，水动力模拟的准确与否直接影响水质模拟的结果，因此水动力模型的率定至关重要。

水动力模型率定一般遵循以下三个基本原则：

1）流量过程线的形状要大致吻合，不出现较大的相位移动；

2）水位过程线的变化趋势要一致；

3）模拟结果和实测值要有较好的相关性，峰值误差的绝对值要尽量小。

2008 年 2 月下旬到 6 月下旬，白洋淀实施了生态补水，这一时段内水位监测数据较为完整，因此，从模型模拟准确性和运算时间方面考虑，本次模拟率定时段选择为 2008 年 2 月 20 日~6 月 20 日。模拟时间步长先选择 100s，普通水域的糙率系数和曼宁数先采用模型默认值，芦苇区域的糙率系数和曼宁数根据相关研究的取值范围赋值。

MIKE21 水动力模型初始条件设置见表 8.2。

表 8.2　MIKE21 HD 模块初始条件

参数	数值
模型配置文件	Baiyangdian. m21
网格地形	Baiyangdian. dfs2（共 1 143 个节点，85 428 个单元）
模拟时段	2008 年 2 月 20 日 12：00 ~ 6 月 20 日 12：00（121 天）
时间步长	100s
模拟步长数	124 544
干湿水深	干水深 0.3m、湿水深 0.4m
科里奥利力	随空间变化
风场	不随空间变化，随时间变化
降雨蒸发	随时间变化，不随空间变化
初始水位及流速	6.27m，各向流速皆为 0
弥散	横向、纵向扩散系数比例均为 1
初始温度	随空间变化，不随时间变化
模拟耗时	在硬件配置为 2.66 GHz CPU，4 096MB DDR RAM 条件下，大约 8 个小时

本次水动力模型的率定将端村水文站作为模型率定点位，选取获得的 2008 年监测数据作为率定数据，选择水位作为率定指标。最终通过反复调试，确定淀泊水域的糙率系数为 0.002，曼宁数为 32，芦苇水域的糙率系数为 0.005，曼宁数为 18，并取得较好的模拟结果。

将 2008 年 2 月 20 日 ~ 6 月 20 日这一补水时段的淀区水位监测值与模型模拟值进行比较（图 8.10 和图 8.11），可发现模拟值跟实测值之间虽有微小差别（最大绝对误差值为 8.2cm），但总体趋势保持一致，且与 $y=x$ 曲线斜率接近一致，平均相对误差为 0.43%。分析原因可能是实际情况会有雨水冲刷和人为排放污水进入淀区，从而导致水位模拟值较实测值略微偏低。综合分析，水动力模拟结果可以满足模型的精度要求。

与水动力模块参数率定方法类似，水质模块参数率定也要针对白洋淀实际特点，研究充分考虑水生植物对营养盐的去除作用，并结合水质模型参数设定的可操作性，体现水生植物的分布特点，同时参照相关文献（Tanner，1996；孙宇，2005；李兴等，2010）对模型中与水生植物分布相关的参数（正午最大产氧量、植物呼吸速率、沉积物需氧量）进行分区域取值，生成二维序列文件，从而获得与淀区实际更加符合的水质模拟结果。

白洋淀水质监测资料有限，因此模型中水质参数采用借鉴前人成果和模型默认值相结

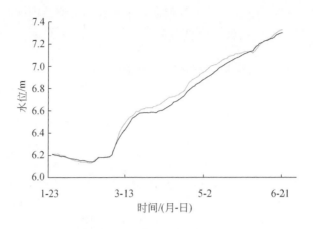

图 8.10　端村水文站水位率定

黑线代表模拟值，灰线代表实测值

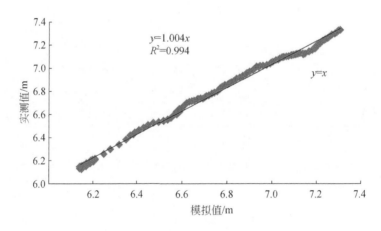

图 8.11　淀区实测与模拟水位的相关性

合的方法，并采用热启动方式，首先利用 2007 年数据对水质模型进行一年预热，消除模型初始条件的影响，然后以预热文件作为热启动文件，对 2008 年调水时期的水质进行模拟。对于需生成二维序列文件的三个参数（正午最大产氧量、植物呼吸速率、沉积物需氧量），普通水域先采用模型默认值，芦苇区域则根据相关研究的取值范围赋值；ECO Lab 模块中的其他水质参数则先采用模型默认值，在率定过程中不断进行修改调试。

选取与水动力率定相同的时段对水质参数进行率定。率定点选择具有代表性的端村和圈头两个水质监测点（图 8.12 ~ 图 8.15）。通过调研相关文献及对模型进行反复调试，最终 ECO Lab 模块中的水质常量参数设定见表 8.3。

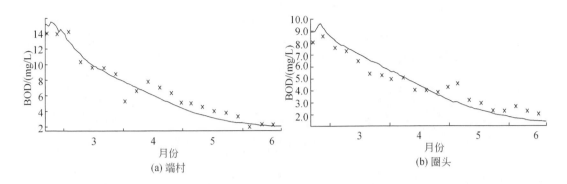

图 8.12　2008 年 BOD 模拟值（实线）与实测值（×）

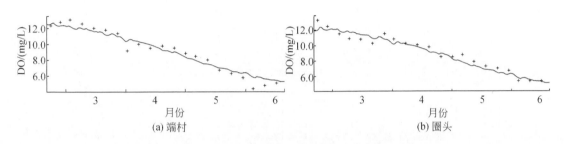

图 8.13　2008 年 DO 模拟值（实线）与实测值（+）

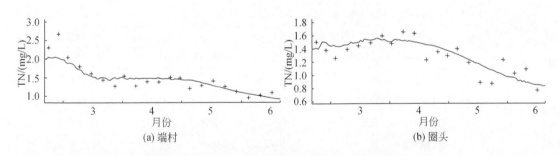

图 8.14　2008 年 TN 模拟值（实线）与实测值（+）

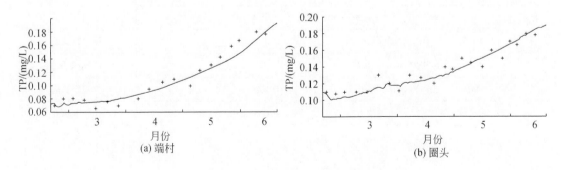

图 8.15　2008 年 TP 模拟值（实线）与实测值（+）

表 8.3　ECO Lab 模块参数设定

参数分类	参数符号	名称	参数取值	取值依据
BOD 过程	Kd3	BOD 一级衰减速率(20℃)	0.25/d	率定获取
	tetad3	衰减速率的温度系数	1.07	模型默认值
	hdobod	氧的半饱和浓度	2mg/L	模型默认值
氧过程	SD	透明度	0.4m	模型默认值
	pmax	正午最大产氧量	普通水域 $2g\ O_2/(m^2 \cdot d)$、芦苇区域 $6g\ O_2/(m^2 \cdot d)$	模型默认值 率定获取
	fi	正午时间校正系数	0	模型默认值
	resp	植物呼吸速率	普通水域 $1/(m^2 \cdot d)$、芦苇区域 $3/(m^2 \cdot d)$	率定获取
	teta2	呼吸作用的温度系数	1.08	模型默认值
	mdo	呼吸作用的半饱和浓度	2mg/L	模型默认值
	B1Sed	沉积物需氧量	普通水域 $1.75g\ O_2/(m^2 \cdot d)$、芦苇区域 $3g\ O_2/(m^2 \cdot d)$	率定获取
	tetab1	SOD 温度系数	1.07	模型默认值
	mdosed	SOD 的半饱和浓度	2mg/L	模型默认值
硝化反应过程	k4	硝化反应一级反应速率(20℃)	0.03/d	率定获取
	k7	硝化反应二级反应速率(20℃)	0.7/d	率定获取
	teta4	一级硝化反应的温度系数	1.088	模型默认值
	teta7	二级硝化反应的温度系数	1.088	模型默认值
	y1	一级硝化反应需氧量	$3.42g\ O_2/g\ NH_3\text{-}N$	模型默认值
	y2	二级硝化反应需氧量	$1.14g\ O_2/g\ NO_2^-$	模型默认值
	hdonit	氧的半饱和浓度	2mg/L	模型默认值
氨过程	y2d	BOD 衰减释放氨氮比例	$0.2g\ NH_3\text{-}N/g\ BOD$	率定获取
	Nplant	植物吸收氨氮量	0.066g N/g DO	模型默认值
	Nbact	细菌吸收氨氮量	0.109g N/g DO	模型默认值
	hsnh4	N 吸收的半饱和浓度	0.05mg/L	模型默认值
硝酸盐过程	k6	反硝化作用的一级反应速率(20℃)	0.1/d	模型默认值
	teta6	反硝化速率的温度系数	1.16	模型默认值
磷酸盐过程	Pplant	植物吸收磷酸盐含量	0.012g P/g DO	率定获取
	Pbact	细菌吸收磷酸盐含量	0.015g P/g DO	模型默认值
	hsphos	P 吸收的半饱和浓度	0.005mg/L	模型默认值

续表

参数分类	参数符号	名称	参数取值	取值依据
叶绿素过程	ksn	光合作用 N 限制的半饱和浓度	0.05	模型默认值
	ksp	光合作用 P 限制的半饱和浓度	0.01	模型默认值
	k11	初级生产中的碳氧比	0.2857mg C/mg O	模型默认值
	k8	叶绿素 a 死亡速率	0.01/d	率定获取
	k9	叶绿素 a 沉积速率	0.18m/d	率定获取

采用 R^2（Legates and McCabe，1999）及 E_{NS}（Nash and Sutcliffe，1970）对模型精度进行评价（表8.4），E_{NS} 计算公式为

$$E_{NS} = 1 - \frac{\sum_{i=1}^{n} (Y_i - Y_{si})^2}{\sum_{i=1}^{n} (Y_i - \bar{Y})^2} \tag{8.5}$$

式中，Y 为实测值；Y_s 为模拟值；$\bar{Y}$ 为实测值均值；n 为测值个数。

R^2 介于 0 ~ 1，数值越大表示模拟效果越好。E_{NS} 值在 $-\infty$ ~ 1，E_{NS} 越小表示模拟效果越差。

表 8.4　MIKE21 模型率定结果

指标	水位	端村				圈头			
		BOD	DO	TN	TP	BOD	DO	TN	TP
R^2	0.994	0.942	0.957	0.834	0.916	0.953	0.940	0.701	0.928
E_{NS}	0.989	0.935	0.942	0.789	0.884	0.916	0.932	0.631	0.913

从预测值和实测值的比较可以看出，BOD、DO 和 TP 的模拟较为精确，TN 模拟结果略有出入，这主要是因为入流和非点源排放的营养盐浓度是一个随机变化过程，偶然性很大，同时也不排除监测时人为因素影响和极端天气事件的干扰。综合来看，率定参数基本合理，模拟能较为准确地反映研究区的水质变化趋势。

（五）模型验证

将模型率定阶段确定的参数应用到 2008 年 8 ~ 12 月的白洋淀水位与水质模拟中，从而检验这套参数在时间上的可移植性。选取端村水文站、王家寨水质监测点作为验证站点，选择水位与水质作为验证指标（图 8.16）。

将 2008 年 8 ~ 12 月的淀区水位与水质的模拟值与实测值进行对比（图 8.17 和图 8.18），水位模拟最大绝对误差值为 5.9cm，平均相对误差为 0.14%，水质模拟结果基

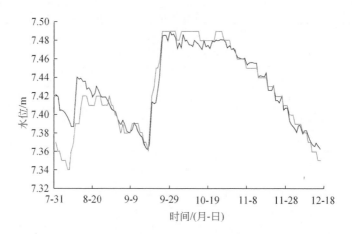

图 8.16   2008 年端村水文站水位验证

黑线代表模拟值，灰线代表实测值

本反映出实际的水质变化趋势（表 8.5），可以认为模拟效果较好，模型的可移植性较强，模型适用于白洋淀的水位水质模拟。另外更多、更为连续的监测数据有利于提高模型模拟的稳定性和准确性。

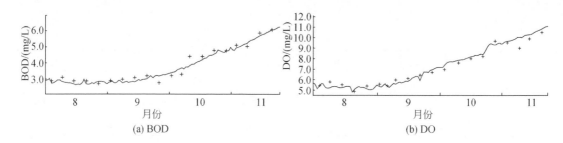

图 8.17   2008 年王家寨 BOD 与 DO 模拟值（实线）与实测值（+）对照

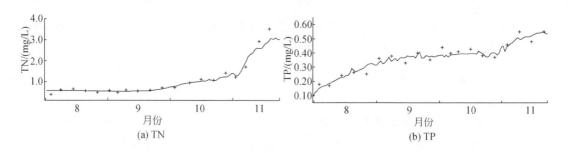

图 8.18   王家寨 TN 与 TP 模拟值（实线）与实测值（+）对照

表8.5　MIKE21 模型验证结果（王家寨样点）

指标	水位	BOD	DO	TN	TP
R^2	0.876	0.953	0.972	0.976	0.909
E_{NS}	0.865	0.948	0.953	0.945	0.909

（六）模型预测误差分析

构建的白洋淀水动力水质模型虽模拟效果较好，但仍存在一定误差，产生模型预测误差的原因主要包括以下几点。

（1）监测值存在误差

水质监测包括采样、水样保存及实验室分析等几个步骤，每个步骤都会引入误差。

（2）模型无法完全反映出生态系统复杂的过程

湖泊生态环境是一个充满不确定性因素、变化复杂的系统。作为污染物载体的水流变化由于受到气候、土壤、生物和人类活动的影响，是一个不确定的随机过程；进入水体的污染物成分和数量也是随时间和空间变化的不确定因素；由于水体的物理、化学、生物等作用影响，污染物在水体会经过稀释、扩散、分解和沉淀等不同途径的迁移，但水体的物理、化学、生物等作用是随时间和空间变化的不确定因素，这也使污染物的转移具有一定的不确定性。

（3）参数估计不够精确

受水文水质监测条件的限制，我国大部分湖泊尚未建立水质模型，缺少湖泊状态参数的数据资料。由于生态系统的复杂性，模型中包含很多需要率定的参数，而这些参数的率定非常困难（Harmon and Challenor, 1997）。本研究模型方程中的参数来源主要有相关文献资料中的经验值和实地采样分析结果。因为白洋淀具有不同的历史、地理位置、气候条件及自己的特性，相关文献中的经验值只是一个参考范围，一般的生态参数都没有具备足够的精度，且与白洋淀的实际状况有一定偏差；实地采样分析由于受到时间和空间的限制，只能反映特定时间、特定空间的湖泊状态。另外，随外界环境变化，水体环境的结构与功能亦随之发生变化，要客观准确地描述湖泊生态系统的这种真实变化，模型的结构与参数必须是可变的（卢小燕等，2003），但本研究建模过程中使用的参数是不变的。所以，水质预测模型中参数的估计过程增加了模型的不确定度。

（4）率定和验证数据量不足

实际所获得的数据是每月一次的预测值，而模型的步长为一天，它要求输入日尺度的实测值，为了补充数据不足，研究采用直线插值法根据月尺度的观测结果，获得日尺度的观测值，这样产生的数据会与实际值之间存在一定误差。

第二节　水生态模拟模型构建

一、湿地水生态模拟分区

（一）分区方法

以往构建的白洋淀生态系统模型多把白洋淀看成一个整体来进行分析，但白洋淀湿地地形复杂且生长有大量的水生植被，不同区域生态系统组成和结构差别较大，对研究区进行整体分析会产生较大误差。针对这一问题，研究根据白洋淀的不同区域特点在水生态模型构建前对白洋淀进行分区，根据区域特点构建独立的水生态模型，再通过一定的数学方法将不同分区的水生态模型进行耦合，从而保证水生态模型的模拟结果更符合白洋淀实际。研究采用系统聚类分析的方法对整个白洋淀淀区进行模拟分区。

聚类分析是定量研究分类问题的一种多元统计方法，它是根据同一类中的个体有较大相似性（或变量）之间相似度的统计，采用某种聚类方式，确定样品（或变量）之间的亲疏关系，将样品（或变量）分别聚类到不同的类中。

研究将各样点监测数据进行聚类分析，聚类方法选择研究中最常用的系统聚类法，距离测量选择欧氏距离平方，聚类方式选择组间连接法。

系统聚类分析是根据样本自身属性，用数学方法按照某种相似性或差异性指标，定量确定样本之间的亲疏关系，并按这种亲疏关系程度对样本进行聚类的方法（徐建华，2006）。其基本思想是认为我们所研究的样本之间存在某种程度的相似性。首先，将要归类的 n 个样本各自看成一类，然后按事先规定的方法计算样本之间的距离，衡量两两之间的密切程度，将关系最密切的两类合并，其余不变，即得 $n-1$ 类；又按事先规定的方法重新计算各类之间的距离，又将关系最密切的两类合并，其余不变，即得 $n-2$ 类；依次下去，每归类一次就减少一类，直至 n 个样本归为一类为止（杨晓华等，2008）。

系统聚类的分析步骤如下。

（1）数据标准化

在聚类分析中，聚类要素的选择是十分重要的，它直接影响分类结果的准确性和可靠性。一般被聚类的对象都是由多个要素构成，且不同要素的数据往往具有不同的单位和量纲，其数值的差异也是很大的，这就会对分类结果产生影响。因此当分类要素的对象确定之后，首先要进行数据标准化以统一量纲（徐建华，2002）。

数据标准化的方法主要有总和标准化、标准差标准化、极大值标准化和极差标准化。本研究采用极差标准化法。

（2）距离计算

距离是样本之间差异度的测度，差异性越大，则相似性越小，所以距离是系统聚类分析的依据和基础。将每一样本看成 n 维空间的一个点，在这 n 维空间中定义距离，距离近的点归为同一类，距离较远的点归为不同的类（何晓群，2008）。

样本之间的距离主要包括以下几种：绝对值距离、欧氏距离平方、闵可夫斯基距离和切比雪夫距离。本研究采用欧氏距离平方。

（3）系统聚类

系统聚类分析即根据距离大小对样本进行合并的过程。最常用的聚类方法有直接聚类法、最短距离聚类法和最远距离聚类法。本研究采用组间连接法中的最短距离法，就是将距离最近的两个样品合并为一类，并使合并两类的结果为所有的两两项对之间的平均距离最小。

（二）水生态模拟分区

采用系统聚类分析方法，根据生态调查得到的水动力、水质和水生态数据对白洋淀14个采样点进行聚类分析，为避免单次采样可能出现的采样点异常值情况，将各指标值的五次水生态调查数据进行加和平均，构成新的数据集进行系统聚类分析，聚类结果见图8.19。

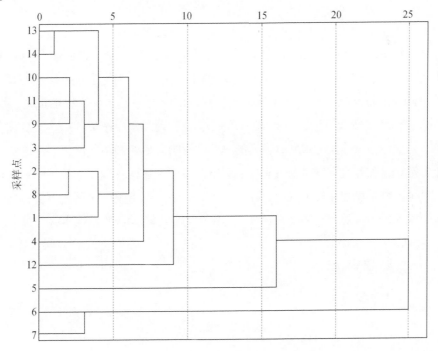

图8.19　系统聚类分析树状图

鉴于生态系统模型构建和模型率定都需要一定时间，考虑到研究的可完成性，白洋淀模拟分区不宜过多，研究根据聚类分析结果将白洋淀分为四片区域进行模拟：第一分区为府河入淀口附近水域（包括南刘庄、府河入淀口和鸳鸯岛三个点位）；第二分区为淀区中心水域；第三分区为枣林庄附近水域；第四分区为端村附近水域（图8.20）。

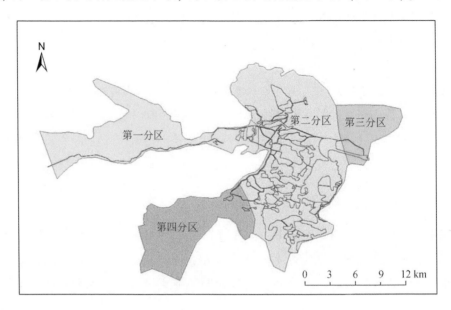

图8.20　白洋淀生态分区结果

这与通过现场生态调查和查阅相关文献所得出的结果基本一致：样点5（鸳鸯岛）、样点6（南刘庄）和样点7（府河入淀口）均位于府河入淀口附近，受府河挟带大量污染物的影响，水质严重恶化，同时该水域位于白洋淀的旅游中心区，来往船舶众多，人为干扰强度较大；由解译图像可知，样点12（端村）位于芦苇种植密集区，芦苇是优良的水体净化植物，对水体中营养盐的浓度有较大的季节性影响，另外，端村位于水产养殖密集分布区，网箱养殖投饵和养殖业排泄物造成水体污染严重，上述两种因素导致该样点水域的生境与白洋淀其他水域生境存在较大差别；样点4（枣林庄）位于整个淀区的下游，离上游污染源较远，且水深较大，受人类活动干扰少，湿地生态状况较为自然，健康状态相对较好。

二、水生态模型构建

（一）建模过程

典型的湖泊湿地生态系统模型以质量平衡方程为基础，主要考虑物理迁移扩散、生化反应以及源汇等因素，模拟的对象包括细菌、浮游动植物和底栖生物及鱼类等的生长与死亡、生源要素（主要是碳、氮、磷）的循环以及 BOD、DO 等的变化过程。建立湖泊湿地生态系统模型包含以下几个主要步骤：问题定义、概念框图、系统过程的数学表达、模型的程序实现、有效性验证、灵敏度分析、参数估计和校正以及证实等。一些编程语言、科学计算工具和模拟语言等都可用来编程模拟生态学过程，本研究选用 STELLA 软件来编程模拟白洋淀的生态学过程。

STELLA 软件是国际上第一款基于概念图标界面的用户友好型系统动力学软件。STELLA 软件基于"（栈）存量–流"模式，是面向对象的程序语言，因其具备强大的建模环境和简便的操作方式而备受国内外科研学者的推崇。

STELLA 软件操作简便，建模基于图标对象，有功能强大的输入输出、导航演示、错误检查、调试验证等功能，是建模的理想工具。其基本特点可概括为：关系图式化、输入简单化、结果图表化、修改随意化。

利用 STELLA 建模的基本步骤包括：①描述系统。明确建模目的和所要解决的问题，分析系统与环境的关系，划定系统边界，分析主要矛盾和变量。②系统结构分析。分析系统整体与局部的反馈关系，划分系统的层次与子结构，分析变量间的关系、回路间的反馈耦合关系，确定变量关系图。③建立变量间的规范方程式或半定性的描述性关系式或输入参数，将因果关系的假设表示成系统过程中的积变量和速率变量的关系。④敏感性分析。⑤模型的率定和验证。⑥模型模拟。⑦模型应用与评估，进行环境条件的假设和情景分析。

构建的白洋淀湿地生态系统模型中的状态变量应包括白洋淀健康评价体系中的生态指标，根据前文所述的健康表征备选指标，并结合实际生化反应过程，拟选取的状态变量包括水生植物生物量、浮游植物生物量、浮游动物生物量、有机碎屑含量等。基于 STELLA 软件平台，构建白洋淀湿地各分区的水生态模型。

生态模型构建的基本原则是既要根据研究目的考虑必要的生物化学过程，又不使模型过于复杂。鉴于此，本研究构建的水生态模型的基本假设如下。

1）STELLA 模型为箱式均匀模型，因此假设各分区水域内所有状态变量和参数都与其水平和垂直空间位置无关，即不存在空间异质性。

2）在模拟时间段内，两个分区交界处各点状态变量输入浓度保持不变。

3）在适宜的光照、温度、pH 和充足营养物的条件下天然水体中浮游植物（藻类）通过光合作用合成自身的原生质，其基本反应式为

$$106CO_2 + 16NO_3^- + HPO_4^{2-} + 122H_2O + 18H^+ + 能量 + 微量元素 \longrightarrow C_{104}H_{263}N_{16}P + 138O_2$$

$$(8.6)$$

由式（8.6）可知，在浮游植物生长所需的各种成分中，C、N、P 是比较重要的营养元素，但它们并非都是藻类生产力的指标和主控因子。根据利比希最小因子定律，限制藻类生产量的物质是碳、氮和磷，三者缺一不可。CO_2 由空气供给，故水体中 N、P 含量及

其比值是决定藻类生长的关键，N、P 营养盐对藻类和水生植物的生长起制约作用，是湖泊湿地的主控因子。根据相关文献（梁宝成等，2007；李经纬，2008；陈新永等，2010；张家瑞等，2011），研究认为白洋淀湿地是典型的磷限制型浅水湖泊。模型的营养盐限制条件只考虑磷对藻类和水生植物的影响，以使模型简化。

对于控制因子的形态问题，水域中磷元素的存在形态包括正磷酸盐、偏磷酸盐、聚磷酸盐和有机磷，其中正磷酸盐占绝大部分。对于藻类等初级生产者，最为重要的磷形态是正磷酸盐。由于磷在水域中的循环过程十分迅速，其他形态的磷也有可能转化为正磷酸盐，如细菌和原生动物在代谢过程中，将有机磷转化成正磷酸盐。因此本研究构建的水生态模型中所包含的状态变量溶解态无机磷仅指正磷酸盐。

4）白洋淀是典型的草型湖泊，水生植物在白洋淀水生态系统中占主导地位，有必要在模型中体现其在水生态系统中的转化过程和对其他生态变量的影响。

（二）模型结构

白洋淀各分区水生态模型均包括 6 个状态变量：水生植物生物量（SP）、浮游植物生物量（A）、浮游动物生物量（Z）、有机碎屑含量（D）、孔隙水中溶解态无机磷含量（PPP）、水体中溶解态无机磷含量（P）。各状态变量间的转化过程见图 8.21。

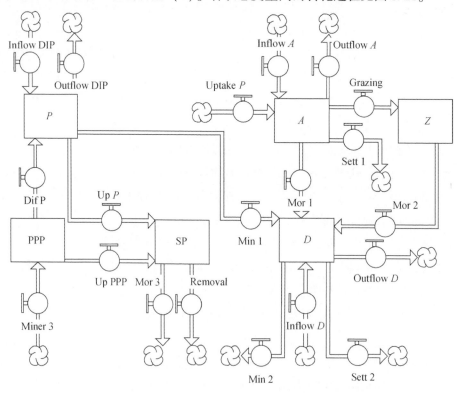

图 8.21　水生态模型中各变量间的转化示意

模型的主要外部变量包括水位（water level）、水温（T）、太阳辐射强度（SR）和水体中溶解态无机磷含量（徐菲，2011），各状态变量输入输出过程及主要参数见表 8.6。

表 8.6　各状态变量转化过程

符号	含义	单位
Uptake P	浮游植物从水体中摄取溶解态无机磷	mg/(L·d)
Grazing	浮游动物捕食浮游植物	mg/(L·d)
Mor1	浮游植物自然死亡	mg/(L·d)
Sett1	浮游植物沉降	mg/(L·d)
Mor2	浮游动物自然死亡	mg/(L·d)
Up P	沉水植物从水体中摄取溶解态无机磷	mg/(L·d)
Up PPP	沉水植物从孔隙水中摄取溶解态无机磷	mg/(L·d)
Mor 3	沉水植物自然死亡	g/(m²·d)
Removal	沉水植物的收割	g/(m²·d)
Sett2	有机碎屑沉降	mg/(L·d)
Min 1	有机碎屑矿化为溶解态无机磷	mg/(L·d)
Min 2	有机碎屑矿化为其他物质	mg/(L·d)
Miner 3	沉积物中溶解态无机磷向孔隙水中释放	mg/(L·d)
Inflow DIP	溶解态无机磷输入	mg/(L·d)
Outflow DIP	溶解态无机磷输出	mg/(L·d)
Dif P	孔隙水中溶解态无机磷向水体中扩散	mg/(L·d)
Min 3	沉积物中可交换磷的矿化	mg/(L·d)
Inflow D	有机碎屑输入	mg/(L·d)
Outflow D	有机碎屑输出	mg/(L·d)
Inflow A	浮游植物输入	mg/(L·d)
Outflow A	浮游植物输出	mg/(L·d)

模型输入项（可控变量）包括水体中溶解态无机磷含量、水位、水深、水温和太阳辐射强度；模型输出项包括浮游植物生物量、水生植物生物量、浮游动物生物量、有机碎屑含量、孔隙水中溶解态无机磷含量、水体中溶解态无机磷含量、生态能质、结构能质和水生生物对 TP 的缓冲能力。

（三）敏感性分析

对生态系统各种复杂反应机理的不完全理解等一些客观因素会使模型参数具有很大的不确定性，模型参数的不确定性必然会使模型运行的结果存在不确定性。要提高模型预测的精度，就需要提高模型各参数的精度，即降低模型各参数的不确定性。然而水生态模型中包含了大量的模型参数，它们反映了水生态系统中各主要成分之间复杂的物理、化学、生物关系，要提高每一个参数的精度难度很大。此外，由于自然界是一个非常复杂的系统，每一个生态过程都受各种各样的不确定性因素影响，所以某些参数的不确定性是无法降低的。因此，需要通过敏感性分析来评价各个参数的不确定性对模型运行结果的影响。通过敏感性分析可以确定模型各参数对输出结果影响的大小，在模型校正过程中重点考虑那些对输出结果影响大的参数，对于那些对模型结果几乎没有影响的参数可以不予考虑，这在很大程度上可以减小模型校正的工作量。敏感性分析也具有很重要的生态学意义：通过敏感性分析，可知模型对哪些参数的变化敏感，从而可以确定各参数对模型所模拟的生态过程的影响程度（徐崇刚等，2004）。

敏感性分析是指从定量分析的角度研究有关因素发生某种变化对某一个或一组关键指标影响程度的一种不确定分析技术，其实质是通过逐一改变相关变量数值的方法来解释关键指标受这些因素变动影响大小的规律，主要采用敏感系数度量（李新艳等，2011）。

水生态模拟的过程，也就是对系统模型进行识别、对模型参数进行估计、再与实测数据进行验证、反复调试的过程。从原则上来讲，对于指定水域的模型参数都应该通过一系列试验来确定，或者通过对水域的系统观测来确定，但在实际情况中由于受到各方面条件的限制，很难采用该方法对模型参数进行确定，故本研究采用理论推理、总结前人研究经验等方法来确定参数的取值范围。

研究采用扰动分析法对模型参数进行敏感性分析，即首先确定一组待分析的输入参数作为目标参数，然后通过保持其他参数不变，依次改变其中某一目标参数的取值（本研究取±20%的参数改变量），获得相应模型输出的变化，并计算敏感性指数（I）来反映状态变量对参数变化敏感程度的过程。这种分析方法可以获得特定情景下模型输出对于目标参数的响应敏感性。I通过式（8.7）计算：

$$I=\frac{(y_2-y_1)/y_0}{2\Delta x/x_0} \tag{8.7}$$

式中，y表示状态变量；x表示参数；y_0表示参数x取初始值x_0时的状态变量模拟结果；y_1表示参数x取$x_0-\Delta x$时的状态变量模拟结果；y_2表示参数x取$x_0-\Delta x$时的状态变量模拟结果。同时，用某一参数对6个状态变量敏感性绝对值的平均值$|I|$来表征这一参数在生态模型中的整体敏感性大小。Δx取x_0的20%进行计算。I值越大，表明参数越敏感。水生态模型中敏感性分析模块界面如图8.22所示。

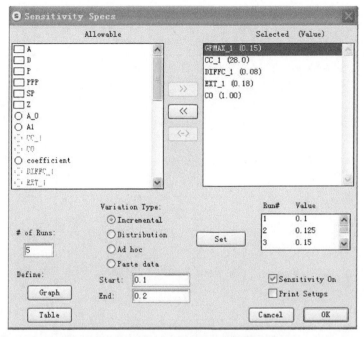

图8.22　水生态模型中敏感性分析模块界面

　　水生态模型的参数敏感性分析主要针对21个参数进行，分别分析了其对浮游动物生物量（Z）、有机碎屑含量（D）、水体中溶解态无机磷含量（P）、沉水植物生物量（SP）和浮游植物生物量（A）五个状态变量的敏感程度，部分敏感度分析曲线见图8.23 ～图8.27，分析结果见表8.7。其中敏感度分析曲线中的1～5分别表示变化量为初始值20%的五次模拟结果。

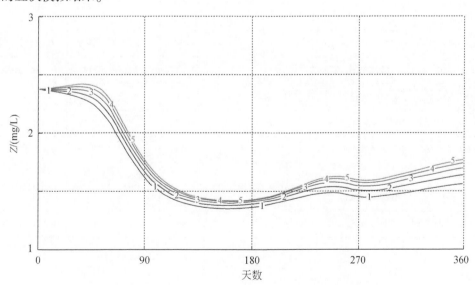

图8.23　浮游动物承载力（CC）对浮游动物生物量（Z）的影响

表 8.7　参数敏感性分析结果

参数（初始值）	定义	S-P	S-D	S-PPP	S-A	S-Z	S-SP	$|\bar{I}|$
CC（20）	浮游动物承载力	0.364	−0.234	0.122	−0.324	0.175	0.018	0.206
DIFFC（0.1）	扩散速率	0.051	0.094	−0.213	0.107	0.072	−0.005	0.090
EXT（0.2）	遮光效应系数	4.617	−3.170	3.836	−8.583	−1.979	−0.531	3.786
GAMAX（5）	浮游植物最大生长率	0.057	0.790	0.030	1.475	0.412	0.884	0.608
GPMAX（0.2）（针对摄取水体中营养物）	沉水植物最大生长率	−1.215	−2.280	−0.584	−3.125	−2.086	0.280	1.595
GPOVMAX（0.05）（针对摄取孔隙水中营养物）		−1.019	−2.227	−2.243	−2.615	−1.760	0.126	1.665
GZMAX（0.1）	浮游动物最大生长率	0.003	0.234	0.000	0.452	0.085	0.484	0.210
KA（0.5）	针对不同过程的米氏常数	−0.601	0.406	−0.191	0.579	−0.082	−0.025	0.314
KI1（300）		0.300	−0.231	0.102	−0.339	−0.160	0.014	0.191
KI2（400）		−0.052	0.274	0.123	0.345	0.186	−0.033	0.169
KP（0.03）		0.928	−0.785	0.266	−0.948	−0.644	0.073	0.607
KPP（0.02）		−0.613	0.473	−0.104	0.571	0.272	−0.108	0.357
KPP1（0.02）		0.000	0.115	0.137	0.137	0.087	−0.006	0.080
MA（0.1）	浮游植物最大死亡率	0.027	0.401	0.015	1.214	0.169	0.199	0.338
MSP（0.01）	沉水植物最大死亡率	−1.845	1.354	−0.535	1.861	0.857	−0.015	1.078
MZ（0.05）	浮游动物最大死亡率	0.005	0.534	0.005	0.725	0.135	0.367	0.295
NDC（0.3）	有机碎屑矿化速率	−0.398	0.043	−0.066	0.886	0.481	−0.017	0.315
SDR（0.1）	有机碎屑沉降速率	−0.069	−0.378	−0.032	−0.294	−0.137	0.000	0.152
SDRA（0.1）	浮游植物沉降速率	0.006	0.114	0.006	0.285	0.017	0.142	0.095
thresh（0.3）	浮游动物捕食浮游植物的临界浓度	−0.309	0.199	−0.111	0.269	−0.120	−0.014	0.170
water ratio（0.5）	沉积物含水率	3.766	−1.247	1.480	−1.614	−0.624	−0.052	1.464

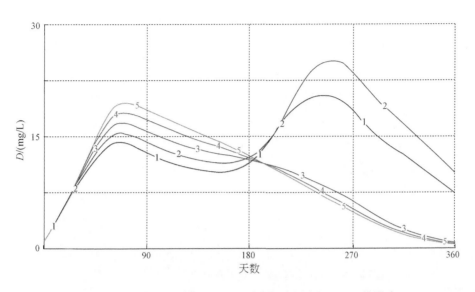

图 8.24 遮光效应系数（EXT）对有机碎屑含量（D）的影响

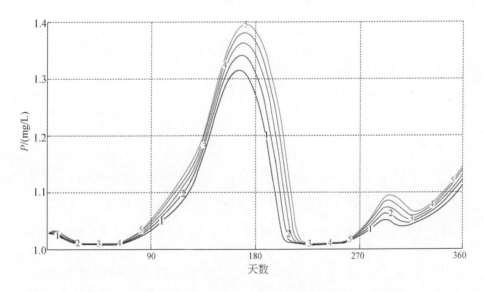

图 8.25 米氏常数 KP 对水体中溶解态无机磷含量（P）的影响

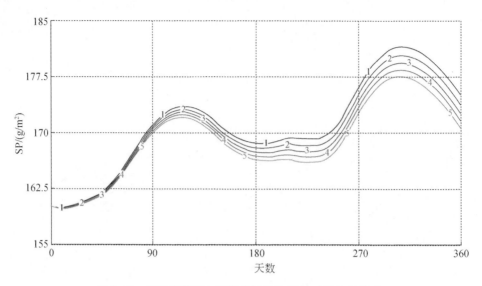

图 8.26　米氏常数 KI2 对沉水植物生物量（SP）的影响

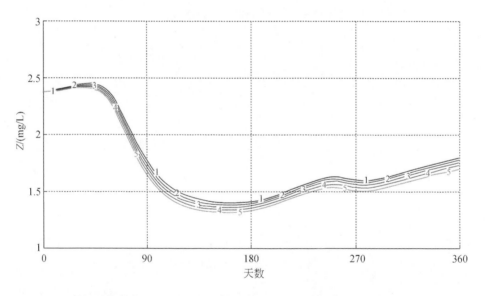

图 8.27　浮游动物捕食浮游植物的临界浓度（thresh）对浮游动物生物量（Z）的影响

参考 Lenhart 等（2002）研究结果，并结合水生态模型敏感性分析，设定参数敏感程度标准（表 8.8）。

表 8.8　参数敏感程度标准

等级	I 值范围	敏感程度
I	$0 \leqslant \lvert I \rvert < 0.05$	低
II	$0.05 \leqslant \lvert I \rvert < 0.50$	中
III	$0.50 \leqslant \lvert I \rvert < 1.00$	高
IV	$\lvert I \rvert \geqslant 1.00$	极高

分类结果表明（表8.9），部分参数对某些状态变量的变化起到决定性作用，如浮游植物生物量对 EXT、GPMAX、GPOVMAX、MSP、water ratio、GAMAX 和 MA 这七个参数最为敏感，这些参数的变化会对浮游植物生物量的变化有较大影响。比较 $|I|$ 可知，在21 个参数中，EXT、MSP、GPOVMAX、GPMAX 和 water ratio 对大部分状态变量均较为敏感。

表8.9　各状态变量对应敏感参数

状态变量	高敏感参数	极高敏感参数
A	KA、KP、KPP、NDC、MZ	EXT、GPMAX、GPOVMAX、MSP、water ratio、GAMAX、MA
P	KA、KP、KPP	EXT、GPMAX、GPOVMAX、MSP、water ratio
PPP	GPMAX、MSP	EXT、GPOVMAX、water ratio
Z	KP、MSP、water ratio	EXT、GPMAX、GPOVMAX
D	KP、GAMAX、MZ	EXT、GPMAX、GPOVMAX、MSP、water ratio
SP	EXT	—

本研究在进行模型参数率定时以浮游植物和水生植物相关反应涉及的参数为核心，兼顾其他重要变量。对于受自然环境条件影响不大的参数，如浮游植物及有机碎屑沉降速率、湖泊中浮游动物承载能力、浮游动物捕食浮游植物的临界浓度等参数，参考国内外比较成熟的研究成果来确定（Håkanson and Boulion，2003；杨漪帆，2008；杨靖，2010）。对于某些受自然环境影响较大的参数，如浮游植物的饱和生长率、浮游动物的饱和生长率、遮光效应系数等则根据相关水域的研究并结合白洋淀实测值率定或者根据相关经验公式推算（Håkanson and Boulion，2002；Håkanson et al.，2003；Zhang et al.，2004）。

第三节　水动力-水质-水生态联合模拟模型构建

一、分区模型连接

针对四个分区（分箱）水生态模型的连接问题，研究设置了三种可在箱体间迁移的状态变量——浮游植物、有机碎屑和溶解态无机磷（图8.28），浮游动物因其自身具有可移动性，一般不会随水流迁移，故不考虑其在箱体间的迁移。

箱体间的物质浓度边界条件采用式（8.8）进行计算：对于箱体 X_n 中的状态变量 N 而言，其入流浓度为

$$C_n = C_{n-1} \times F \times S_{cs} / V_n \tag{8.8}$$

式中，C_{n-1} 表示前箱 X_{n-1} 中 N 的浓度；F 表示两箱体间的截面流速；S_{cs} 表示截面面积；V_n

图 8.28　箱体间物质流动示意

表示箱体 X_n 的体积。其中，

$$S_{cs} = L \times D_{cs} \tag{8.9}$$

式中，L 表示断面长度；D_{cs} 表示断面平均水深。

$$V_n = A \times D \tag{8.10}$$

式中，A 表示箱体水面面积；D 表示箱体平均水深。

淀区的水面面积是不断变化的，为了简化模型运算，先用 MIKE21 模拟出每个箱体中的水位及对应的水面面积，并将两者进行回归分析，则

$$V_n = A \times D = K \times WL \times D \tag{8.11}$$

式中，K 为回归系数；WL 为水位。

根据 MIKE21 水动力模块的模拟结果，可得到四片分区的水位 $x(\text{m})$ –水面面积 $y(\text{m}^2)$ 回归方程，即

第一分区：$y = 233.3x - 1086$

第二分区：$y = 2986.0x - 11\,663$

第三分区：$y = 461.9x - 2510$

第四分区：$y = 1438x - 7083$

F、S_{cs}、V_n、L、D_{cs} 均可由 MIKE21 直接模拟得出，用 MIKE21 中的选择（Selection）和计算（Calculation）功能进行数据提取，输出的时间序列经转化后输入到水生态模型中作为模型的输入条件。通过以上计算和连接方法，四个独立的水生态模型被耦合成一个相互关联的完整地白洋淀湿地水生态模型，可以对指标体系中的水生态指数进行模拟。

二、模型率定

模型校准数据来源于 2009 年 8 月～2010 年 8 月生态调查期间获取到的水生态数据，数据基本可以完整地反映各水生态指标的年内变化趋势。

从校准数据可以看出，采用系统聚类分析方法得到的白洋淀水生态分区结果很好地反映了整个淀区湿地的内部差异：第一分区的水体中溶解态无机磷和孔隙水中溶解态无机磷

的含量在四片分区中最大,这主要由府河来水水质较差导致;第三分区在四片分区中水质最好,故浮游植物生物量也最小;第四分区是芦苇密集区,生态指标季节变化最为明显,秋冬季节由于芦苇的收割和自然死亡,水生植物对营养盐的去除能力下降,溶解态无机磷含量明显上升。

生态模型中包含的水生态过程均比较复杂,涉及的参数众多,因此参数率定是模型构建过程中一个非常重要的环节,率定重点则是通过参数灵敏度分析筛选出来的对模型敏感性影响较强的参数,研究采用传统的模型率定方法,即通过查阅相关文献确定各敏感参数的取值范围,通过比较实测值与模拟值,进行水生态模型各参数值的精细调整。

在四个模拟分区中各选取一个典型点位水域——南刘庄(第一分区)、采蒲台(第二分区)、枣林庄(第三分区)和端村(第四分区)作为模型率定依据分别进行参数调整。模型率定结果如图 8.29 ~ 图 8.32 所示。

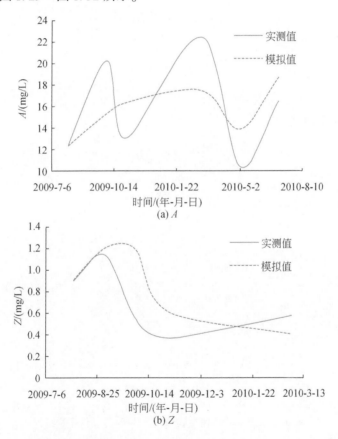

图 8.29　南刘庄浮游植物生物量(A)和浮游动物生物量(Z)实测值与模拟值比较

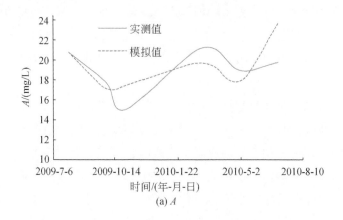

(a) A

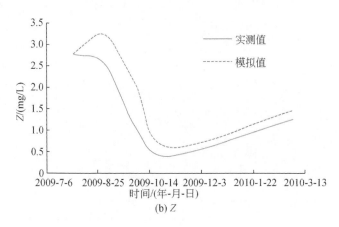

(b) Z

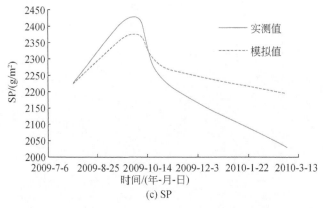

(c) SP

图8.30 寨南浮游植物生物量（A）、浮游动物生物量（Z）
和水生植物生物量（SP）实测值与模拟值比较

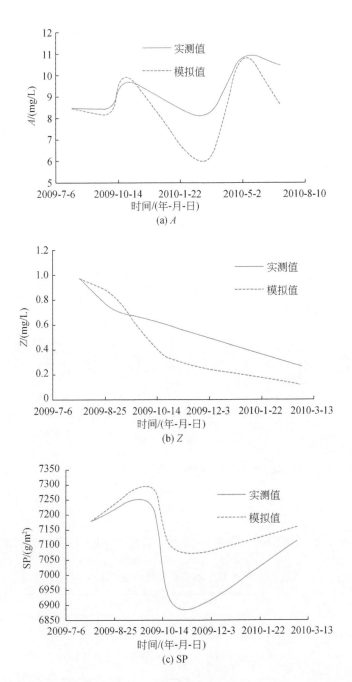

图 8.31　枣林庄浮游植物生物量（*A*）、浮游动物生物量（*Z*）和水生植物生物量（SP）
实测值与模拟值比较

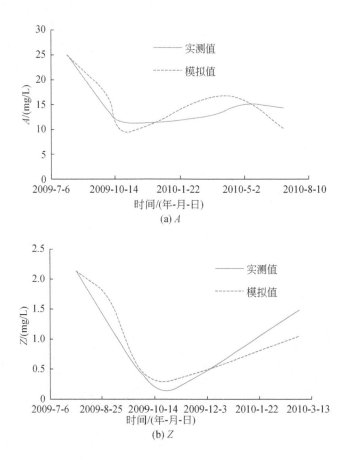

图 8.32　端村浮游植物生物量（A）和浮游动物生物量（Z）
实测值与模拟值比较

仍采用决定性系数及 Nash-Sutcliffe 效率系数对模型精度进行评价（表 8.10）。

表 8.10　水生态模型率定结果

指标		各分区率定结果			
		第一分区	第二分区	第三分区	第四分区
R^2	A	0.321	0.428	0.598	0.736
	Z	0.321	0.850	0.885	0.848
	SP	—	0.878	0.827	—
E_{NS}	A	0.315	0.309	0.216	0.651
	Z	0.250	0.629	0.551	0.844
	SP	—	0.900	0.417	—

可以看出，水生态模型能很好地反映出白洋淀水生态指标的变化趋势，但峰值吻合程

度较差，考虑到水生态过程的复杂性，峰值的误差在可接受范围之内。分析 R^2 及 E_{NS} 的计算结果，第二、第三、第四分区的模拟效果明显好于第一分区，主要原因是第一分区位于府河入淀口附近，受到府河挟带污染物及农村面源污染影响严重，氮、磷浓度异常高，属于典型的非响应型湖泊，非响应型湖泊的生物量与营养盐关系常会出现与常规湖泊不同变化规律的异常现象，其营养状态、生态系统结构等都具有明显的特殊性（赵章元等，1991；龙邹霞和余兴光，2007），导致第一分区的模拟精度较低。综合来看，构建的生态模型仍能很好地反映白洋淀水生态系统的变化趋势，且模拟精度较高，可以满足研究需要。

最终的模型参数取值结果见表 8.11，其中取值范围参考 Jørgensen 和 Bendoricchio （2001）、Tsuno 等（2001）、Jørgensen 和 Fath（2011）。

表 8.11　水生态模型参数取值

模型参数	取值范围	第一分区	第二分区	第三分区	第四分区
water ratio	0 ~ 1	0.45	0.45	0.45	0.45
CC	5 ~ 100	30	28	30	28
DIFFC	0.01 ~ 0.5	0.12	0.08	0.10	0.12
EXT	0.12 ~ 0.2	0.18	0.18	0.18	0.18
GAMAX	1 ~ 6	4.30	5.20	5.70	4.30
GPMAX	0.02 ~ 0.5	0.15	0.35	0.90	0.20
GPOVMAX	0.01 ~ 0.5	0.07	0.16	0.41	0.09
GZMAX	0.3 ~ 0.8	0.30	0.80	0.60	0.80
thresh	0.1 ~ 0.3	0.20	0.20	0.20	0.20
KA	0.5 ~ 2.0	1.00	0.80	0.60	1.20
KP	0.1 ~ 0.5	0.30	0.36	0.40	0.30
KPP	0.02 ~ 0.2	0.01	0.03	0.06	0.02
KPP1	0.01 ~ 0.2	0.01	0.03	0.05	0.02
KI1	100 ~ 500	200	200	200	200
KI2	100 ~ 500	300	300	300	300
MA	0.05 ~ 0.4	0.05	0.09	0.08	0.05
MZ	0.01 ~ 0.25	0.04	0.05	0.05	0.06
MSP	0.005 ~ 0.1	0.10	0.08	0.02	0.10
NDC	0.2 ~ 0.8	0.20	0.40	0.40	0.60
SDR	0.1 ~ 2.0	0.16	0.40	0.40	0.80
SDRA	0.1 ~ 0.6	0.14	0.18	0.54	0.55

三、模型验证

选取同一采样期内的鸳鸯岛（第二分区）和捞王淀（第三分区）两个点位的水生态数据进行模型验证，模型验证结果见图8.33、图8.34及表8.12。可以看出，模型验证阶

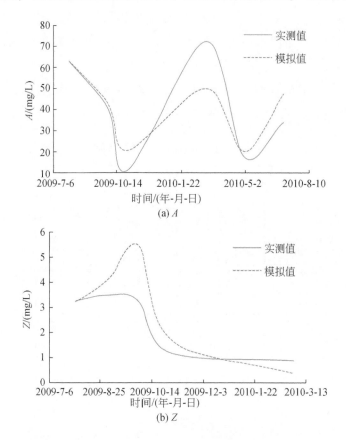

图 8.33　鸳鸯岛水域浮游植物生物量（A）和浮游动物生物量（Z）实测值与模拟值比较

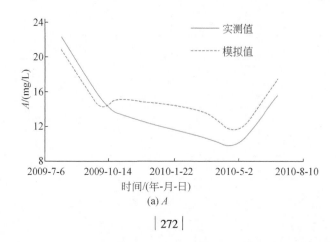

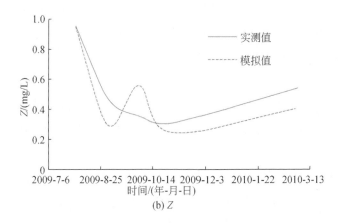

图 8.34 捞王淀水域浮游植物生物量（A）和浮游动物生物量（Z）实测值与模拟值比较

表 8.12 水生态模型验证结果

指标		第二分区	第三分区	指标		第二分区	第三分区
R^2	A	0.765	0.878	E_{NS}	A	0.732	0.778
	Z	0.803	0.727		Z	0.109	0.644

段，水生态模型依然能较好地反映出白洋淀水生态指标的变化趋势。除去第二分区浮游动物生物量的 E_{NS} 出现异常值之外，其他模拟指标的 R^2 和 E_{NS} 都在 0.6 以上，表明构建的水生态模型模拟效果较好，模型的可移植性较强，适用于白洋淀的水生态模拟。

第四节 不同措施下健康评估

湿地生态系统主要的健康修复方法包括水力条件控制（即生态调水）、污染控制等。本章通过建立的湿地生态系统水动力–水质–水生态联合模型对水力条件控制和污染控制的修复效果进行动态模拟，并采用第六章中基于 B-IBI 的湿地生态健康评价方法对白洋淀现状及生态修复方案实施前后的湿地健康状况进行评价对比分析。

一、湿地生态调水效果模拟

（一）情景设定

白洋淀水量补给的主要来源是天然降水、季节性河流和上游城市的污废水。但由于气温升高等原因，蒸发量大于降水量，季节河流和城市排水量有限，仅依靠这三方面补给远不能满足白洋淀的用水需求，白洋淀一直面临干淀危险，要解决这一问题只能充分利用本流域与相邻流域的其他水资源，对白洋淀入淀水量进行综合调配。目前已进行和规划中的白洋淀补水方式主要有三种（李经纬，2008；Yang and Yang，2013）。

1. 上游水库调水

白洋淀上游建有多座水库，其中王快水库、西大洋水库和安各庄水库曾多次向白洋淀补水，有效缓解了白洋淀的水资源和生态危机。在枯水年，必须依靠调用上游水库水资源对白洋淀进行补水。

2. 跨流域调水

由于白洋淀流域经常遭遇连年干旱，当白洋淀面临干淀而上游水库又供水不足时，必须考虑跨流域调水。目前采用的外流域调水方法主要是引黄济淀，当白洋淀面临生态危机时，可以在入冬水面蒸发量与渗漏量都比较小时对白洋淀进行生态补水。

3. 南水北调工程补水

南水北调中线工程主要供水对象是京津唐地区，而白洋淀作为输水的调节工程，水量将得到一定保证。

本研究的输水情景主要根据已实施和未来规划的生态补水方案进行设定：近五年来采用的调水方案均是从黄河引水补给白洋淀，其中2006年和2008年入淀水量均超过1亿 m^3，补水时间一般持续4~5个月，补水水质控制在Ⅲ类水标准之内。未来规划的调水方案共有三种，分别是继续执行引黄济淀长效补水机制，采取王快和西大洋水库联合调水方案对白洋淀水量进行适量补充，通过南水北调中线工程对白洋淀水量进行一定补充。针对上述情况，设定两种生态补水情景进行模拟分析。

情景1：正常来水年份采用引黄济淀和两库联合调水两种方案对白洋淀进行补水（引黄入淀水量为1亿 m^3，水质按Ⅲ类水计；两库联合调水入淀水量为0.6亿 m^3，从府河入淀，水质按Ⅳ类水计）。

情景2：正常来水年份采用引黄济淀、两库联合调水以及南水北调三种补水方案同时对白洋淀进行补水（引黄入淀水量为1亿 m^3，水质按Ⅲ类水计；两库联合调水及南水北调总入淀水量为1.2亿 m^3，水质按Ⅳ类计）。

情景设定后，利用MIKE21模型和白洋淀湿地水生态模型分别模拟各情景下健康评价体系中的水动力、水质和水生态指标，整合计算出白洋淀湿地综合健康状态，并对调水方案进行评价。

对于补水时间的选择，根据白洋淀多年水位实测资料及非汛期水位变化，白洋淀水位整体上呈现出从10月至次年6月逐渐走低的趋势。因此目前实际采用的方法是在冬季或春季对白洋淀进行补水，相关研究表明，在3月对白洋淀进行补水，可以避开河流结冰期和农业灌溉用水较多季节，且此时芦苇开始发芽，及时补水对芦苇的生长极为有利。同时由于补水时间较晚，相应的蒸发渗漏损失也较少，到6月底即汛期来临之前仍能维持较高水位。所以在 3 月启动生态补水调度，将水库汛期的大量弃水提前输送到白洋淀，不仅增加了白洋淀生态关键期（4~5 月）的补水量，而且减少了水库汛期弃水量，提高了水资源的综合利用效率（董娜，2009）。

通过上述分析，选定两种情景的补水时间均为 3 月 1 日~5 月 29 日，共计 90 天。为了更好地对调水效果进行比较，模拟的初始条件按照 2011 年 3 月的现状值设定，淀区初始水位为 7.43m。

两种情景采用的水生态模型箱体间流向示意见图 8.35。

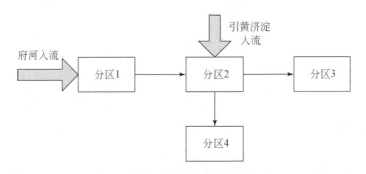

图 8.35　情景 1 和情景 2 水生态模型箱体间流向示意

（二）情景模拟

将设定好的初始条件及边界条件分别输入到 MIKE21 模型中，进行两种情景的水动力和水质模拟，经过模型运算，两种情景的模拟结果见表 8.13 和表 8.14。

表 8.13　模拟结束后各情景淀区平均水深及水质指标平均浓度

情景	水深/m	BOD/(mg/L)	Chla/(mg/L)	TN/(mg/L)	TP/(mg/L)	DO/(mg/L)	水位/m
情景 1	2.599	2.65	0.015	1.23	0.14	5.99	8.190
情景 2	2.881	2.55	0.015	1.24	0.11	5.92	8.472

表 8.14　模拟结束后各分区平均水深及水质指标平均浓度

情景	分区	水深/m	DO/(mg/L)	Chla/(mg/L)	BOD/(mg/L)	TN/(mg/L)	TP/(mg/L)
情景 1	第一分区	1.97	6.00	0.122	2.33	3.30	0.18
	第二分区	2.71	6.02	0.019	3.09	0.93	0.14
	第三分区	3.39	5.21	0.018	4.29	1.68	0.18
	第四分区	2.64	6.12	0.017	3.39	0.69	0.11

情景	分区	水深/m	DO/(mg/L)	Chla/(mg/L)	BOD/(mg/L)	TN/(mg/L)	TP/(mg/L)
情景2	第一分区	2.25	6.14	0.108	2.91	3.03	0.17
	第二分区	3.00	5.98	0.027	2.65	1.11	0.16
	第三分区	3.68	5.11	0.018	4.16	1.72	0.19
	第四分区	2.92	6.16	0.018	2.98	0.81	0.14

情景1调水效果：补水结束后寨南样点水位7.46m，TP浓度为0.13mg/L，TN浓度为1.25mg/L。

情景2调水效果：补水结束后寨南样点水位7.78m，TP浓度为0.17mg/L，TN浓度为1.36mg/L。

两种情景下寨南TN、TP变化及模拟结束后淀区TN、TP分布见图8.36~图8.41。

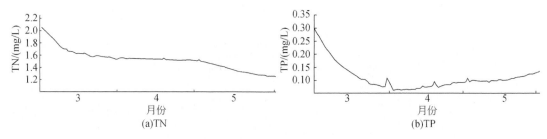

图8.36　2008年情景1寨南TN及TP变化

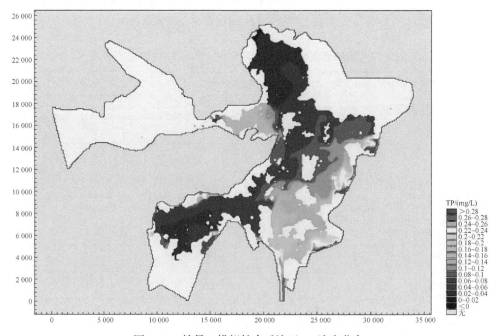

图8.37　情景1模拟结束后淀区TP浓度分布

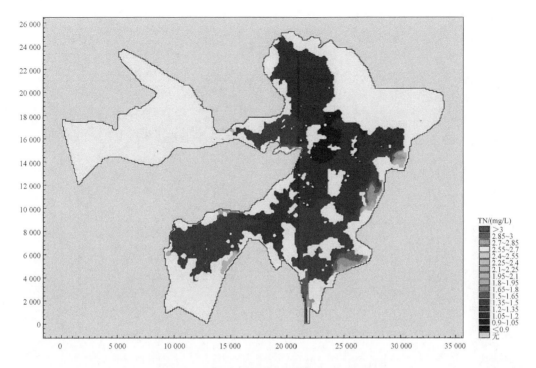

图 8.38　情景 1 模拟结束后淀区 TN 浓度分布

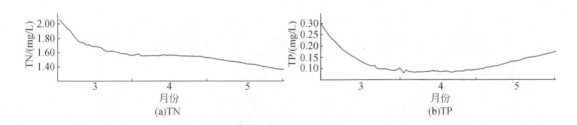

图 8.39　2008 年情景 2 寨南 TP 及 TN 变化

结合生态分区结果，计算出两种情景下箱体间的流速模拟结果（表 8.15）。

表 8.15　两种情景下箱体间的流速模拟结果　　　　　　（单位：m/s）

情景	第一分区外源入口	第二分区外源入口	第一分区和第二分区边界	第二分区和第三分区边界	第二分区和第四分区边界
情景 1	1.000	2.000	0.031	0.015	0.022
情景 2	1.000	2.000	0.043	0.029	0.026

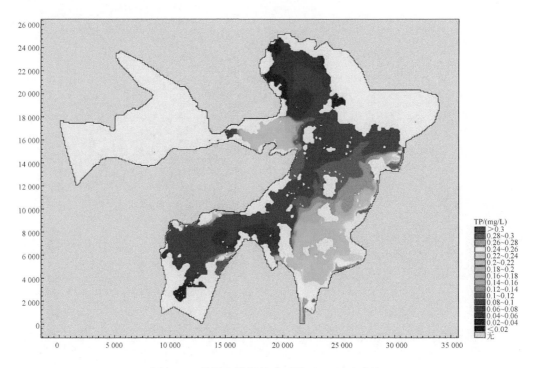

图 8.40　情景 2 模拟结束后淀区 TP 浓度分布

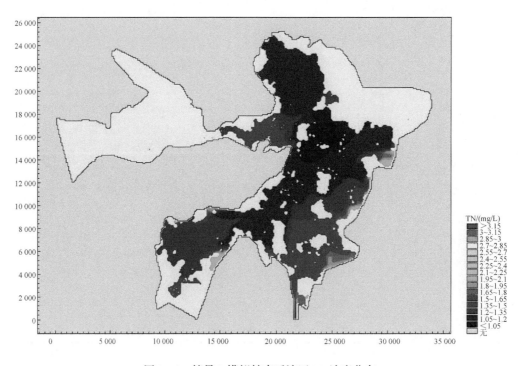

图 8.41　情景 2 模拟结束后淀区 TN 浓度分布

　　将 MIKE21 模拟出的各情景的水动力模拟结果输入到 STELLA 模型中作为各箱体间的水动力边界条件，并进行白洋淀水生态模拟，对健康评价体系中的生态评价指标进行模拟，模拟结果见图 8.42、图 8.43 和表 8.16。

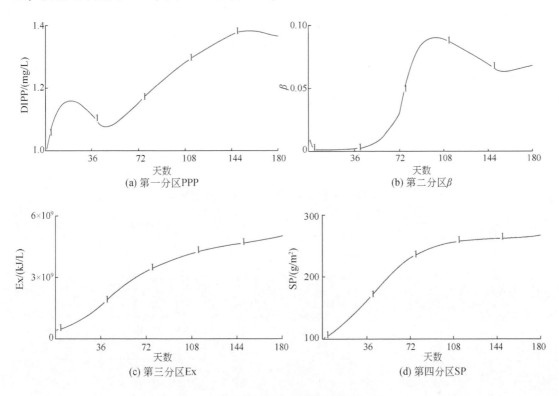

图 8.42　情景 1 部分生态指标模拟结果

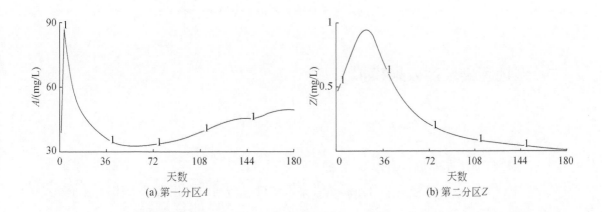

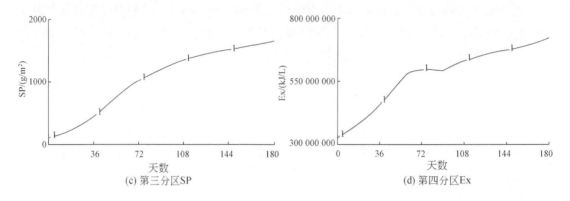

(c) 第三分区SP   (d) 第四分区Ex

图 8.43   情景 2 部分生态指标模拟结果

表 8.16   模拟结束后各分区生态指标模拟值

情景	分区	浮游动物生物量/（mg/L）	d_P	Ex/（kJ/L）	β
情景 1	第一分区	4.29	0.10	548 255 141.86	0.01
	第二分区	4.34	0.07	2 695 545 166.74	0.05
	第三分区	4.75	0.19	3 787 941 248.15	0.01
	第四分区	2.81	1.27	737 128 836.97	0.01
情景 2	第一分区	4.19	1.00	593 140 764.66	0.01
	第二分区	4.31	1.09	2 525 689 160.81	0.01
	第三分区	4.78	0.39	2 932 984 563.39	0.01
	第四分区	2.81	3.70	628 239 866.25	0.01

二、湿地污染控制效果模拟

（一）情景设定

污染控制设置两种情景进行对比分析。

情景 3：无生态补水情况下白洋淀正常来水年份（府河正常年水量入淀），府河污染物负荷按照府河入淀口年平均监测浓度计，该情景作为比照的基准情景。

情景 4：无生态补水情况下正常来水年份府河来水水质达到Ⅲ类水标准。

模型模拟时间及淀区初始条件设定同情景1和情景2。

两种情景采用的水生态模型箱体间流向示意见图8.44。

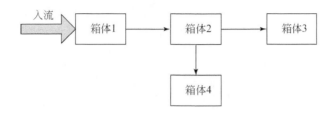

图8.44 情景3和情景4水生态模型箱体间流向示意

(二) 情景模拟

将设定好的初始条件及边界条件分别输入到MIKE21模型中,进行两种情景的水动力和水质模拟,经过模型运算,两种情景的模拟结果见表8.17和表8.18。

表8.17 模拟结束后两种情景淀区平均水位及水质指标平均浓度

情景	水位/m	BOD/(mg/L)	Chla/(mg/L)	TN/(mg/L)	TP/(mg/L)	DO/(mg/L)	水深/m
情景3	7.27	3.64	0.015	1.47	0.32	6.19	1.80
情景4	7.27	3.60	0.015	1.38	0.29	6.21	1.80

表8.18 模拟结束后各分区平均水深及水质指标平均浓度

情景	分区	水深/m	DO/(mg/L)	Chla/(mg/L)	BOD/(mg/L)	TN/(mg/L)	TP/(mg/L)
情景3	第一分区	1.00	5.51	0.02	6.05	2.43	0.36
	第二分区	1.80	6.57	0.02	4.66	1.20	0.18
	第三分区	2.47	5.30	0.02	5.22	2.09	0.21
	第四分区	1.73	6.47	0.02	5.30	1.31	0.16
情景4	第一分区	1.00	6.58	0.02	4.64	1.16	0.12
	第二分区	1.80	6.21	0.02	4.42	0.97	0.18
	第三分区	2.47	5.30	0.02	5.22	2.09	0.20
	第四分区	1.73	6.47	0.02	5.30	1.36	0.12

两种情景下采蒲台水位变化及模拟结束后TN、TP分布见图8.45~图8.50。

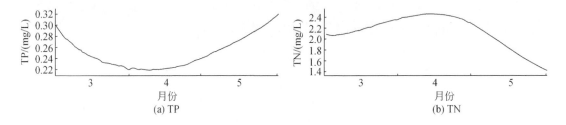

图 8.45　2008 年情景 3 采蒲台 TP 及 TN 变化

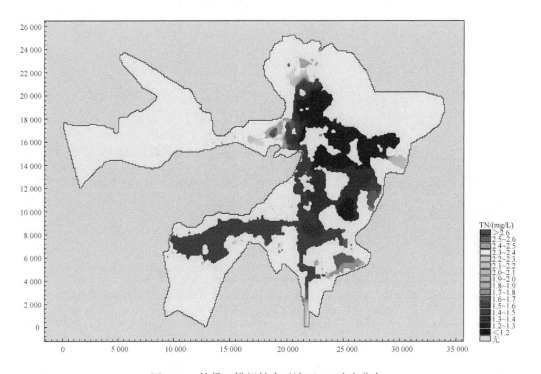

图 8.46　情景 3 模拟结束后淀区 TN 浓度分布

　　情景 3 模拟效果：模拟结束后采蒲台样点水位 6.40m，TP 浓度为 0.32mg/L，TN 浓度为 1.42mg/L。

　　情景 4 模拟效果：模拟结束后采蒲台样点水位 6.40m，TP 浓度为 0.28mg/L，TN 浓度为 1.38mg/L。

　　结合生态分区结果，计算出两种情景下箱体间的流速模拟结果（表 8.19）。

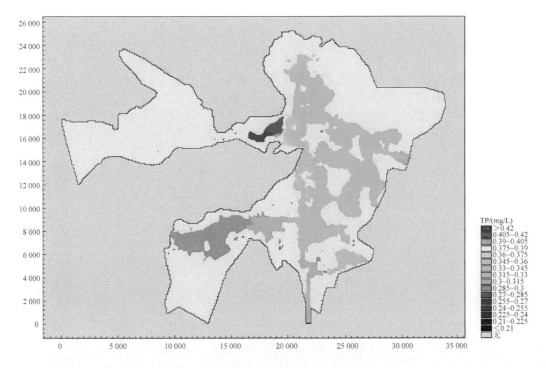

图 8.47　情景 3 模拟结束后淀区 TP 浓度分布

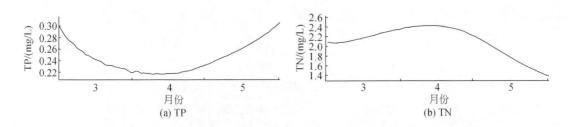

(a) TP

(b) TN

图 8.48　2008 年情景 4 采蒲台 TP 及 TN 变化

表 8.19　两种情景下箱体间的流速模拟结果　　（单位：m/s）

情景	第一分区外源入口	第二分区外源入口	第一分区和第二分区边界	第二分区和第三分区边界	第二分区和第四分区边界
情景 3	0.500	0	0.025	0.008	0.017
情景 4	0.500	0	0.023	0.008	0.013

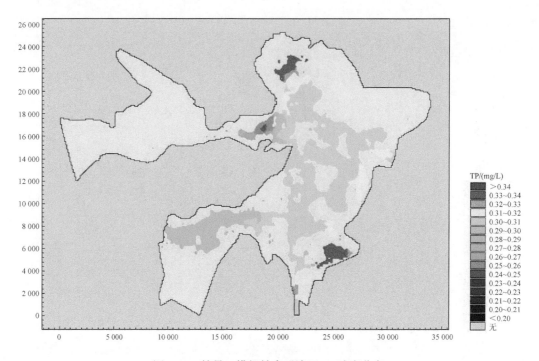

图 8.49   情景 4 模拟结束后淀区 TP 浓度分布

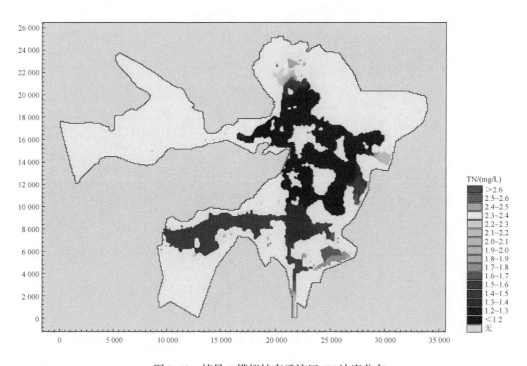

图 8.50   情景 4 模拟结束后淀区 TN 浓度分布

将 MIKE21 模拟出的各情景的水动力模拟结果输入到 STELLA 模型中作为各箱体间的水动力边界条件，并进行白洋淀水生态模拟，对健康评价体系中的生态评价指标进行模拟（表 8.20 和图 8.51）。

表 8.20　模拟结束后各分区生态指标模拟值

情景	分区	浮游动物生物量/（mg/L）	d_P	Ex/（kJ/L）	β
情景 3	第一分区	0.22	2.22	630 976 433.04	0.01
	第二分区	0.12	0.19	3 104 497 263.55	0.02
	第三分区	0.24	0.12	4 633 068 234.61	0.02
	第四分区	0.04	5.84	923 792 775.03	0.01
情景 4	第一分区	0.22	1.11	633 352 536.45	0.01
	第二分区	0.12	0.24	3 118 715 759.71	0.02
	第三分区	0.24	0.11	4 646 448 107.52	0.03
	第四分区	0.04	6.03	925 779 361.74	0.01

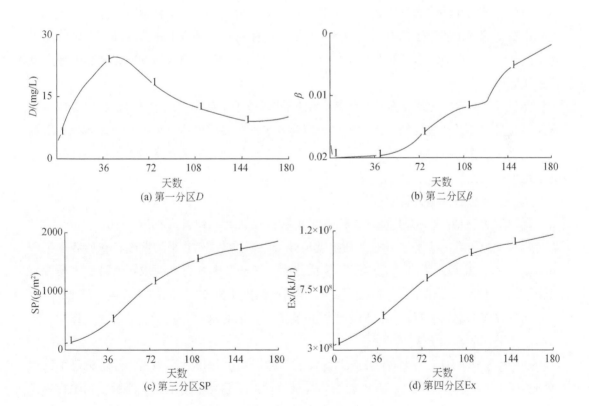

图 8.51　情景 4 部分生态指标模拟结果

三、不同措施实施的健康状态

根据水动力水质模型与水生态模型的输出结果，并采用第六章中基于 B-IBI 的湿地生态健康评价方法计算出四种情景的健康综合指数（表8.21）。

表 8.21　各情景的健康综合指数计算结果

分区	情景 1	情景 2	情景 3	情景 4
第一分区	0.347	0.335	0.110	0.235
第二分区	0.578	0.506	0.276	0.317
第三分区	0.426	0.427	0.234	0.249
第四分区	0.568	0.541	0.219	0.222
平均值	0.480	0.453	0.210	0.256

通过对比发现，情景 1 和情景 2 的健康综合指数较情景 3 有明显的提升，说明生态调水可有效改善白洋淀生态健康状态，是一种切实可行的白洋淀湿地修复方法。由于情景设定中引黄济淀的水质好于两库联合调水的水质，因此情景 2 调水的水量虽然多于情景 1 调水的水量，但是健康综合指数却低于情景 1，可以看出，生态调水的水质也是影响淀区健康的重要因素。

情景 4 较情景 3 健康指数升高了 21.9%，改善效果不如生态调水明显，主要是由于府河年径流量过小，通过控制入流污染物负荷的方法只在府河入淀口附近有一定效果，对淀内其他水域的作用有限。因此在保证调水水质的前提下进行生态补水是改善白洋淀生态健康状况的有效方法。

进一步分析各健康评价指标。

1）调水情景的水位升高明显，情景 1 中水位较初始水位升高幅度达 10.2%，情景 2 有进一步提升，升高了 14.7%。水质也明显改善，情景 1 的 TP 平均浓度较初始浓度下降 68.1%，TN 平均浓度下降更为显著，达 82.4%，已达Ⅲ类水标准要求；情景 2 水质改善效果与情景 1 相比略有提高，TP 平均浓度较初始浓度下降 74.9%，TN 浓度下降 82.3%。进行污染控制的情景 4 只在靠近府河入淀口的第一分区对水质起到了明显的改善作用，对其他三个分区的影响不大。

2）生态指标方面，两种生态调水情景下浮游动物生物量升高明显，浮游植物生物量较情景 3 略有升高；情景 4 的浮游植物生物量较情景 3 升高幅度不大，浮游动物生物量无明显变化；四种情景的水生植物生物量基本相同，原因可能是水生植物都有一定的适宜水位，而四种情景的水位变化均在白洋淀水生植物的适宜水位范围内，故对淀区的水位变化响应不明显。

参 考 文 献

陈新永，田在锋，肖国华，等．2010．白洋淀水产养殖区富营养化评价及分析［J］．河北渔业，5：41-43．

董娜．2009．白洋淀湿地生态干旱及两库联通补水分析［D］．保定：河北农业大学硕士学位论文．

顾峰峰．2006．芦苇阻力系数物模及湿地水流数模研究［D］．大连：大连理工大学博士学位论文．

何晓群．2008．多元统计分析［M］．北京：中国人民大学出版社．

惠二青．2009．植被之间水流特性及污染物扩散试验研究［D］．北京：清华大学博士学位论文．

李经纬．2008．白洋淀水环境质量综合评价及生态环境需水量计算［D］．保定：河北农业大学硕士学位论文．

李新艳，杨丽标，晏维金．2011．长江输出溶解态无机磷的通量模型灵敏度分析及情景预测［J］．湖泊科学，23（2）：163-173．

李兴，李畅游，勾芒芒．2010．挺水植物对湖泊水质数值模拟过程的影响［J］．环境科学，31（12）：2890-2894．

梁宝成，高芬，程伍群．2007．白洋淀污染物时空变化规律及其对生态系统影响的探讨［J］．南水北调与水利科技，5（5）：48-50．

龙邹霞，余兴光．2007．湖泊生态系统弹性系数理论及其应用［J］．生态学杂志，26（7）：1119-1124．

卢小燕，徐福留，詹巍，等．2003．湖泊富营养化模型的研究现状与发展趋势［J］．水科学进展，14（6）：792-798．

孙宇．2005．太湖地区芦苇湿地对非点源污染的控制［D］．扬州：扬州大学硕士学位论文．

王忖，王超．2010．含挺水植物和沉水植物水流紊动特性［J］．水科学进展，21（6）：816-819．

徐崇刚，胡远满，常禹，等．2004．生态模型的灵敏度分析［J］．应用生态学报，15（6）：1056-1060．

徐菲．2011．白洋淀生态系统健康动态评价研究［D］．北京：北京师范大学博士学位论文．

徐建华．2002．现代地理学中的数学方法［M］．北京：高等教育出版社．

徐建华．2006．计量地理学［M］．北京：高等教育出版社．

杨靖．2010．西安雁鸣湖水生植物合理维持量的模拟及植物配置研究［D］．西安：西安理工大学硕士学位论文．

杨晓华，刘瑞民，曾勇．2008．环境统计分析［M］．北京：北京师范大学出版社．

杨潇帆．2008．淀山湖生态模型与富营养化控制研究［D］．上海：东华大学硕士学位论文．

张家瑞，曾勇，赵彦伟．2011．白洋淀湿地水华暴发阈值分析［J］．生态学杂志，30（8）：1744-1750．

赵章元，吴颖颖，郑洁明．1991．我国湖泊富营养化发展趋势探讨［J］．环境科学研究，4（3）：18-21．

Håkanson L, Boulion V V. 2002. Empirical and dynamical models to predict the cover, biomass and production of macrophytes in lakes［J］. Ecological Modelling, 151: 213-243.

Håkanson L, Boulion V V. 2003. A general dynamic model to predict biomass and production of phytoplankton in lakes［J］. Ecological Modelling, 165: 285-301.

Håkanson L, Ostapenia A P, Boulion V V. 2003. A mass-balance model for phosphorus in lakes accounting for biouptake and retention in biota［J］. Freshwater Biology, 48: 928-950.

Harmon R, Challenor P. 1997. A Markov chain Monte Carlo method for estimation and assimilation into models [J]. Ecological Modelling, 101 (1): 41-59.

Jørgensen S E, Bendoricchio G. 2001. Fundamentals of Ecological Modeling (3th edition) [M]. UK: Elsevier.

Jørgensen S E, Fath B D. 2011. Fundamentals of Ecological Modeling (4th edition) [M]. UK: Elsevier.

Legates D R, McCabe J G. 1999. Evaluating the use of "goodness-of-fit" measures in hydrologic and hydroclimatic model validation [J]. Water Resources Research, 35: 233-241.

Lenhart T, Eckhardt K, Fohrer N, et al. 2002. Comparison of two different approaches of sensitivity analysis [J]. Physics and Chemistry of the Earth, 27: 645-654.

Nash J E, Sutcliffe J V. 1970. River flow forecasting through conceptual models: Part I - A discussion of principles [J]. Journal of Hydrology, 10: 282-289.

Tanner C C. 1996. Plants for constructed wetland treatment systems—A comparison of the growth and nutrient uptake of eight emergent species [J]. Ecological Engineering, 7 (1): 59-83.

Tsuno H, Hidaka T, Jørgensen S E. 2001. Scientific description for the PAMOLARE training package [CP/DK]. UNEP-DTIE-IETC and ILEC.

Yang W, Yang Z F. 2013. Development of a long-term, ecologically oriented dam release plan for the Lake Baiyangdian Sub-basin, Northern China [J]. Water Resources Management, 27: 485-506.

Zhang J J, Jørgensen S E, Mahler H. 2004. Examination of structurally dynamic eutrophication model [J]. Ecological Modelling, 173: 313-333.

第九章 | 湿地生态系统健康保障对策

湿地生态系统健康保障是复杂的系统工程，需在生态系统监测、评估的基础上，充分考虑社会经济及政策因素，提出系统的保障对策。本章以白洋淀湿地为例，从水量、水质、水生态三方面，提出健康保障对策，为同类湿地生态管理提供借鉴。

第一节　水量保障对策

一、白洋淀淀区生态水位保障要求

白洋淀位于雄安新区腹地，雄安新区高起点规划、高标准建设对白洋淀生态环境提出了更高要求，其保护修复关注点也由以往的水量限制、水质制约，变成生态系结构的完善和生态系统健康的保障。科学精准核算白洋淀淀区生态水位，进而构建多源补水的长效机制，是实现生态系统健康的重要基础性工作。在第四章成果基础上，结合构建的白洋淀淀区食物网营养结构关系模型，获得了白洋淀不同时空尺度上的食物网结构的拓扑指标，以链接密度为主要参数，探究了长时间尺度变化水位影响下白洋淀食物网结构演变趋势（图9.1）。

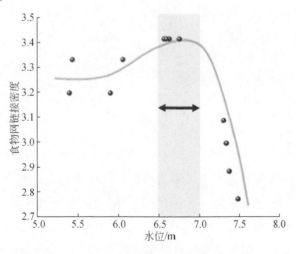

图 9.1　白洋淀淀区水位与链接密度的关系

由图 9.1 可见，白洋淀食物网的链接密度总体呈现出随着水位的增加，先增趋于稳定，后急速下降的趋势。食物网链接密度最高值为 3.42，出现在水位为 6.52 ~ 7.03m（平均值为 6.72m）；当水位过大或过小，食物网链接密度均呈现不同程度的降低，水深小于这个范围时，食物网链接密度值为 3.20；过高时，食物网链接密度最小，仅 2.78。因此确定了维持白洋淀较高食物网稳定性的低水位为 6.52m，中水位为 6.72m，高水位为 7.03m（图 9.2）；相应水量分别为 1.88 亿 m³、2.96 亿 m³ 和 4.29 亿 m³（不含消耗性需水）。

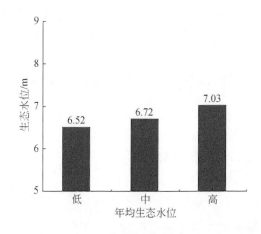

图 9.2　白洋淀年均生态水位高、中、低方案

进一步基于水文变化指标（indicators of hydrologic alteration，IHA）方法原理，甄别了自然状态下白洋淀年内水位波动情势，呈现获得了近自然水文情势的月尺度生态水位方案（图 9.3）。在此水位波动范围内，白洋淀食物网均可呈现较高的复杂性和稳定性，对于流域可利用水资源或跨流域调水资源相对紧缺的年份，可推荐采用生态水位低方案；较为丰沛年份，可采用生态水位高方案；一般情况下，推荐采用生态水位中方案。

二、生态补水对策建议

（一）生态补水现状

以 2018 年和 2019 年白洋淀补水数据为基础，统计出生态补水的通道、时间和平均流量。现状生态补水主要包括拒马河—白沟引河、南水北调中线干渠—瀑河、府河和孝义河、引黄济淀四条通道（图 9.4），补水时间段多集中于 11 月到次年 3 月，以冬季补水为主。白沟引河补水水源为上游安各庄水库，补水水量较大，补水时间连续且较长，补水水质较好；瀑河补水水源为南水北调中线干渠来水，补水时段集中，水质好，但补水时段和

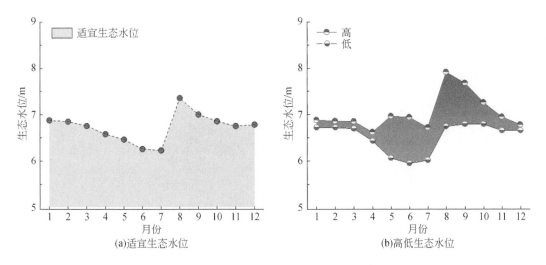

图9.3 白洋淀年内生态水位高、适宜、低方案

水量年际变化大、随机性强；府河、孝义河补水水源为上游保定市和高阳县污水处理厂退水，水量较小、水质较差，但补水较稳定；引黄济淀生态补水水源为黄河干流调水，年均补水量可达 1.5 亿 m^3 左右，补水水量大，时间长，时段稳定，水质优良（侯效灵等，2021）。总体上看，引黄济淀调水为主要的补水水源，由淀区东侧入淀，但水流入淀后，在淀区西高东低整体地形影响下，易在入淀口—采蒲台南水域形成区域壅水，水流速度缓慢，无法向淀区西部、中部和北部区域流动，对淀区水动力和水质改善作用较小，未能正常发挥生态补水的环境功效。

（二）生态补水思路

统筹考虑水量、水质和水生态三方面因素，结合府河、瀑河、孝义河、白沟引河、潴龙河以及小白河等多条入淀河流实际以及枣林庄闸、沽口闸调度规律，提出"多水源、多通道、多时段、补泄结合"的补水思路。

多水源：白洋淀生态补水主要包括上游水库补水、跨流域调水和城市污水处理厂中水三种来源，其中上游水库补水水源包括王快水库、西大洋水库、安各庄水库，跨流域调水水源包括南水北调中线干渠和引黄济淀调水，城市污水处理厂中水主要是保定市区和高阳县污水处理厂尾水；不同补水来源在水量、水质、来水时段等方面存在较大差异，需要综合考虑，统一协调。

多通道：目前白洋淀仅有白沟引河、府河、孝义河常年有水入淀，其余河流多为断流、无水状态，其河道、河床多转为水田、旱地、鱼塘、污水库等，部分河段已经丧失过水、补水的能力。适宜作为补水通道的河流有府河、瀑河、白沟引河、唐河新道、孝义河，需要科学合理优化各补水通道，实现多通道联合补水，保障白洋淀水质达标和安全。

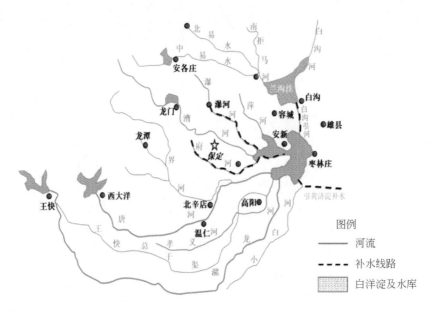

图 9.4　现状生态补水线路示意

多时段：综合考虑水源供给时间、淀区水质时空变化以及淀区行洪下泄时段等多个因素，不同水源和通道应对应不同的补水时段，需满足水质提升、生态水位保障与水动力条件改善等多方面要求确定。

补泄结合：枣林庄闸和沟口闸是白洋淀主要下泄通道，根据白洋淀的水文情势变化，在生态补水的同时，科学调配白洋淀下泄水量，适度开闸下泄，有效发挥白洋淀行洪排涝、连通大清河廊道的功能，并改善全淀区水动力过程，增加各区域之间水体的交换和流动，加速污染物稀释和自净，改善和提升淀区水质。

（三）生态补水对策

1. 建立多水源补水机制

加强大流域范围内水资源协调配置的同时，统筹考虑王快水库、西大洋水库、安各庄水库等上游水库调水、南水北调和引黄济淀跨流域调水、保定市区和高阳县等城市污水处理厂尾水等多个水源，综合考虑多水源在补水点、水量、水质、来水时段等方面的差异，实施统一协调，面向白洋淀生态需水过程，构建稳定的白洋淀生态补水机制，使白洋淀湿地水位符合前述的生态水位要求，保障淀区生态稳定与健康。

2. 保障入淀河流生态流量

对于既定的河流，入淀河流流速反映了进入淀区的水量。入淀河流流速较小时，水体较封闭，交换能力弱，浮游植物快速增长，极易发生水体富营养化。模拟结果表明，入淀河流流速在 0.012m/s 以上时，淀区叶绿素 a 模拟结果均小于 10.0μg/L；当流速大于

0.05m/s 时，浮游植物物种丰度变化不明显。因此对于白洋淀入淀河流而言，流速在 0.012~0.05m/s 时，有利于水体营养盐输运和藻类适度生长，且可实现水资源的集约利用。基于此，明确白洋淀入淀河流生态流量的低流速（0.012m/s）、中流速（0.03m/s）、高流速（0.05m/s）方案，三种方案均能保证淀区 Chla 浓度低于 10μg/L。以此为依据，进一步计算相应的河流生态需水量方案（表 9.1）。在新区建设初期，推荐入淀河流至少保持低流速方案以上，并通过上游水库、非常规水源或其他外调水源协同配置，改善河湖生态水文过程条件，提升自净能力，实现河流有流速，从而保障一定的淀区入流补水流量。

表9.1 入淀河流生态水量方案 （单位：亿 m³/a）

河流	河段	低流速方案	中流速方案	高流速方案
上游河流	拒马河	0.90	2.32	3.74
	沙河	1.01	2.61	4.21
入淀河流	孝义河	0.28	0.73	1.18
	白沟引河	0.51	1.31	2.11
	潴龙河	0.17	0.44	0.71
	府河	0.08	0.21	0.33
	漕河	0.16	0.41	0.65
	瀑河	0.12	0.31	0.49
	萍河	0.08	0.22	0.35
	唐河	0.45	1.16	1.87

3. 生态补水格局优化

充分利用白沟引河上游和引黄济淀稳定且洁净的水源，综合考虑地形、水量、水质和水环境等要素，逐步实施白沟引河向萍河分流，引黄济淀分流西部诸河（如向潴龙河、孝义河、唐河和府河分流），合理优化生态补水格局，科学恢复和利用自然补水通道，形成以西部通道为主的白洋淀生态补水格局。

（1）白沟引河向萍河分流

白沟引河是白洋淀诸多入淀河流中常年有水河流之一，承接来自北易水河、南拒马河以及白沟的城市退水，流量较为充沛，其中 10~12 月较大，平均约 6m³/s，其余各月流量分布较均匀稳定，约 3m³/s。通过模拟论证，可从白沟引河分流引水至萍河，增加补水通道，优化白洋淀生态补水空间格局，提升和改善白洋淀东北部区域水动力、水质，恢复水生态环境。白沟引河向萍河分流示意见图 9.5。

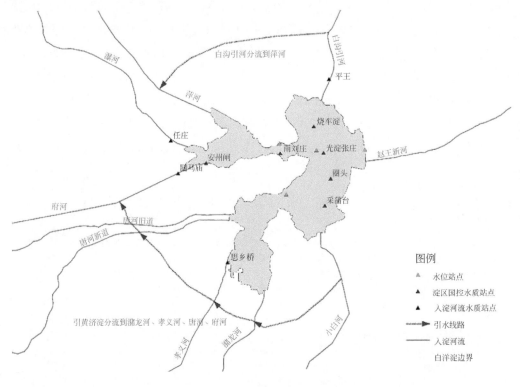

图 9.5　引黄济淀来水分流示意

（2）引黄济淀分流西部诸河

引黄济淀承接来自黄河的优质水源，补水多集中于 11 月至次年 2 月，月平均流量为 15m³/s，补水水质能达到地表水Ⅲ类标准，是目前白洋淀各生态补水方案中补水水量最大，补水时间最为稳定连续，补水水质最优的水源；通过模型模拟论证，引黄济淀来水可由小白河分流至潴龙河、孝义河，再向西分流到唐河、府河，增加补水通道，优化白洋淀生态补水空间格局，提升和改善白洋淀西南部、西部区域的水动力和水质。引黄济淀来水分流示意见图 9.5。

第二节　水质保障对策

一、入淀河流污染治理

（一）入淀河流的水质要求

结合前述模型预测，为保障白洋淀淀区水质达Ⅳ类标准，府河、瀑河、孝义河、白沟引河等河流入淀断面的水质要求达到V类标准，即COD、NH_3-N、TN、TP浓度分别低于40mg/L、2mg/L、2mg/L、0.4mg/L，其中TN浓度1~3月要达到IV类标准（1.5mg/L），TP浓度8~9月要达到IV类标准（0.3mg/L）；引黄济淀补水入淀断面水质要求达到III类标准，即COD、NH_3-N、TN、TP浓度分别低于20mg/L、1mg/L、1mg/L、0.2mg/L。

为保障淀区水质达III类标准要求，府河、瀑河、孝义河、白沟引河等河流入淀断面的水质要求控制在IV类标准，即COD、NH_3-N、TN、TP浓度分别低于30mg/L、1.5mg/L、1mg/L、0.3mg/L，其中COD浓度6~8月要达到III类标准（20mg/L），TN浓度在1~3月、7~9月要达到III类标准（1mg/L），TP浓度8~9月要达到III类标准（0.2mg/）；引黄济淀补水入淀断面水质要求控制在III类标准，即COD、NH_3-N、TN、TP浓度分别低于20mg/L、1mg/L、1mg/L、0.2mg/L。

（二）入淀河流污染治理对策

1. 府河污染控制

根据《大清河流域水污染物排放标准》（DB13/ 2795—2018）的相关要求，对保定市污水处理厂（一期和二期）、溪源污水处理厂、鲁岗污水处理厂、涿州城西污水处理厂、涿州城东污水处理厂、易县污水处理厂和涞源县污水处理厂等，实施提标升级改造，加大污水处理深度，提升氮、磷去除能力，减少向白洋淀的污染排放。

进一步根据府河污染来源、底泥沉积物释放特点和沿线水质特征不同，分区段实施水质净化。在严格控制入河点源和面源污染的情况下，重点实施以下水质净化工程：一是在焦庄—望亭段设置人工落差，提高自净能力；二是实施河道生物接触氧化，促进污染物消纳；三是实施河道清淤，去除底泥污染物；四是强化入淀口芦苇湿地净化作用，进一步降低府河河水中的污染物浓度。

在此基础上，在府河入淀口藻芷淀内，采用"前置沉淀生态塘+潜流湿地+水生植物塘"的水质净化工艺，建设人工湿地工程（陈佳秋等，2020）。工程设计净化处理规模25万m^3/d，占地面积约4.23km^2。通过工程建设，可实现以下目标：当进水水质达到IV类标准时，人工湿地总磷去除率在非冬季高于40%，冬季高于30%，其他污染物浓度值不增加；当进水水质达到V类标准时，出水水质达到IV类；当湿地进水水质劣于V类标准时，非冬季总磷去除率高于40%，其他主要超标污染物去除率高于30%；冬季总磷去除率高于30%，其他污染物去除率高于20%。通过以上工程措施，可实现府河、瀑河、漕河三河入淀河水的净化。

2. 孝义河污染控制

孝义河是白洋淀入淀河流中常年有水的两条主要河流之一，多年来承接上游地区污水处理厂尾水，注入白洋淀的子淀区马棚淀。应加强孝义河上游高阳县污染控制与治理，提高污水处理能力，并实施孝义河河口湿地水质净化工程，控制入淀污染物浓度，净化入淀水质（宋凯宇等，2020）。

孝义河河口湿地水质净化工程位于安新县同口镇南，龙化乡北。项目主要建设内容包括：引配水工程、水质净化工程、配套设施及公共工程、智慧湿地工程，处理工艺采用"前置沉淀生态塘+潜流湿地+多塘系统"的水质净化工艺，设计净化处理规模 20 万 m^3/d，总占地面积约 2.11km^2。通过四座提水泵站配水进入湿地系统，净化完成后进入退水渠，回到治理后的孝义河河道；未来在马棚淀退耕还淀还湿实施后，可通过水生植物塘向主淀区配水，实现淀区水动力提升和生态环境恢复。

通过工程建设，可实现如下水质净化目标：当进水水质为Ⅳ类标准时，湿地出水主要指标中，非冬季总磷去除率高于40%，冬季高于30%，其他污染物浓度值不增加。当进水水质为Ⅴ类标准时，出水水质达到Ⅳ类。当湿地进水水质劣于Ⅴ类标准时，非冬季总磷去除率高于40%，其他主要污染物去除率高于30%；冬季总磷去除率高于30%，其他污染物去除率高于20%。

二、淀内污染治理

（一）养殖污染控制

1. 畜禽养殖污染防治

根据《白洋淀生态环境治理和保护规划（2018—2035年）》，在淀区及淀边、入淀河流沿岸 1km 范围内，全面实行限养禁养政策；在其他区域，按照规模适度、设施先进、标准化程度高的要求，严控畜禽养殖规模，实现减量提质。产生的污水进行无害化处理，禁止直接排入河流、淀区。

2. 水产养殖污染防治

淀内及淀边、入淀口至入淀河流上游 5km 范围内，全面禁养；上游 5km 外区域，严控网箱养殖密度和饲料投加。淀内适当控制捕捞行为，设定禁渔期，非禁渔期科学合理捕捞。

（二）淀中村生活污染治理

1. 稳步实施生态移民

根据统计，白洋淀淀中村共计 39 个，常住人口约 6.4 万人，根据生活污水产生系数估算，每年污水产生量约为 960 万 t，COD 产生量约为 1273t，NH_3-N 产生量约为 149t，TN 产生量约为 206t，TP 产生量约为 16t。污染排放对局部区域水质产生了影响，应考虑有序实施生态移民。

考虑淀内生态保护分区，结合雄安新区规划建设要求，生态移民应分步实施。首先是生态保护区核心区内的部分村庄（主要包括位于淀南采蒲台、邸庄、北田庄、大田庄、东田庄、东李庄等）约 2 万人应先行搬迁，可减少 COD 排放约 397t/a，减少 NH_3-N 排放约 47t/a，减少 TN 排放约 64t/a，减少 TP 排放约 5t/a。生态保护区试验区内村庄（主要包括位于淀北的何庄子、杨庄子、孙庄子、季庄子等）约 3 万人随后有序搬迁，可减少 COD 排放约 596t/a，减少 NH_3-N 排放约 70t/a，减少 TN 排放约 97t/a，减少 TP 排放约 8t/a。未来应完成大部分淀中村约 6 万人搬迁，可削减淀中村污染负荷的 90%（刘世存，2021）。

2. 加强淀中村生活污染治理

在搬迁未实施之前，对淀中村生活污水应建设管网统一收集、集中处理。根据淀中村分布，建设 89 个村级污水处理站点，覆盖 15 个淀边村和 33 个淀中村，对于管网难以覆盖的 6 个淀中村，每户设置污水收集罐，对污水进行回收，运送至污水处理站进行处理。污水处理后有三个去向：一是直接排放入淀；二是利用人工湿地对尾水进行处理后入淀；三是通过"淀中村污水导排工程"导排到淀外处理后排放。此外，还应加强对污水处理站的运行管理，保障污水处理效率达标。

3. 稳步推进淀中村污水导排

随着白洋淀流域水污染管控的加强，淀中村污水处理工程于 2021 年执行《大清河流域水污染物排放标准》（DB13/ 2795—2018）（核心控制区限值）（COD≤20mg/L、NH_3-N≤1.0（1.5）mg/L、TN≤10mg/L、TP≤0.2mg/L）的标准要求。已建处理设施不能满足新的排放限值要求，因此，需要逐步推进建设淀中村污水处理厂尾水导排工程，将污水导排至淀外进行强化及深度处理，使得出水水质稳定达到准 IV 类标准（COD≤30mg/L、NH_3-N≤3mg/L、TN≤5（冬季 8）mg/L、TP≤0.3mg/L）要求。

（三）种植业污染控制

1. 实施退耕还淀工程

将被圈占用作耕地的原有湿地洼地退耕还湿、退田还淀，拓展湿地空间。优先开展位于府河入藻苲淀、孝义河入马棚淀、唐河入羊角淀河口区域的退耕还淀，退耕后建设功能性生态湿地，扩大淀泊水面，恢复湿地生态系统，修复白洋淀生态环境。

2. 积极发展生态农业

针对淀区内存在的农业，应积极调整农业种植结构，推进绿色生态农业，实现化肥、农药使用量负增长。转变施肥模式，推广新肥料新技术和有机肥资源应用；科学使用农药，推广绿色防控和病虫害专业化防治；改进灌溉方式，提高用水有效性，通过农艺节水、生理节水、管理节水和工程节水四种措施开展农业节水；建立农田生物拦截带，严控农田退水，减少农业面源污染物的排放。针对部分规划有旅游功能的淀中村，重点发展观光种植业、观光林业、观光农业，引进优质蔬菜、绿色食品、观赏花卉作物等，建设农业观光园、自摘水果园、农俗园、果蔬品尝中心等，营造具有观光功能的人工林场、蔬果园、绿色公园等，建立农林渔土地综合利用生态模式，形成林果粮间作、农林结合等农业生态景观。

（四）旅游业污染控制

1. 控制旅游开发活动强度

大力发展生态旅游，减轻旅游给水环境带来的压力。根据淀区生态环境承载力，确定合理的生态旅游承载量，严禁过度旅游开发。旅游开发应与生态保护相结合，景区和景点开发建设要与整个淀区的生态环境相适应、相融合。提倡错峰旅游，采取切实有效的措施，严格控制淀区船舶数量与航行密度。

2. 强化旅游船舶污染治理

淀区船舶污染主要来自船舶操作污染、事故污染、倾倒污染三个方面。应对淀区内游船实行公司化管理与运行，实行入淀登记制度，对游船产生的污水进行统一收集，在停泊过程中将污水收集到岸上集中处理。对含油污水，要用油污分离器进行分离，分离出的油污水上岸处理；船舶产生的垃圾，统一收集上岸处理；要求港口、码头具有收集、转运、处理船舶生活垃圾的能力；改进游船燃动设备，逐步替换成清洁能源。

3. 加强码头污染治理

白洋淀有 9 个主要码头，这些码头承担着全淀区的水运任务，是重要的旅游业污染源。应规划码头污水处理设施，提升含油污水、生活污水等的处置能力。由具有处理能力与资质的单位接收船舶生活污水实施处理，接收上岸后的船舶含油污水要加强管理，实施妥善处理。

三、雄安新区污染治理

（一）加强污水处理系统建设

为改善白洋淀环境，规划在雄安新区容东、容西、雄东和雄安站枢纽四个片区建设 4 座高标准污水处理厂，对新区生活污染、初雨径流非点源污染进行全面处理，有效提升污水处理水平。优先在容东片区新建 8 万 m^3/d 污水处理厂，采用先进水处理技术对容东片区污水进行深度处理，出水水质达到《大清河流域水污染物排放标准》（DB13/ 2795—2018）重点控制区限值。

（二）完善城镇雨污分流管网系统

现有城镇污水管网多为合流制排水系统，生活污水、工业废水、雨水均混合在同一管道内，造成污水处理厂处理效率低，不利于再生利用，需加快污水管网建设，全面实现雨污分流。根据《河北雄安新区规划纲要》，新区重点是加强城市排水河道、排涝渠、雨水调蓄区、雨水管网和泵站等工程建设，实现建成区雨水系统全覆盖，实现雨污分流。现有雄县、容城、安新县的建成区，应逐步对现有合流系统进行雨污分流改造。在此基础上，实现初雨径流的收集处理，减小污染负荷。

（三）老旧污水处理厂提标改造

雄安新区现有4个污水处理厂，分别为安新县污水处理厂、雄县污水处理厂、安新县嘉诚污水处理有限公司和容城县城西污水处理厂。需加大现有污水处理厂升级改造力度，升级污水处理工艺，扩大污水处理规模，按《大清河流域水污染物排放标准》（DB13/2795—2018）来控制出水水质，减少出水中有机污染物和氮、磷等营养盐排放，并加强再生利用。

第三节　水生态保障对策

一、水系生态整治对策

（一）关键阻水区域拆除

分正常补水流量和大流量补水两种情景，通过模拟分析判定关键阻水围堤围埝分布。共确定8处阻水区，分别位于府河南刘庄、白沟引河入口、采蒲台西北及北、何庄子村南、圈头西街村西北、圈头西街村西、圈头西街村东、大田庄村西北（图9.6）。

针对8处关键阻水区域的围堤围埝实施拆除。根据雄安新区白洋淀内源污染治理扩大试点项目的围堤围埝拆除方案，引黄入淀口附近的围堤围埝，处于水力通道内的拆除至高程6m，其余拆除至高程6.5m；其余11处区域内的50个围堤围埝全部拆除至高程6m左右。此外，在引黄济淀补水口西侧经雁翎中路通往采蒲台村南的道路建设涵洞，保障来水可向引黄区域西侧顺畅流动。

（二）入淀河道疏通

目前进入白洋淀主要河流有白沟引河、瀑河、萍河、漕河、府河、唐河新道、孝义河、潴龙河、小白河共9条河流，其中白沟引河、府河、孝义河是常年有水入淀的3条河流，其河道和河床具备一定过水能力，但受到周边农业生产、灌溉等多方面影响，在其河道、河床上设置了一定数量拦水坝、储水塘、鱼塘和藕塘等，河道和河床遭受不同程度的

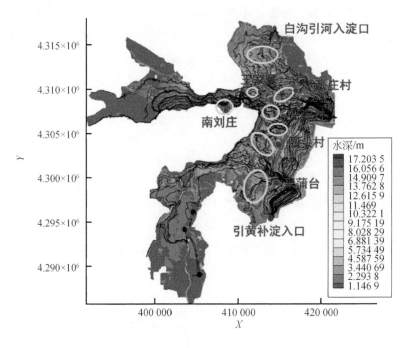

图 9.6　关键围堤围埝阻水区分布

侵占、阻隔；其余 6 条河流多为断流、无水状态，其河道、河床多转为水田、旱地、鱼塘、污水库等，河道大幅度变窄，受侵占、阻隔严重，部分河段已丧失过水、补水能力。入淀河流河道受阻、河床被侵占等现象，直接影响到生态补水的可达性，不利于淀区水质改善，且存在防洪隐患。因此，针对这些入淀河流实施"退田还河"，加强河道整治与管理，恢复和提升入淀河流的过水能力，保障入淀河流通道的畅通。

二、水生态修复对策

（一）生物操纵修复

生物操纵是指应用湖泊生态系统内营养级之间的关系，通过对生物群落及其生境的一系列调整，从而减少藻类生物量，改善水质（Shapiro，1990）。主要是通过调整庇护机制或鱼群结构，保护和发展大型牧食性浮游动物。利用微生物吸收、吸附、降解、转化及转移水中部分污染物及氨氮等富营养元素，抑制藻类的过量生长，确保能量流动和物质循环平衡稳定，从而使水体得到净化修复。通过投放鲢、鳙等滤食性鱼类，减缓水体的富营养化程度；投放草鱼、鲫鱼、蟹类等取食水体中各类杂草和腐殖质，减轻水体淤塞，畅通水体通道（杨波，2019）。白洋淀属草型湖泊，存在富营养化与沼泽化问题（刘鑫等，

2020），可根据实际情况，适当加强投放强度，抑制藻类过度繁殖，优化群落结构，改善水质。虽然生物操纵可以通过鱼类的滤食作用降低水体中浮游植物含量，但其对营养盐的排泄、对沉积物的扰动等机制会影响湖泊生态系统中的稳定性（陈晶晶，2021），造成水体透明度的降低。因此，进行生物操纵时，需进行较为详细的食物链网结构调查，制定精细化方案。

（二）恢复与重建水生植被

水生植物需要吸收大量的 N、P 等营养元素以满足其生长，其发达的根系对氮磷的富集与转移有良好的效果（耿兵等，2011），具有综合功效（金相灿，2001），见表 9.2。沉水植物可吸收、固定水体和底泥中 N、P 等营养物质，实现对水质的净化，同时吸附水体中生物性和非生物性悬浮物质，提高水体透明度，增加水体溶解氧，且对重金属离子也有较大的吸收能力（潘义宏等，2010）；挺水植物能直接吸收利用污水中的营养物质，并减小水中风浪扰动，降低水流速度，为悬浮固体沉淀去除创造了更好条件；浮水植物根茎对水体中的氮、磷等污染物具有很好的吸附作用，对金属离子也有良好的富集作用。

表 9.2 水生植物综合功效分析

名称	去 N	去 P	适用性	耐成活性	耐污力	净化能力
水葫芦	+++	+++	++	+++	极强	强
满江红	++	++	++	+++	耐污	中强，对高浓度 N、P 净化效果好
水花生	+++	+	++	+++	耐污	中，对低浓度 N、P 净化效果好
慈姑	+++	++	+++	+++	耐污	强，对高浓度 N、P 净化效果好
芦苇		++	+++	++	强	强
茭白	+++	+++	+++	++	耐污	强，对高浓度 N、P 净化效果好
菱角	+	+	+++	++	强	强，对低浓度 N、P 净化效果好
莲	+	+	+++	++	中等	强
菹草	+++	++	++	+++	中等	中强，对低浓度 N、P 净化效果好
金鱼藻	++	+	+++	++	耐污	中强，对高浓度 N、P 净化效果好
红线草	–	–	+++	++	强	强
微齿眼子菜	–	–	+++	++	耐污	中
黑藻			+++	+++	耐污	中
伊乐藻	+++	+++	+++	+++	中等	强

资料来源：金相灿（2001）。

注：对氮磷和颗粒物，三个"+"表示净化率在 75% 以上，两个"+"表示在 65%～75%，一个"+"表示小于 65%。对适用性，三个"+"表示经济价值高，两个"+"表示经济价值适中，一个"+"表示经济价值小。对耐成活性，三个"+"表示既易栽培又易成活，两个"+"表示次之。

白洋淀水生植被修复可通过人工强化自然修复与人工重建水生植被两条途径，前者通过水体环境的调控来促进湿地水生植被的自然恢复，但恢复过程较慢；后者是对已经丧失了自动恢复能力的水体，通过生态工程途径重建水生植被结构。但重建水生植被绝非简单地栽种水草，而要综合考虑湿地底质条件、水文条件、风浪扰动能力、水质、透明度等因素，依据环境条件和群落特性，且要遵循功能性、本土性、适应性、抗逆性和可操作性等原则，将水生植物群落按一定的比例在空间分布、时间分布方面进行安排，合理进行群落配置，尤其是要考虑目前白洋淀芦苇分布面积广、沉水植被繁茂的特征（田玉梅等，1995）。通过恢复重新建设全新的、能够稳定生态系统的水生植被和以水生植被为中心的水体良性生态系统。但在恢复水生植被时，应适当控制浮水植物的分布，大力发展沉水植物，使之成为水生植被的主体。此外，由于水生植被死亡后容易腐败分解，破坏水体质量。因此，利用水生植被修复水体时，必须采用人工或机械方式，及时收割，将水生植被富集的污染物质带出水体，并加强对多余或不需要的水生植物的管理。

（三）曝气增氧

曝气增氧主要是通过曝气设备增加水体溶解氧，在提供好氧环境的同时，增强水体的紊动性，加强水体复氧能力。利用机械搅拌、空压机注入空气、注入纯氧技术等进行深水曝气应用较为普遍，既可改善鱼类等生物的生长环境与增加食物供给，也能在不改变水体分层状态下提高溶解氧浓度，使泥界面厌氧环境变为好氧条件，在底层形成以兼性菌为主的环境，从而降低内源磷的负荷。白洋淀水深较浅，在进行曝气增氧时，为避免扰动底泥，宜选择深水区域实施，且应合理控制增氧强度。

（四）投加试剂

投加试剂包括化学试剂与生物菌剂两种，目的是提高水体的自净功能。其中，生物菌剂通常采用向水体泼洒微生态制剂的方式，可以使用具有某种特定功能的菌群，如光合细菌、硝化细菌等；也可以从受污染水体和底泥中分离筛选后富集培养，再返回受污染水域，还可以利用基因工程菌，通过将多种降解性质粒转移至一个菌株，使一株菌种可以同时降解多种污染物质。通过微生物的自然代谢，将水体中相应有机物消化和吸收，有效加快受污染水体及底泥中有机物质的分解速度，促进有机物质向初级生产力转化。

若干化学物质有絮凝、杀藻和除臭等功能，有利于提高水体透明度和改善水体感观效果，如利用硫酸铜杀灭过量蓝藻，在蓝藻水华发生时有较好的效果。使用低剂量的硝酸钙降低沉积物中的铜含量（李津，2017），但是部分化学试剂对浮游生物及鱼类的生存存在威胁。

结合以上两种方法的特点，白洋淀试剂投放中，生物菌剂可适度使用，而化学试剂应在详细调查的基础上慎重使用。大规模人工合成物的使用，有可能破坏水生态系统的自然循环机制，必须注意其长期的负面效应。

（五）底泥环境疏浚

白洋淀湿地底泥中的 N、P 累积量比较高（Ct et al.，2019），当外来污染源存在时，营养盐只是在某个季节或时期会对富营养化发挥比较显著作用。当外来污染源切断或水体动力条件发生变化时，底泥中污染物会释放，对水体造成污染。在这种情况下，有必要采取底泥环境疏浚的方法消除或减轻污染。利用特殊的环境疏浚设备，移走、清除水体中的污染底泥，为湿地的恢复创造条件。清出的淤泥可用于林地投放、绿地施用及农业生产，实现资源化利用（朱广伟等，2002），也可通过流动化处理及加入部分固化材料，作河道两侧护岸及堤防加固的填土材料（顾欢达和顾熙，2002）。环境疏浚清淤的不利之处是成本高，适用性不广，而且水体的底泥主要是污染汇，清淤在短期内会改善水质，但从长时段看，清淤不是彻底控制水体污染的方法。因此，底泥疏浚必须与白洋淀外源的控制及流域治理相结合，可结合航道、码头整治在局部区域进行，并要注意对清出底泥的综合利用与无害化处理，避免二次污染的发生。

（六）生态滨岸带修复与管理

滨岸带生态修复工程技术主要包括湖滨湿地工程技术、生态护坡工程技术、防护林或草林复合系统工程技术、林基鱼塘系统工程技术等（田家怡等，2005）。白洋淀湿地滨岸带修复要充分利用湿地地形条件和水文条件，选择根系较发达的固土性植被（赵广琦等，2007），采取灌木和草本植物相结合的防护措施实施。既可利用植被对污染物的过滤、渗透、吸收等作用，又能减轻剪切作用和洪水对湿地岸坡的冲刷，发挥多重效果。

除对湿地滨岸带进行生态修复外，还需要制定有关规定，强化白洋淀滨岸带的环境管理，结合退耕还湿还草的实施，划定滨岸带保护区，加强河湖滨岸带工程管理及维护，包括工程区基底修复设施维护、湖滨植物群落维护等，以保障滨岸带发挥长效的生态功能。

参 考 文 献

陈佳秋，陈美玲，张轩波，等．2020．雄安新区府河河口湿地修复工程［J］．湿地科学与管理，16（4）：4-8.

陈晶晶．2021．两种生物操纵水生态修复技术水质净化效果研究［J］．上海建设科技，（2）：73-76.

耿兵，张燕荣，王妮珊，等．2011．不同水生植物净化污染水源水的试验研究［J］．农业环境科学学报，30（3）：548-553.

顾欢达，顾熙．2002．河道淤泥的有效利用方式及其物性探讨［J］．环境科学学报，（4）：454-458.

侯效灵，杨瑞祥，侯保灯，等．2021．复杂不确定环境下雄安新区多水源联合配置［EB/OL］．http://kns.cnki.net/kcms/detail/10.1746.TV.20210928.0036.004.html［2021-10-12］.

金相灿．2001．湖泊富营养化控制与管理技术［M］．北京：化学工业出版社．

李津．2017．化学法对城市黑臭湖库水体及沉积物修复试验研究［D］．重庆：重庆大学硕士学位论文．

刘世存．2021．基于系统动力学模型的雄安新区水污染治理方案比选［D］．北京：北京师范大学硕士学位论文．

刘鑫，史斌，孟晶，等．2020．白洋淀水体富营养化和沉积物污染时空变化特征［J］．环境科学，41（5）：2127-2136．

潘义宏，王宏镔，谷兆萍，等．2010．大型水生植物对重金属的富集与转移［J］．生态学报，30（23）：6430-6441．

宋凯宇，章粟粲，魏俊，等．2020．雄安新区孝义河河口湿地水质净化工程设计［J］．中国给水排水，36（10）：62-69．

田家怡，王秀凤，蔡学军，等．2005．黄河三角洲湿地生态系统保护与恢复技术［M］．青岛：中国海洋大学出版社，2：285．

田玉梅，张义科，张雪松．1995．白洋淀水生植被［J］．河北大学学报（自然科学版），（4）：59-66．

杨波．2019．生物修复技术在湿地水环境治理中的应用研究［J］．科学养鱼，（7）：18-19．

赵广琦，崔心红，奉树成，等．2007．植物护坡及其生态效应研究［J］．水土保持学报，（6）：60-64．

朱广伟，陈英旭，王凤平，等．2002．景观水体疏浚底泥的农业利用研究［J］．应用生态学报，（3）：335-339．

Ct A，Yya B，Zya B，et al．2019．Planktonic indicators of trophic states for a shallow lake（Baiyangdian Lake，China）［J］．Limnologica，78：125712．

Shapiro J．1990．Biomanipulation：the next phase——making it stable［J］．Hydrobiologia，200/201：13-27．